清华社"视频大讲堂"大系

高效办公视频大讲堂

Excel 2019

表格制作
范例大全

·（视频教学版）

赛贝尔资讯 ◎编著

清華大学 出版社

北京

内 容 简 介

本书将 Excel 功能与日常工作紧密结合，重点放在如何利用 Excel 来建立各类办公用表及延伸的分析表、统计报表。系统学习本书可以帮助各岗位职场人员快速、高效地完成日常工作，提升个人及企业的竞争力。

全书共 13 章，内容包括公司日常行政管理表格、公司员工招聘管理表格、公司员工培训及绩效考核表格、公司员工考勤加班管理表格、公司人事结构管理表格、公司日常费用支出管理表格、公司员工出差安排费用报销管理表格、公司员工薪资管理表格、产品销售与订单与库存管理表格等。本书在 Excel 2019 版本的基础上编写，适用于 Excel 2019/2016/2013/2010/2007/2003 等各个版本。

本书面向需要提高 Excel 应用技能的各行业、各岗位读者，适合需要掌握 Excel 技能以提升管理运营效率与技能的职场办公人士。

图书在版编目（CIP）数据

Excel 2019 表格制作范例大全：视频教学版 / 赛贝尔资讯编著 . —北京：清华大学出版社，2022.1

（清华社"视频大讲堂"大系高效办公视频大讲堂）

ISBN 978-7-302-59455-0

Ⅰ.①E… Ⅱ.①赛… Ⅲ.①表处理软件 Ⅳ.① TP391.13

中国版本图书馆 CIP 数据核字（2021）第 219215 号

责任编辑：贾小红
封面设计：姜　龙
版式设计：文森时代
责任校对：马军令
责任印制：宋　林

出版发行：清华大学出版社
　　　　网　　　址：http://www.tup.com.cn，http://www.wqbook.com
　　　　地　　　址：北京清华大学学研大厦 A 座　　　邮　　编：100084
　　　　社 总 机：010-62770175　　　　　　　　　邮　　购：010-62786544
　　　　投稿与读者服务：010-62776969，c-service@tup.tsinghua.edu.cn
　　　　质量反馈：010-62772015，zhiliang@tup.tsinghua.edu.cn
印 装 者：北京同文印刷有限责任公司
经　　销：全国新华书店
开　　本：170mm×230mm　　　印　　张：15.75　　　字　　数：419 千字
版　　次：2022 年 3 月第 1 版　　　　　　　　　印　　次：2022 年 3 月第 1 次印刷
定　　价：69.80 元

产品编号：090118-01

前◉言

　　Excel 是办公自动化体系中最重要的应用之一，其改变了传统数据信息处理的模式，使得数据信息的合理利用成为可能，因此被大量运用到各个领域的日常办公中。Excel 强大的数据计算能力、分析能力、统计能力，以及可视化输出能力，让其成为了现代办公人士的好帮手。

　　本书重点涵盖多个岗位的表格制作范例，既包括各类常用的办公用表、又包含由基本数据延伸的统计表和分析表，这是 Excel 的工作重点与能力体现，也是办公者的真正需求要点。所选范例做到实用性强、涵盖面广、数量众多，让读者拿来可用或做有价值的参考。同时在制表的过程中，读者能学到一些 Excel 处理数据的实用方法，以及数据的分析思路，在无形中提升自己的技能水平，在日后的工作中真正将 Excel 用到实处。

　　本书恪守"实用"的原则，力求为读者提供易学、易用、易理解的操作案例。本书以 Excel 2019 为基础进行讲解，但内容和案例本身同样适用于 Excel 2016/2013/2010/2007/2003 等各个版本。

本书特点

　　本书针对初、中级读者的学习特点，透彻讲解 Excel 常用典型表格的制作和分析方法，让读者在"学"与"用"两个层面上实现融会贯通，真正掌握 Excel 的精髓。

> ➢ **按岗位化分，报表拿来即可用**。本书对日常工作中的常用表格按岗位进行划分，读者快查快用，找到合适的表格后，简单修改即可直接使用，符合当下快节奏的办公模式。同时，每一章都含有多个完整、系统的数据分析案例，帮助读者理出一条清晰的学习思路，更有针对性。

> ➢ **高清教学视频，易学、易用、易理解**。本书采用全程图解的方式讲解操作步骤，清晰直观；同时，本书提供了 222 节同步教学视频，手机扫码，可随时随地观看，帮助读者充分利用碎块化时间，快速、有效地提升职场 Excel 技能。

> ➢ **一线行业案例，数据真实**。本书所有案例均来自于一线企业，数据更真实、

实用，读者可即学即用，随查随用，拿来就用。同时，围绕统计分析工作中的一些常见问题，给出了理论依据、解决思路和实用方法，真正使读者"知其然"和"知其所以然"。

➢ 经验、技巧荟萃，速查、速练、速用。为避免读者实际工作中走弯路，本书对各种数据分析技巧进行了归纳整理，同时对一些易错、易被误用的知识点进行了总结，以经验、技巧、提醒的形式出现，读者可举一反三，灵活运用，避免"踩坑"。同时，本书提供了Excel技术点便捷查阅索引，并额外提供了数千个Word、Excel、PPT高效办公常用技巧和素材、案例，读者工作中无论遇到什么问题，都可以随时查阅，快速解决问题，是一本真正的案头必备工具书。

➢ QQ群在线答疑，高效学习。

配套学习资源

纸质书内容有限，为方便读者掌握更多的职场办公技能，除本书中提供的案例素材和对应的教学视频外，还免费赠送了一个"职场高效办公技能资源包"，其内容如下。

➢ 1086节Office办公技巧应用视频：包含Word职场技巧应用视频179节，Excel职场技巧应用视频674节，PPT职场技巧应用视频233节。

➢ 115节Office实操案例视频：包含Word工作案例视频40节，Excel工作案例视频58节，PPT工作案例视频17节。

➢ 1326个高效办公模板：包含Word常用模板242个，Excel常用模板936个，PPT常用模板148个。

➢ 564个Excel函数应用实例：包含Excel行政管理应用实例88个，人力资源应用实例159个，市场营销应用实例84个，财务管理应用实例233个。

➢ 680多页速查、实用电子书：包含Word/Excel/PPT实用技巧速查，PPT美化100招。

➢ 937个设计素材：包含各类办公常用图标、图表、特效数字等。

读者扫描本书封底的"文泉云盘"二维码，或微信搜索"清大文森学堂"，可获得加入本书QQ交流群的方法。加群时请注明"读者"或书名以验证身份，验证通过后可获取"职场高效办公技能资源包"。

读者对象

本书面向日常工作中需要制作Excel报表和进行数据分析，进而提升工作效率的各行业、各层次读者，可作为高效能职场人员的案头必备工具书。

本书由赛贝尔资讯策划和组织编写。尽管在写作过程中，我们已力求仔细和精益求精，但不足和疏漏之处仍在所难免。读者朋友在学习过程中，遇到一些难题或是有一些好的建议，欢迎通过清大文森学堂和QQ交流群及时向我们反馈。

祝学习快乐！

编者

2022年1月

目●录

第4章 公司员工考勤及加班管理表格

第5章 公司人事查询系统及人员结构管理表格

第6章 公司人事变动与离职管理表格

第7章 公司日常办公费用支出管理表格

第8章 公司员工出差安排与
费用报销管理表格

第9章 公司员工福利与
奖惩管理表格

第 1 章

公司日常行政管理表格

企业的日常行政办公中牵涉方方面面的工作，为保证工作规范有序地进行，表格的使用少不了。有了各种功能性的表格，则可以更加规范地管理数据，让日常工作变得有条不紊、有据可依。

- ☑ 办公用品采购申请表
- ☑ 会议纪要表
- ☑ 参会人员签到表
- ☑ 办公用品领用管理表
- ☑ 学员信息管理表
- ☑ 安全生产知识考核成绩表
- ☑ 其他日常行政管理表格

1.1 办公用品采购申请表

办公用品采购申请表是日常办公中常用的表格之一，它可以便于我们统计各部门办公用品采购申请情况，同时也为下次申请作参考。

办公用品采购申请表根据企业性质不同会略有差异，但其主体元素一般大同小异，下面以如图1-1所示的范例来介绍此类表格的创建方法。

办公用品采购申请表

序号	办公用品名称	规格/品牌	数量	备注
1	插座	4开4位	2	3米
2	插座	4开4位	2	5米
3	插座	1开8位	1	
4	签字笔	晨光	5	
5				
6				
7				
8				
9				
10				
11				
12				
13				
14				
15				
16				
18				
19				
20				

申请人签字：   主管领导签字：

说明：
1. 各部门申请采购办公用品时需填写本单，本单一式两份，一份交于办公室留档备查，一份交于财务部作报销凭据使用。
2. 申请采购办公用品需要在每月25日、26日指定办公室统一采购。
3. 领交本单时申请人与申请人主管领导应签字完毕。

图 1-1

1.1.1 按表格用途命名工作表

工作簿创建后需要保存下来才能被反复使用。因此使用 Excel 程序创建表格时的首要工作是保存工作簿。如果一个工作簿中使用多张不同的工作表，则应养成根据表格用途命名工作表的习惯。

❶ 在工作表中输入表格的基本内容，然后在快速访问工具栏中单击"保存"按钮，如图1-2所示。

❷ 在展开的面板中单击"浏览"按钮（见图1-3），打开"另存为"对话框。

❸ 设置保存位置（可以通过左侧的树状目录逐一展开进入想保存的位置），在"文件名"文本框中输入工作簿名称，单击"保存"按钮（见图1-4），即

可将新建的工作簿保存到指定的位置。

图 1-2

图 1-3

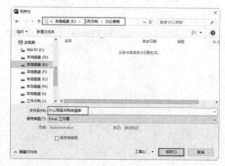

图 1-4

2

果。标题文字的格式一般包括跨表居中设置与字体字号设置。

❶ 选中 A1:E1 单元格区域，在"开始"选项卡的"对齐方式"组中单击"合并后居中"下拉按钮，如图 1-7 所示。

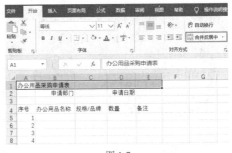

图 1-7

❷ 保持选中状态，在"开始"选项卡的"字体"组中，可以按自己的设计要求，在字体设置框中选择需要的字体，在字号设置框中选择需要的字号，也可以单击 **B** 按钮让字体加粗。设置后的标题可以达到如图 1-8 所示的效果。

图 1-8

🖊 专家提示

"合并后居中"按钮是一个开关按钮，即如果选中已合并的单元格，单击此按钮可以恢复原始状态。

1.1.3 添加边框底纹美化表格

Excel 2019 默认下显示的网格线是用于辅助单元格编辑的，实际上这些线条是不存在的（打印预览状态下可以看到）。表格编辑后如果想打印使用，需要为其添加边框。另外，为了美化表格，增强表达效果，特定区域的底纹设置也是很常用的一项操作。

🖊 专家提示

❶ 在输入表格内容时，可以先根据表格性质拟订好信息，输入的信息一次没有输入完善也没有关系，在操作时可以不断地修改与调整。

❷ 在新建工作簿后第一次保存时，单击"保存"按钮，会打开面板提示设置保存位置与文件名等。如果当前工作簿已经保存了（即首次保存后），单击"保存"按钮则会覆盖原文档保存（即随时更新保存）。为防止操作内容丢失，在编辑过程中，建议养成勤保存的习惯，即一边操作一边更新保存。

❹ 当需要重命名工作表时，则在工作表标签上双击，进入名称编辑状态（见图 1-5），直接输入新名称，然后按 Enter 键即可，如图 1-6 所示。

图 1-5

图 1-6

1.1.2 提升标题文字的视觉效果

标题文本的特殊化设置，能够清晰地区分标题与表格内容，同时提升表格的整体视觉效

1. 设置表格区域边框

边框一般设置在除表格标题或表格表头之外的编辑区域内，添加边框的操作方法如下。

❶ 选中A4:E20单元格区域，在"开始"选项卡的"对齐方式"组中单击 按钮，如图1-9所示。

图1-9

❷ 打开"设置单元格格式"对话框，选择"边框"选项卡，在"样式"列表框中选择线条样式，在"颜色"下拉列表框中选择要使用的线条颜色，在"预置"栏中单击"外边框"和"内部"按钮，即可将设置的线条样式和颜色同时应用到表格内外边框中，如图1-10所示。

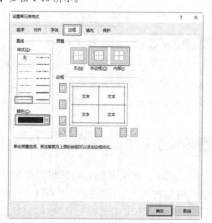

图1-10

❸ 设置完成后，单击"确定"按钮，即可看到边框的效果，如图1-11所示。

图1-11

2. 设置表格底纹

一方面底纹设置可以突显一些数据，另一方面合理的底纹效果也可以起到美化表格的作用。

❶ 选中A1:E4单元格，在"开始"选项卡的"字体"组中单击"填充颜色"下拉按钮，在弹出的下拉列表中选择一种填充色，鼠标指针指向时预览，单击即可应用，如图1-12所示。

图1-12

❷ 本表中还按相同的方法在表格底部位置使用了底纹色，如图1-13所示。

图1-13

对于已经设置了填充色的单元格区域，如果想要取消底纹颜色，则可以在下拉列表中单击"无填充"即可。

1.1.4 长文本的强制换行

在 Excel 单元格中输入文本时不像在 Word 文档中按 Enter 键就可以换行。Excel 单元格中的文本不会自动换行，因此在输入文本时，若想让整体排版效果更加合理，有时需要强制换行。例如，如图 1-14 所示的 A24:E24 单元格区域是一个合并后的区域，首先输入了"说明："文字，显然后面的说明内容是条目显示的，每一条应分行显示。要想随意进入下一行的输入就要强制换行。

图 1-14

❶ 输入"说明："文字后，按 Alt+Enter 组合键，即可进入下一行，可以看到光标在下一行中闪烁，如图 1-15 所示。

图 1-15

❷ 输入第一条文字后，按 Alt+Enter 组合键，光标切换到下一行，输入文字即可，如图 1-16 所示。

图 1-16

1.1.5 按设计要求调整单元格的行高、列宽

在进行 1.1.4 节操作讲解时，我们看到第 24 行的行高很高，除了默认的行高列宽外，还可以根据实际需要调整单元格的行高或列宽。例如，表格标题所在行一般可通过增大行高、放大字体来提升整体视觉效果。

❶ 将光标指向要调整行的边线上，当它变为双向对拉箭头形状时（见图 1-17），按住鼠标左键向下拖曳即可增大行高（见图 1-18），释放鼠标后的显示效果如图 1-19 所示。

❷ 同理，要调节列宽时，只要将鼠标指针指向要调整列的边线上，按住鼠标左键向右拖曳增大列宽、向左拖曳减小列宽，如图 1-20 所示。

图 1-17

图 1-18

图 1-19

1.2　会议纪要表

会议纪要表是日常办公中常见的表格之一，它可以便于我们在会议中记录会议名称、会议时间、召开地点等基本信息，更重要的是记录会议讨论内容及决议等相关信息。因此行政部门可以建立表格以备会议时使用。

下面以如图 1-21 所示的范例来介绍此类表格的创建方法。

图 1-21

办公用品采购申请表

序号	办公用品名称	规格/品牌	数量	备注
1	插座	4开4位	2	3米
2	插座	4开4位	2	5米
3	插座	1开8位	1	
4	签字笔	晨光	5	
5				
6				

图 1-20

专家提示

行高列宽的调整是一项简单且使用频繁的操作，在表格的调整过程中发现哪里不合适随时调整即可。另外，也可以一次性调整多行的行高或多列的列宽，在行标或列标上拖曳选中多行或多列，选中后将鼠标指针指向边线上，然后按住鼠标左键进行拖曳即可一次性调整。

1.2.1　合并单元格但不居中

在"会议纪要表"中，有多处数据需要进行合并处理。建表是一个不断进行调整的过程，可以先输入数据，然后再进行合并单元格、调整行高列宽、插入行列等多项操作，最终形成合理的结构。在单击"合并后居中"按钮时会让内容居中显示，但有时我们只想合并单元格区域，而不想让内容居中显示。

❶输入基本数据，先将标题文字合并居中显示。接着选中 A2:F2 单元格区域，在"开始"选项卡的"对齐方式"组中单击"合并后居中"下拉按钮，在弹出的下拉菜单中选择"合并单元格"命令（见图 1-22），这个操作可以让 A2:F2 单元格区域合

并但内容并不居中。

图 1-22

❷ 按相同的操作方法将其他位置需要合并的单元格都进行合并，合并后的表格如图 1-23 所示。

图 1-23

1.2.2 调整会议纪要表的行高和列宽

调整表格的行高列宽是建表过程中最频繁的操作之一，除了利用手工拖曳的方式更改外，还可以使用命令法精确设置。

❶ 选中要调整行高的行（如本例中的 7、8 行），在"开始"选项卡的"单元格"组中单击"格式"下拉按钮，在弹出的下拉菜单中选择"行高"命令，如图 1-24 所示。

❷ 打开"行高"对话框，输入精确的行高值，如图 1-25 所示。

❸ 单击"确定"按钮，即可调整选中行的行高，效果如图 1-26 所示。

图 1-24

图 1-25

图 1-26

1.2.3 补充插入新行

在规划表格结构时，有时会有缺漏、多余的情况。这时在已有的表格框架下，可以在任意需要的位置，随时插入、删除单元格或行列。

选中 B15 单元格，切换到"开始"选项卡，在"单元格"组中单击"插入"下拉按钮，在弹出的下拉菜单中选择"插入工作表行"命令（见图 1-27），即可在选中的单元格上方插入新行，效果如图 1-28 所示。注意，插入新行后需要根据当前表格结构将该合并的单元格重新合并起来。

图 1-27

图 1-28

1.2.4 标题的特殊美化设计

标题是表格的中心，因此一般需要进行特殊的处理，最常见的设置为放大字号、更改字体等，除此之外还可以采用设置底纹、下画线等方式进行美化。例如在"会议纪要表"中，要求为标题添加底纹并设置上下边线的效果。

❶ 选中标题区域，即 A1 单元格，在"开始"选项卡的"字体"组中单击"填充颜色"下拉按钮，在弹出的下拉列表的"主题颜色"栏中选择浅绿色（见图 1-29），即可为标题设置纯色填充的底纹效果。

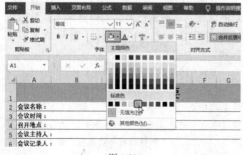

图 1-29

❷ 保持选中状态，在"开始"选项卡的"字体"

组中单击"字体颜色"下拉按钮，在弹出的下拉列表中重新设置字体颜色为白色，如图 1-30 所示。完成设置后的标题效果如图 1-31 所示。

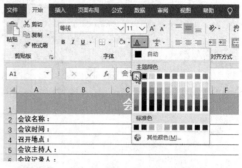

图 1-30

图 1-31

❸ 选中标题所在单元格，在"开始"选项卡的"数字"组中单击 🔽 按钮（见图 1-32）。打开"设置单元格格式"对话框，切换至"边框"选项卡，在"样式"列表框中先选择边框样式，然后在"颜色"下拉列表框中选择边框颜色，在"边框"栏中分别单击"上边框"和"下边框"按钮（见图 1-33）。

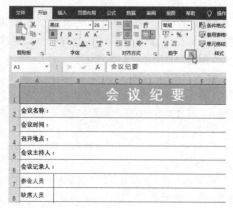

图 1-32

Excel 2019 表格制作范例大全（视频教学版）

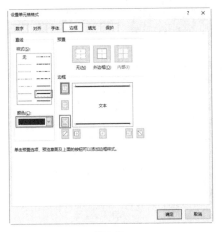

图 1-33

❹单击"确定"按钮即可将设置的线条样式与颜色应用到标题行的上边框与下边框，效果如图 1-34 所示。

会 议 纪 要	
会议名称：	
会议时间：	
召开地点：	
会议主持人：	
会议记录人：	
参会人员	
缺席人员	
人员统计	1 应到　人　实到　人
	2 缺席人员情况说明
	1 相关信息通知

图 1-34

1.2.5　打印会议纪要表

会议纪要表制作完毕后一般需要打印出来使用。在进行打印前需要进入打印预览状态查看打印效果。如果表格效果不佳，则还需要进行页面设置的调整。

❶表格编辑完成后，单击"文件"菜单项，在弹出的下拉菜单中选择"打印"命令，在"打印"页面右侧展示了打印预览效果，如图 1-35 所示。通过打印预览可以看到此表格打印在一张纸时内容过少，整体版面不够美观，需要进行调整。

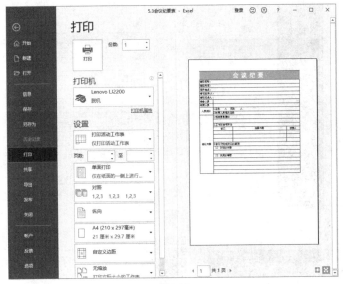

图 1-35

❷在图 1-35 中单击◉按钮回到表格编辑状态，重新统一增大表格的行高，调整后再进入打印预览状态查看效果，如图 1-36 所示。

❸ 单击"设置"栏下方的"页面设置"按钮，打开"页面设置"对话框，选择"页边距"选项卡，增大上边距的距离，然后在"居中方式"栏中选中"水平"复选框，如图 1-37 所示。

图 1-36

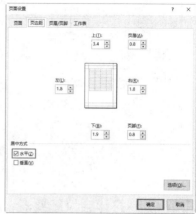

图 1-37

❹ 单击"确定"按钮，可以看到当前的打印版面已经很饱满了，并且打印到纸张中间了，如图 1-38 所示。在"份数"数值框中输入要打印的份数，执行打印即可。

图 1-38

1.3 ▶参会人员签到表

参会人员签到表是在公司会议中常见的表格之一，一般公司在举办会议之前都会准备一个参会人员签到表，便于统计参会人员的信息。该表中主要包含会议名称、会议日期、姓名、单位、职务等相关信息。

下面以如图 1-39 所示的范例来介绍此类表格的创建方法。

图 1-39

1.3.1　为标题添加会计用单下画线

标题文字添加下画线效果是一种很常见的修饰标题的方式，下面为本例的标题添加会计用单下画线。

❶ 在"开始"选项卡的"字体"组中单击 ⤵ 按钮（见图 1-40），打开"设置单元格格式"对话框。

图 1-40

❷ 选择"字体"选项卡，在"下画线"下拉列表框中选择"会计用单下画线"选项（见图 1-41），单击"确定"按钮，即可得到如图 1-42 所示效果。

图 1-41 ①

图 1-42

1.3.2　插入图片修饰表格

针对一些需要打印使用的表格，可以添加少量小图片以起到装饰表格的作用。对于想使用的图片，可以先保存到电脑中，然后插入表格中使用。在使用图片时有一点需要注意，即一定要合理设计使用，禁止无目的地向表格中插入图片。

① 本书中的"下画线"与软件中的"下划线"为同一内容，后文不再赘述。

❶在"插入"选项卡的"插图"组中单击"图片"按钮（见图1-43），打开"插入图片"对话框。

❷进入保存图片的文件夹，选中目标图片，如图1-44所示。

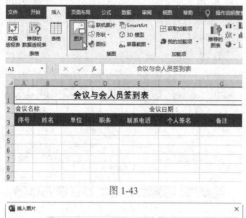

图 1-43

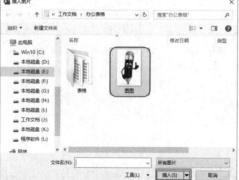

图 1-44

❸单击"插入"按钮，返回工作表中，即可插入选中的图片，如图1-45所示。

图 1-45

❹插入图片后，很多时候图片大小并不合适。此时可以将鼠标指针移到图片四周或拐角控点上，按住鼠标左键拖曳调节图片大小，如图1-46所示。还可以根据放置效果旋转图片，将鼠标指针移至顶端旋

转控点上，按住鼠标左键进行旋转，如图1-47所示。

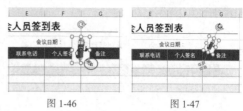

图 1-46　　　　　　图 1-47

❺所有调节完毕后，将鼠标指针指向图片上（注意不要指向四周控点上），按住鼠标左键不放，将图片移到合适位置，如图1-48所示。

图 1-48

1.3.3 隔行底纹的美化效果

在前面我们学习了连续单元格的底纹设置，本例中将使用隔行底纹的美化效果。

❶先为表格包含列标识在内的区域添加边框线，然后按Ctrl键，依次选中需要设置底纹的单元格区域，如图1-49所示。

图 1-49

❷在"开始"选项卡的"字体"组中单击"填充颜色"下拉按钮，在弹出的下拉列表中选择灰色（见图1-50），即可为选中的单元格设置纯色填充的底纹效果。光标指向时可即时预览，单击即可应用。

图 1-50

1.4 办公用品领用管理表

办公用品领用管理表是日常办公中的常用表格,它可以便于我们对各部门办公用品领用情况进行系统地管理,也为下期办公用品采购提供了参考依据。

下面以如图 1-51 所示的范例来介绍此类表格的创建方法。

	4月份办公用品领用管理表							
领用日期	部门	领用物品	物品性质	数量	期限(天)	库存数量	领用人	是否到期
20/4/1	市场部	幻彩复印墨盒	耗品			4	徐文停	
20/4/4	行政部	牛皮文件袋	易耗品	4		10	胡丽丽	
20/4/4	市场部	手电筒	用品	1	5	2	潘鹏	到期
20/4/8	市场部	工程卷尺	附用品	3	5	4	潘鹏	到期
20/4/8	客服部	耳机	易耗品	4		10	孙婷	
20/4/11	市场部	工业强力风扇	附用品	2	30	1	徐春宇	到期
20/4/12	人资部	计算器	易耗品	4		4	桂湄	
20/4/12	人资部	插座	用品	2		5	桂湄	
20/4/15	行政部	海绵胶	易耗品	2		5	胡丽丽	
20/4/19	行政部	人字梯	用品	1	7	1	胡丽丽	到期
20/4/19	行政部	大订书机	附用品	1	5	1	胡丽丽	到期
20/4/20	人资部	可折叠文件夹	易耗品	5		12	桂湄	

图 1-51

1.4.1 设置"部门"列的选择输入序列

"部门"列的数据只有公司所包含的几个部门,因此为了让数据的输入更加规范和方便,可以通过数据验证功能来设置选择输入序列。

❶ 办公用品领用管理表属于数据明细表,此类表格重在把表格应包含的项目规划好,数据应按条目逐一记录,以方便后期的统计运算等。图 1-52 为输入的表格标题与列标识。

	4月份办公用品领用管理表							
领用日期	部门	领用物品	物品性质	数量	期限(天)	库存数量	领用人	是否到期

图 1-52

❷ 选中"部门"列的单元格区域,在"数据"选项卡的"数据工具"组中单击"数据验证"下拉按钮(见图 1-53),打开"数据验证"对话框。

图 1-53

❸ 单击"允许"下拉按钮,在下拉列表中选择"序列"选项(见图1-54),然后在"来源"设置框中输入各个可选择的部门,注意中间使用半角逗号隔开,如图1-55所示。

图 1-54

图 1-55

❹ 单击"确定"按钮完成设置返回工作表中,选中"部门"列任意单元格,右侧都会出现下拉按钮,单击后即可从下拉列表中选择输入部门,如图1-56所示。

图 1-56

1.4.2 输入统一格式的日期

如果要实现在单元格中输入日期数据,需要以 Excel 可以识别的格式来输入,如输入"20-1-2",按 Enter 键,其默认显示结果为"2020-1-2";输入"20年1月2日",按 Enter键,其默认显示结果为"2020年1月2日";输入"1-2"或"1/2",按 Enter 键,其默认显示结果为"1月2日"。因此,除了这些默认的日期显示效果之外,如果想让日期数据显示为其他的状态,则可以首先以 Excel 可以识别的最简易的形式输入日期,然后通过设置单元格的格式来让其一次性显示为所需要的格式。

❶ 选中 B2:B11 单元格区域,在"开始"选项卡的"数字"组中单击对话框启动器按钮(见图1-57),打开"设置单元格格式"对话框。

图 1-57

❷ 在"分类"列表框中选择"日期"选项,然后在"类型"栏中,按住鼠标左键拖曳滚动条,选择日期的类型,如单击选中"12-3-14"类型,如图1-58所示。

图 1-58

❸ 单击“确定”按钮，返回工作表中，即可看到选中的日期显示为新格式，如图 1-59 所示。

4月份办公用品领用管理表						
领用日期	部门	领用物品	物品性质	数量	期限(天)	库存数量
20/4/1	市场部					
20/4/4	行政部					
20/4/4						
20/4/8						
20/4/8						

图 1-59

❹ 完成表格设置后即可按实际领用情况录入基本数据，如图 1-60 所示。

4月份办公用品领用管理表							
领用日期	部门	领用物品	物品性质	数量	期限(天)	库存数量	领取人
20/4/1	市场部	幻彩复印墨盒	易耗品	2		4	徐文停
20/4/4	行政部	牛皮文件袋	易耗品	4		10	胡丽丽
20/4/4	市场部	手电筒	耐用品	1	5	2	潘鹏
20/4/8	市场部	工程卷尺	耐用品	3	5	4	潘鹏
20/4/8	客服部	耳机	易耗品	4		10	孙婷
20/4/11	市场部	工业强力风扇	耐用品	2	30	1	徐春宇
20/4/12	人资部	计算器	易耗品	4		4	桂湄
20/4/12	人资部	插座	易耗品	2		5	桂湄
20/4/15	行政部	海绵胶	易耗品	2		10	胡丽丽
20/4/19	行政部	人字梯	耐用品	1	7	1	胡丽丽
20/4/19	行政部	大订书机	耐用品	1	5	2	胡丽丽
20/4/20	人资部	可折叠文件夹	易耗品	5		12	桂湄

图 1-60

专家提示

也可以先设置单元格格式后再输入日期，在设置后，输入的日期会自动显示为所设置的格式。

1.4.3 判断耐用品是否到期未还

在领用的办公用品中，很多物品是非易耗物品，这类物品使用后需要归还，为了能更加便捷地判断这些物品是否到期未还，可以使用 IF 函数配合 TODAY 函数来建立一个公式，从而实现自动判断（注意，公式能在判断时自动排除易耗品）。

❶ 选中 I3 单元格，在编辑栏中输入公式：

=IF(F3="","",IF(TODAY()-A3>F3," 到期 ",""))

按 Enter 键，即可根据领用日期、期限（天）两例判断出第一条领用记录中的物品是否到期（如果是易耗品返回空白），如图 1-61 所示。

=IF(F3="","",IF(TODAY()-A3>F3,"到期",""))

4月份办公用品领用管理表								
领用日期	部门	领用物品	物品性质	数量	期限(天)	库存数量	领取人	是否到期
20/4/1	市场部	幻彩复印墨盒	易耗品	2		4	徐文停	
20/4/4	行政部	牛皮文件袋	易耗品	4		10	胡丽丽	
20/4/4	市场部	手电筒	耐用品	1	5	2	潘鹏	
20/4/8	市场部	工程卷尺	耐用品	3	5	4	潘鹏	
20/4/8	客服部	耳机	易耗品	4		10	孙婷	

图 1-61

❷ 选中 I3 单元格，将鼠标指针放在该区域的右下角，光标会变成十字形状，按住鼠标左键不放，向下拖曳填充公式，如图 1-62 所示。

库存数量	领取人	是否到期
4	徐文停	
10	胡丽丽	
2	潘鹏	
4	潘鹏	
10	孙婷	
1	徐春宇	
4	桂湄	
5	桂湄	
10	胡丽丽	
1	胡丽丽	
2	胡丽丽	
12	桂湄	

图 1-62

❸ 到达最后一条记录时释放鼠标，快速得出其他记录的判断结果，如图 1-63 所示。

4月份办公用品领用管理表								
领用日期	部门	领用物品	物品性质	数量	期限(天)	库存数量	领取人	是否到期
20/4/1	市场部	幻彩复印墨盒	易耗品	2		4	徐文停	
20/4/4	行政部	牛皮文件袋	易耗品	4		10	胡丽丽	
20/4/4	市场部	手电筒	耐用品	1	5	2	潘鹏	到期
20/4/8	市场部	工程卷尺	耐用品	3	5	4	潘鹏	到期
20/4/8	客服部	耳机	易耗品	4		10	孙婷	
20/4/11	市场部	工业强力风扇	耐用品	2	30	1	徐春宇	到期
20/4/12	人资部	计算器	易耗品	4		4	桂湄	
20/4/12	人资部	插座	易耗品	2		5	桂湄	
20/4/15	行政部	海绵胶	易耗品	2		10	胡丽丽	
20/4/19	行政部	人字梯	耐用品	1	7	1	胡丽丽	到期
20/4/19	行政部	大订书机	耐用品	1	5	2	胡丽丽	到期
20/4/20	人资部	可折叠文件夹	易耗品	5		12	桂湄	

图 1-63

专家提示

IF 函数是 Excel 中最常用的函数之一，它根据指定的条件来判断其“真”（TRUE）、“假”（FALSE），从而返回其相对应的内容。

=IF(F3="","",IF(TODAY()-A3>F3," 到期 ","")) 公式解析如下：

这个公式用了两层嵌套，首先看第一层，即判断 F3 单元格是否为空，为空表示是易耗品，所以返回空，即不进行是否到期的判断。

如果 F3 单元格不为空，则进入 IF 的第二层判断，即判断当前日期减去领用日期获取的天数是否大于 F3 单元格中的期限，如果是，则返回“到期”，否则返回空。

TODAY() 函数用于返回当前日期，它不包含任何参数。

在 Excel 中建立一个公式后一般都需要依据此公式完成批量计算。此时可以利用填充的办法来快速获取其他同类公式。

在建立一个公式后，一般我们都是通过定位光标到包含公式的单元格的右下角，拖曳出现的黑色十字形进行填充。也可以选中包含公式在内的单元格（见图 1-64），按 Ctrl+D 组合键填充公式。

姓名	语文	数学	总成绩
董晓迪	95	96	191
张振梅	85	87	
张俊	89	90	
桂萍	78	89	
古晨	85	88	
王先仁	89	90	
章华	98	91	
潘美玲	96	94	
程菊	80	87	
李汪洋	74	78	

D2　fx =SUM(B2:C2)

图 1-64

1.5 学员信息管理表

学员信息管理表经常用于各种培训教育机构，它可以便于我们对每位学员信息情况进行系统地管理，也便于我们很好地了解学员的费用是否到期。

下面以如图 1-65 所示的范例来介绍此类表格的创建方法。

学员姓名	性别	所在班级	交费周期	金额	最近续费日期	到期日期	提醒续费
陈伟	男	初级A班	年交	5760	2020/1/22	2021/1/22	
蔡玲玲	女	初级A班	半年交	2800	2020/7/22	2021/1/22	
张家梁	男	高级A班	年交	3600	2020/8/2	2021/2/2	
陆婷婷	女	高级B班	半年交	3601	2020/1/10	2020/7/10	到期
唐糖	女	中级A班	年交	6240	2019/11/10	2020/11/10	
王亚磊	男	高级B班	年交	7200	2019/8/5	2020/8/5	到期
徐文倩	女	中级A班	年交	6240	2020/2/26	2021/2/26	
苏秦	女	初级B班	年交	7200	2019/9/7	2020/9/7	
潘鹏	男	初级A班	年交	5760	2019/9/6	2020/9/6	提醒
马云飞	男	初级A班	年交	7200	2019/12/29	2020/12/29	
孙婷	女	高级A班	年交	7200	2019/6/30	2020/6/30	到期
徐春宇	男	初级B班	年交	5760	2019/7/11	2020/7/11	到期
桂瑞	女	高级B班	年交	7200	2019/9/5	2020/9/5	提醒
胡丽丽	女	高级A班	半年交	7200	2020/4/2	2020/10/2	
张丽君	女	高级A班	年交	7200	2019/9/3	2020/3/3	到期
苏瑾	女	初级A班	年交	7200	2019/2/6	2020/2/6	
龙富霞	女	初级A班	年交	5760	2019/7/5	2020/1/5	到期
李思	女	初级B班	年交	5760	2019/8/8	2020/8/8	到期
陈歌	男	初级B班	年交	5760	2019/10/17	2020/10/17	到期
李多多	女	初级A班	年交	7200	2019/10/28	2020/4/28	到期
张殷君	男	初级A班	年交	5760	2019/9/19	2020/9/19	
胡娇娇	女	高级A班	年交	7200	2019/9/10	2020/9/10	

图 1-65

1.5.1 设置"性别"列的选择输入序列

"性别"列的数据包含"男"和"女"，为

规划和方便数据录入，可以通过数据验证功能来设置选择输入序列。

❶ 学员信息管理表属于数据明细表，设计此类表格重点在于把表格应包含的项目规划好，数据应按条目逐一记录，以方便后期的统计运算等。如图 1-66 所示为输入的表格标题与列标识。

学员姓名	性别	所在班级	交费周期	金额	最近续费日期	到期日期	提醒续费

学员信息管理表

图 1-66

❷ 选中"性别"列，在"数据"选项卡的"数据工具"组中单击"数据验证"下拉按钮，在弹出的

下拉菜单中选择"数据验证"命令，如图 1-67 所示。

图 1-67

❸ 打开"数据验证"对话框，选择"设置"选项卡，在"允许"下拉列表框中选择"序列"选项（见图 1-68），然后在"来源"文本框中输入"男,女"（注意，中间使用半角逗号隔开），如图 1-69 所示。

图 1-68

❹ 单击"确定"按钮，回到工作表中，选中"性别"列中任一单元格，其右侧都会出现下拉按钮，单击该按钮即可从弹出的下拉列表中选择输入性别，如图 1-70 所示。

图 1-69

图 1-70

❺ 完成表格设置后即可按实际情况录入数据条目，如图 1-71 所示。

	A	B	C	D	E	F	G	H
1				学员信息管理表				
2	学员姓名	性别	所在班级	交费周期	金额	最近续费日期	到期日期	提醒续费
3	陈伟	男	初级A班	年交	5760	2020/1/22		
4	葛玲玲	女	初级B班	半年交	2800	2020/7/22		
5	张家豪	男	高级A班	年交	3600	2020/8/2		
6	陆婷婷	女	高级A班	半年交	3601	2020/1/10		
7	唐糖	女	中级B班	年交	6240	2019/11/10		
8	王嘉磊	男	高级B班	年交	7200	2019/8/5		
9	徐文傣	女	中级A班	年交	6240	2020/2/26		
10	苏惠	女	高级A班	年交	7200	2019/9/7		
11	潘鹏	男	高级B班	年交	5760	2019/9/6		
12	马云飞	男	高级B班	年交	7200	2019/12/29		
13	孙婷	女	高级A班	年交	7200	2019/6/30		
14	徐春宇	女	初级A班	年交	5760	2019/7/11		
15	桂璃	女	初级B班	年交	7200	2019/9/9		
16	胡丽丽	女	高级A班	半年交		2019/10/2		
17	张丽君	男	初级A班	年交	7200	2019/9/3		
18	苏瑾	女	初级B班	半年交	5760	2020/6/6		

图 1-71

1.5.2 计算续费到期日期

在学员信息管理表中，学员交费周期有两种，分别是"年交"和"半年交"。我们通过最近续费日期来计算出到期日期，可以使用 EDATE 函数建立一个公式，从而计算出到期日期，具体操作如下。

❶ 选中 G3 单元格，在编辑栏中输入公式：
=IF(D3=" 年交 ",EDATE(F3,12),EDATE(F3,6))

❷ 按 Enter 键，即可根据交费周期、最近续费日期判断出第一名学员的续费到期日期，如图 1-72 所示。

	A	B	C	D	E	F	G	H
	G3				=IF(D3="年交",EDATE(F3,12),EDATE(F3,6))			
1				学员信息管理表				
2	学员姓名	性别	所在班级	交费周期	金额	最近续费日期	到期日期	提醒续费
3	陈伟	男	初级A班	年交	5760	2020/1/22	2021/1/22	
4	葛玲玲	女	初级A班	半年交	2800	2020/7/22		
5	张家豪	男	高级A班	年交	3600	2020/8/2		
6	陆婷婷	女	高级A班	半年交	3601	2020/1/10		
7	唐糖	女	中级B班	年交	6240	2019/11/10		
8	王嘉磊	男	高级B班	年交	7200	2019/8/5		
9	徐文傣	女	中级A班	年交	6240	2020/2/26		
10	苏惠	女	高级A班	年交	7200	2019/9/7		
11	潘鹏	男	高级B班	年交	5760	2019/9/6		
12	马云飞	男	高级B班	年交	7200	2019/12/29		
13	孙婷	女	高级A班	年交	7200	2019/6/30		
14	徐春宇	女	初级A班	年交	5760	2019/7/11		

图 1-72

③选中 G3 单元格，拖曳右下角的填充柄向下复制公式，即可批量判断出各位学员的续费到期日期，如图 1-73 所示。

图 1-73

知识扩展

EDATE(stort_date, months) 函数返回表示某个日期的序列号，该日期与指定日期相隔（之前或之后）指示的月份数。第一个参数为指定日期，第二个参数为指定的相隔的月份数。

=IF(D3=" 年 交 ", EDATE(F3,12), EDATE (F3,6)) 公式解析如下：

如果 D3 中显示的是"年交"，则返回日期为以 F3 为起始日，间隔 12 个月后的日期；否则返回日期为以 F3 为起始日，间隔 6 个月后的日期。

1.5.3 判断学员费用是否到期及缴费提醒

上面介绍了学员缴费到期日期的计算公式，现在我们可以设计一个公式来显示学员当前费用是否到期，以及在离到期日期五天（包含第五天）之内的显示"提醒"文字，未到期的显示空白。可以使用 IF 函数配合 TODAY 函数建立公式，从而实现自动判断。

❶选中 H3 单元格，在编辑栏中输入公式：

=IF(G3-TODAY()<=0," 到 期 ",IF(G3-TODAY()<=5," 提醒 ",""))

按 Enter 键，即可判断出第一位学员缴费情况，如图 1-74 所示。

图 1-74

❷选中 H3 单元格，拖曳右下角的填充柄向下复制公式，即可批量判断出各学员的缴费情况，如图 1-75 所示。

图 1-75

专家提示

=IF(G3-TODAY()<=0," 到 期 ",IF(G3-TODAY()<=5," 提醒 ","")) 公式解析如下：

此公式运用了两层 IF 嵌套，第一层是用 TODAY 函数返回当前日期，再用 G3 减去当前的日期，如果差值小于或等于 0，则表示到期。第二层是进行未到期和"提醒"文字的返回，G3 单元格日期减去当前日期，如果差值小于或等于 5，则返回"提醒"文字，否则返回空白，即暂时还未到提醒日期。

1.6 ▶ 安全生产知识考核成绩表

安全生产知识考核是企业日常行政管理中经常进行的一项工作。在表格中统计出数据后，对数据进行计算是必不可少的。例如，在安全生产知识考核成绩表中，计算每位员工的总成绩、平均成绩，对其合格情况的综合性判断，都可以利用 Excel 中提供的计算工具、统计分析工具等实现。下面以图 1-76 所示的范例来介绍此类表格的创建方法。

	A	B	C	D	E	F	G
1			安全生产知识考核成绩表				
2		得分情况			统计分析		
3	姓名	选择题	解答题	总成绩	平均成绩	合格情况	名次
4	程菊	80	87	167	83.5	补考	9
5	古晨	85	88	173	86.5	合格	7
6	桂萍	78	89	167	83.5	补考	9
7	童晶	86	90	176	88	合格	6
8	李汪洋	74	78	152	76	补考	12
9	廖晶	76	80	156	76	补考	11
10	潘美玲	96	94	190	95	合格	2
11	董晓迪	95	96	191	95.5	合格	1
12	王先仁	89	90	179	89.5	合格	4
13	张俊	89	90	179	89.5	合格	4
14	张振梅	85	87	172	86	合格	8
15	章华	98	91	189	94.5	合格	3
16							

图 1-76

1.6.1 计算总成绩、平均成绩、合格情况、名次

利用求和函数 SUM、求平均值函数 AVERAGE 可以实现成绩的总分计算和平均分计算，利用逻辑函数 IF 可以实现根据分数判断合格情况。

❶ 输入基本数据，以及设置标题格式、边框等（1.1 节介绍过，在此不再赘述）。如图 1-77 所示，选中 D4 单元格，在编辑栏中首先输入公式：

=SUM()

	A	B	C	D	E	F	G
			✕ ✓ fx	=SUM()			
1			安全生产知识考核成绩表				
2		得分情况			统计分析		
3	姓名	选择题	解答题	总成绩	平均成绩	合格情况	名次
4	董晓迪	95	96	SUM()			
5	张振梅	85	87				
6	张俊	89	90				
7	桂萍	78	89				
8	古晨	85	88				
9	王先仁	89	90				
10	章华	98	91				
11	潘美玲	96	94				
12	程菊	80	87				

图 1-77

❷ 将光标定位到括号中间，然后拖曳选取 B4:C4

单元格区域，添加单元格引用范围（即参与计算的单元格区域），如图 1-78 所示。

	A	B	C	D	E	F
B4			✕ ✓ fx	=SUM(B4:C4)		
				SUM(number1, [numb		
1			安全生产知识考核成绩表			
2		得分情况			统计分	
3	姓名	选择题	解答题	总成绩	平均成绩	合
4	董晓迪	95	96	SUM(B4:C4)		
5	张振梅	85	87			
6	张俊	89	90			
7	桂萍	78	89			
8	古晨	85	88			
9	王先仁	89	90			
10	章华		91			

图 1-78

❸ 按 Enter 键，计算出第一位员工的总成绩，如图 1-79 所示。

	A	B	C	D	E	F	G
1			安全生产知识考核成绩表				
2		得分情况			统计分析		
3	姓名	选择题	解答题	总成绩	平均成绩	合格情况	名次
4	董晓迪	95	96	191			
5	张振梅	85	87				
6	张俊	89	90				
7	桂萍	78	89				
8	古晨	85	88				
9	王先仁	89	90				
10	章华	98	91				
11	潘美玲	96	94				
12	程菊	80	87				
13	李汪洋	74	78				
14	廖凯	76	80				
15	童晶						

图 1-79

❹ 选中 E3 单元格，在编辑栏中输入公式：
=ROUND(AVERAGE(B4:C4),2)

按 Enter 键，计算出第一位员工的平均成绩，如图 1-80 所示。

	A	B	C	D	E	F	G
E4			✕ ✓ fx	=ROUND(AVERAGE(B4:C4),2)			
1			安全生产知识考核成绩表				
2		得分情况			统计分析		
3	姓名	选择题	解答题	总成绩	平均成绩	合格情况	名次
4	董晓迪	95	96	191	95.5		
5	张振梅	85	87				
6	张俊	89	90				
7	桂萍	78	89				
8	古晨	85	88				
9	王先仁	89	90				

图 1-80

⑤选中 D4:E4 单元格区域，向下拖曳右下角的黑色十字形至最后一条记录，一次性计算出所有员工的总成绩与平均成绩，如图 1-81 所示。

			安全生产知识考核成绩表			
			得分情况		统计分析	
姓名	选择题	解答题	总成绩	平均成绩	合格情况	名次
董晓迪	95	96	191	95.5		
张振梅	85	87	172	86		
张俊	89	90	179	89.5		
桂萍	78	89	167	83.5		
古晨	85	88	173	86.5		
王先仁	89	90	179	89.5		
童华	98	91	189	94.5		
潘美玲	96	94	190	95		
程菊	80	87	167	83.5		
李汪洋	74	78	152	76		
廖凯	76	80	156	78		
董晶	86	90	176	88		

图 1-81

专家提示

ROUND 函数用于让数值保留两位小数，此处计算平均值有可能会产生多位小数，外层使用 ROUND 函数，则让计算出的平均值保留两位小数。

本例中设定合格的条件是单项成绩全部高于 80 分，或者总成绩高于 170 分；反之则需要补考。最后根据总成绩计算出排名情况。

❶如图 1-82 所示，选中 F4 单元格，在编辑栏中输入公式：

=IF(OR(AND(B4>80,C4>80),D4>170)," 合格 "," 补考 ")

按 Enter 键，得出第一位员工的合格情况，如图 1-83 所示。

SUM ▾ × ✓ fx =IF(OR(AND(B4>80,C4>80),D4>170),"合格","补考")

			安全生产知识考核成绩表			
			得分情况		统计分析	
姓名	选择题	解答题	总成绩	平均成绩	合格情况	名次
董晓迪	95	96	191	95.5	"补考"	
张振梅	85	87	172	86		
张俊	89	90	179	89.5		
桂萍	78	89	167	83.5		
古晨	85	88	173	86.5		
王先仁	89	90	179	89.5		
童华	98	91	189	94.5		
潘美玲	96	94	190	95		
程菊	80	87	167	83.5		
李汪洋	74	78	152	76		
廖凯	76	80	156	78		
董晶	86	90	176	88		

图 1-82

			安全生产知识考核成绩表			
			得分情况		统计分析	
姓名	选择题	解答题	总成绩	平均成绩	合格情况	名次
董晓迪	95	96	191	95.5	合格	
张振梅	85	87	172	86	合格	
张俊	89	90	179	89.5		
桂萍	78	89	167	83.5		
古晨	85	88	173	86.5		
王先仁	89	90	179	89.5		
童华	98	91	189	94.5		
潘美玲	96	94	190	95		
程菊	80	87	167	83.5		
李汪洋	74	78	152	76		
廖凯	76	80	156	78		
董晶	86	90	176	88		

图 1-83

❷选中 F4 单元格，向下拖曳右下角的黑色十字形至最后一条记录，一次性得出所有员工的合格情况，如图 1-84 所示。

			安全生产知识考核成绩表			
			得分情况		统计分析	
姓名	选择题	解答题	总成绩	平均成绩	合格情况	名次
董晓迪	95	96	191	95.5	合格	
张振梅	85	87	172	86	合格	
张俊	89	90	179	89.5	合格	
桂萍	78	89	167	83.5	补考	
古晨	85	88	173	86.5	合格	
王先仁	89	90	179	89.5	合格	
童华	98	91	189	94.5	合格	
潘美玲	96	94	190	95	合格	
程菊	80	87	167	83.5	合格	
李汪洋	74	78	152	76	补考	
廖凯	76	80	156	78	补考	
董晶	86	90	176	88	合格	

图 1-84

❸如图 1-85 所示，选中 G4 单元格，在编辑栏中输入公式：

=RANK(D4,$D$4:$D$15)

按 Enter 键，得出第一位员工的名次，如图 1-86 所示。

SUM ▾ × ✓ fx =RANK(D4,$D$4:$D$15)

			安全生产知识考核成绩表			
			得分情况		统计分析	
姓名	选择题	解答题	总成绩	平均成绩	合格情况	名次
董晓迪	95	96	191	95.5	合格	:$D$15)
张振梅	85	87	172	86	合格	
张俊	89	90	179	89.5	合格	
桂萍	78	89	167	83.5	补考	
古晨	85	88	173	86.5	合格	
王先仁	89	90	179	89.5	合格	
童华	98	91	189	94.5	合格	
潘美玲	96	94	190	95	合格	
程菊	80	87	167	83.5	合格	
李汪洋	74	78	152	76	补考	
廖凯	76	80	156	78	补考	
董晶	86	90	176	88	合格	

图 1-85

❹选中 G4 单元格，拖曳右下角的填充柄向下填充公式，一次性得出所有员工的名次情况，如图 1-87 所示。

Excel 2019 表格制作范例大全（视频教学版）

图 1-86

图 1-87

专家提示

RANK 函数表示返回一个数字在数字列表中的排位，其大小相对于列表中的其他值。

=RANK(D4,$D$4:$D$15) 公式解析如下：

此公式用于判断 **D4** 单元格中的值在 **$D$4:$D$15** 区域中排位，因为用于判断的单元格区域是不能有变动的，所以使用绝对引用方式。

知识扩展

关于单元格的引用方式，在这里需要做一下讲解，后面的章节将不再赘述。

在编辑公式时，选择某个单元格或单元格区域参与运算时，其默认的引用方式是相对引用，其显示为 A1、A3:C3 形式。采用相对方式引用的数据源，当将其公式复制到其他位置时，公式中的单元格地址会随之改变。

如图 1-88 所示，在 D2 单元格中建立公式，当向下复制公式后，选中 D4 单元格，可以在编辑栏中看到公式引用的单元格也发生了相对变化，如图 1-89 所示。

图 1-88

图 1-89

绝对引用数据源是指把公式复制到新位置时，公式中对单元格的引用保持不变。在单元格地址前加上 "$" 符号就表示绝对引用，其显示为 $A$1、$A$2:$B$2 形式。

如图 1-90 所示，在 C2 单元格中建立了公式，其中 "$B$2:$B$6" 这一部分是使用了绝对引用，当向下复制公式后，选中 C4 单元格，可以在编辑栏中看到公式的 "$B$2:$B$6" 不发生任何变化，如图 1-91 所示。

图 1-90

图 1-91

1.6.2 特殊标记出平均分高于 90 分的记录

在当前工作表中统计了所有员工的考核成绩，为了方便查看，需要突出显示平均成绩高于 90 分的员工记录。要实现这种显示效果，可以利用"条件格式"功能，具体操作如下。

❶ 选中 E4:E15 单元格区域，在"开始"选项卡"样式"组中单击"条件格式"下拉按钮，在弹出的下拉菜单中选择"突出显示单元格规则"→"大于"命令，打开"大于"对话框，如图 1-92 所示。

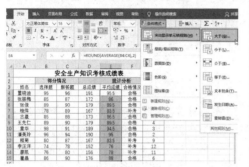

图 1-92

❷ 在"为大于以下值的单元格设置格式"设置框中输入"90"，如图 1-93 所示。

❸ 单击"确定"按钮，返回工作表中，即可看到高于 90 分的单元格特殊显示，如图 1-94 所示。

图 1-93

	A	B	C	D	E	F	G
1		安全生产知识考核成绩表					
2		得分情况			统计分析		
3	姓名	选择题	解答题	总成绩	平均成绩	合格情况	名次
4	童晓迪	95	96	191	95.5	合格	1
5	张振梅	85	87	172	86	合格	8
6	张俊	89	90	179	89.5	合格	4
7	桂萍	78	89	167	83.5	补考	9
8	古晨	85	88	173	86.5	合格	7
9	王先仁	89	90	179	89.5	合格	4
10	章华	98	91	189	94.5	合格	3
11	潘美玲	96	94	190	95	合格	2
12	程菊	80	87	167	83.5	补考	9
13	李汪洋	74	78	152	76	补考	12
14	廖凯	76	80	156	78	合格	11
15	翟晶	86	90	176	88	合格	6

图 1-94

1.6.3 查询任意员工的考核成绩

如果数据的条目过多，为方便查看任意员工的成绩数据，则可以建立一张查询表，只要输入员工的姓名就可以查询到该员工的各项成绩。为方便显示和学习，本例只列举部分记录，实际工作中可能有成百条记录，其操作方法都是一样的，也可以将查询表建立到一张新工作表中，利用 LOOKUP 函数可以实现这种查询。

❶ 选中"姓名"列任一单元格，在"数据"选项卡"排序和筛选"组中单击"升序"按钮（见图 1-95），即可将数据按姓名升序排列，如图 1-96 所示。

	A	B	C	D	E	F	G
1		得分情况			统计分析		
2	姓名	选择题	解答题	总成绩	平均成绩	合格情况	名次
3	童晓迪	95	96	191	95.5	合格	1
4	张振梅	85	87	172	86	合格	8
5	张俊	89	90	179	89.5	合格	4
6	桂萍	78	89	167	83.5	合格	9
7	古晨	85	88	173	86.5	合格	7
8	王先仁	89	90	179	89.5	合格	4
9	章华	98	91	189	94.5	合格	3
10	潘美玲	96	94	190	95	合格	2
11	程菊	89	87	167	83.5	补考	9
12	李汪洋	74	78	152	76	合格	11
13	廖凯	80	90	156	78	合格	11
14	翟晶	86	90	176	88	合格	6

图 1-95

	A	B	C	D	E	F	G
1		得分情况			统计分析		
2	姓名	选择题	解答题	总成绩	平均成绩	合格情况	名次
3	程菊	80	87	167	83.5	合格	9
4	古晨	85	88	173	86.5	合格	7
5	桂萍	78	89	167	83.5	合格	9
6	翟晶	86	90	176	88	合格	6
7	李汪洋	74	78	152	76	补考	12
8	廖凯	76	80	156	78	补考	11
9	潘美玲	96	94	190	95	合格	2
10	童晓迪	95	96	191	95.5	合格	1
11	王先仁	89	90	179	89.5	合格	4
12	张俊	89	90	179	89.5	合格	4
13	张振梅	85	87	172	86	合格	8
14	章华	98	91	189	94.5	合格	3

图 1-96

专家提示

这一步排序操作是为了后面使用 LOOKUP 函数做准备的。LOOKUP(look_value, look_vector, result_vector) 函数可从单

行或单列区域或者从一个数组返回值。其第一个参数为查找目标，第二个参数为查找区域，而这个查找区域的数据必须要按升序排列才能实现正确查找。

❷ 复制表格的列标识，粘贴到 A17 单元格中（也可以粘贴到其他空白位置或新的工作表中），并在 A18 单元格中输入任意一位员工的姓名，如图 1-97 所示。

图 1-97

❸ 选中 B18 单元格，在编辑栏中输入公式：
=LOOKUP($A$18,$A$2:$A$14,B2:B14)
按 Enter 键，即可查看"桂萍"的第一项成绩，如图 1-98 所示。

图 1-98

❹ 选中 B18 单元格，拖曳右下角的填充柄向右至 G18 单元格，即可返回"桂萍"的全部成绩，如图 1-99 所示。选中 C18 单元格，可以看到公式中只有"B2:B14"变成了"C2:C14"（见图 1-100），因为这个单元格中要返回的值是在 C 列中。

图 1-99

图 1-100

❺ 要查看其他员工的成绩时，只需要在 A18 单元格中输入员工的姓名，并按 Enter 键，即可查看该员工的全部成绩，如图 1-101 所示。

图 1-101

专家提示

LOOKUP 函数可从单行或单列区域或者从一个数组返回值。LOOKUP 函数具有两种语法形式：向量形式和数组形式。

向量形式语法：= LOOKUP（查找值，数组 1，数组 2）

其查找的规则：在单行区域或单列区域（称为"向量"）中查找值，然后返回第二个单行区域或单列区域中相同位置的值。即在数组 1 中查找对象，找到后返回对应在数组 2 中相同位置上的值。本例公式使用的就是向量形式语法。

数组形式语法：= LOOKUP（查找值，数组）

其查找的规则：在数组的第一行或第一列中查找指定的值，并返回数组最后一行或最后一列内同一位置的值。即在数组的首列中查找对象，找到后返回对应在数组最后一列上的值。

=LOOKUP($A$18,$A$2:$A$14,B2:B14)
公式解析如下：

公式表示在 A2:A14 中查找与 A18 相同的姓名，找到返回对应在 B2:B14 单元格区域相同位置上的值。向右复制公式时，"B2:B14" 会依次更改为 "C2:C14""D2:D14"……，即依次返回 C 列、D 列、E 列……列上的值。

知识扩展

注意本例公式中 "=LOOKUP($A$18,$A$2:$A$14,B2:B14)" 关于单元格的引用方式，无论公式怎么复制，查找对象单元格 A18 不能变动，所以使用绝对引用；用于查找的数组 "A2:A14" 不能变动（始终要在这个单元格区域中查找姓名），必须使用绝对引用；用于返回值的单元格，因为需要返回 "选择题""解答题""总成绩" 等一系列数据，所以必须是变动的，要使用相对引用，让其随着公式向右复制而自动变化。

如果要在一张新工作表中建立查询表，则公式在数据源引用时，需要带上工作表名称，例如，保存成绩的表格名称为 "成绩表"，则公式为 =LOOKUP($A$3,成绩表!$A$2:$A$15,成绩表!B2:B15)，如图 1-102 所示。

图 1-102

1.7 其他日常行政管理表格

1.7.1 来访登记表

为了规范管理来访者信息，可以建立工作表，由行政部门对来访情况进行记录，从而将它作为企业信息管理的一项依据。列举范例如图 1-103 所示。

制作要点如下：

❶ 合理规划表格项目并输入。

❷ 为表格的外围设置填充色，让表格主体呈现在内部。

图 1-103

1.7.2 员工通讯录管理表

员工通讯录管理表是人力资源部门一张重要的工作表。有效地进行员工信息的管理，可以极大提高工作效率，为人力资源工作人员减负，列举范例如图 1-104 所示。

员工通讯簿

员工编号	员工姓名	固定电话	移动电话	QQ号码	电子邮箱
YG_001	王荣	010-7857486	1380545675	68958745	WANGRONG2010@126.com
YG_002	周国菊	010-8362541	1345574486	69874859	WANGYU2010@126.com
YG_003	慕丽	010-8747854	1523654757	78596874	CHENMING2010@126.com
YG_004	陶莉莉	010-8765201	1528897454	58868745	LIUYU2010@126.com
YG_005	周泽	010-8365201	1504687454	12673352	CHENHAO2010@126.com
YG_006	夏肇	010-3544767	1547834575	16352654	WANGHAO2010@126.com
YG_007	刘涛	010-8979857	1535247865	12540222	LIUTAO2010@126.com
YG_008	黄福	010-8635241	1553562441	69885745	SHUNYA2010@126.com
YG_009	王立涛	010-8255635	1396857554	25468574	HEYI2010@126.com

图 1-104

1.7.3 活动费用预算表

活动费用预算表也是办公中不可或缺的表格。主要列出了活动所需要物品的各项费用，便于精确地预算活动费用。列举范例如图 1-105 所示。

2018迎新活动费用预算表

活动时间		活动地点			
参加人数	100人（预计）				
基金支出项分类预算					
支出分类	支出项目	预算金额	实际金额	备注	
场地费用	场地租赁费	3000			
	套餐费用	10000			
	酒酒、饮料	2000			
广告费	公仔设计	1000			
	公仔制作	2500	25×100计算		
	视频制作	1000			
	背景、签到墙设计	3500			
会场布置	灯光、音响、屏幕、搭建	240			
	舞台地毯	500			
	T台铺置鲜花	500	10块+50		
	气球布置	650	118m²+4		
	签到处喷绘布制作	1200	3m×5m		
	拍摄钢布置	225	2.2m高度		
	留影区喷绘布制作	300	1.5m×2.5m		
	留影区喷绘布制作	100	文房四宝、卷轴画		
	主桌、签到桌、演讲台鲜花摆饰	100			
	主桌桌布、签到桌布	100			
	其他费用	1000			
表演费用	化妆	1500			
	舞蹈费用	2000			
	（一）节目费用	1600	衣服100×12、鞋子200、道具200		
	（二）节目费用	200	服装100×2		
	（三）节目费用	500	衣服200×2、头饰200×1		
	主持人	1000	服装赞助费		
	迎宾、抽奖礼仪服装	300	100×3		
奖品	抽奖奖品	6500	抽奖获奖		
	游戏奖品	800	游戏获奖		
设备购置费	拍立得	1500	200张照		
	总预算费用	43815			
领导审批意见					
会议总负责人（姓名/电话）					

图 1-105

制作要点如下：

❶ 合理规划表格项目并输入。

❷ 对标题所在区域进行合并单元格并进行底纹设置。

❸ 因为每个支出分类都有细分项目，所以分类名称要进行纵向的合并单元格。

❹ 对于长短不一的"支出项目""备注"列采用左对齐方式。

❺ 如果是电子文档，则在输入所有预算金额后，可以使用 SUM 函数计算总金额。

第2章 公司员工招聘管理表格

招聘是企业根据自身发展的需要，依照市场规则和本组织人力资源规划的要求，通过各种可行的手段及媒介，向目标公众发布招聘信息。而从初步筛选、测试到最终的录用，为规范这个过程中数据的管理，则需要使用众多类型的表格。本章将列举与公司员工招聘管理相关的各种表格。

☑ 应聘人员信息登记表

☑ 面试现场记录表

☑ 招聘数据汇总表

☑ 新员工入职试用表

☑ 试用期到期提醒表

☑ 其他招聘管理表格

2.1 ▶ 应聘人员信息登记表

应聘人员信息登记表是一种非常常用的表格，利用 Excel 程序可以轻松地创建表格，通过打印操作即可使用。在创建应聘人员信息登记表时涉及表格创建、表格行高列宽调整、表格边框设置等基本操作。同时还可以为表格设计页眉效果，以使打印出的表格更具专业性。

应聘人员信息登记表应包含如图 2-1 所示的相关元素，下面以此表为例介绍制作要点。

图 2-1

2.1.1 规划表格结构

规划表格结构时仍然要进行行高列宽的调整、单元格的合并、表格边框设置等操作。这是一个不断调整的过程，当发现功能不全或效果不满意时可以随时修改。

❶ 打开"应聘人员信息登记表"工作簿，输入基本数据。选中所有包含数据区域的行，用鼠标指针指向行号的边线上，当出现上下对拉箭头时，按住鼠标左键向下拖曳（随着拖曳可显示出当前行高值，如图 2-2 所示），达到满意行高时释放鼠标即可实现一次性调整行高。

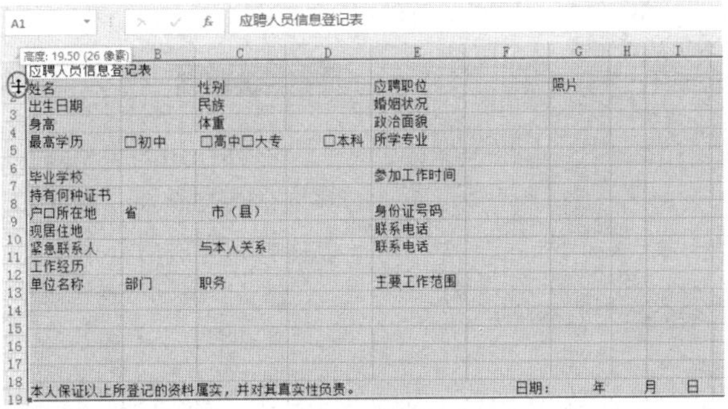

图 2-2

在调整行高列宽时，为提高工作效率，其正确的调整方法如下：如果大部分都需要调整，则可以首先一次性选中多行多列进行整体调整，然后再针对需要特殊调整的行列进行个别调整。

❶输入基本数据后，有多处单元格需要合并处理。例如选中 A1:H1 单元格区域，在"开始"选项卡的"对齐方式"组中单击"合并后居中"下拉按钮，在弹出的下拉菜单中选择"合并后居中"命令（见图 2-3），即可合并此区域。然后按上述相同的方法对其他需要合并单元格的区域都进行合并处理。

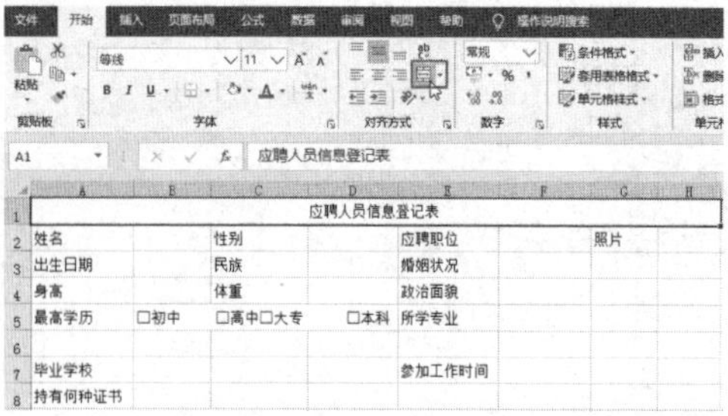

图 2-3

❷合并居中处理后，有些单元格中数据是居中显示的，而有些单元格中数据是左对齐的，可以一次性选中所有数据区域，在"开始"选项卡的"对齐方式"组中单击"三 三"两个按钮，以实现让数据水平与垂直方向都居中，如图 2-4 所示。

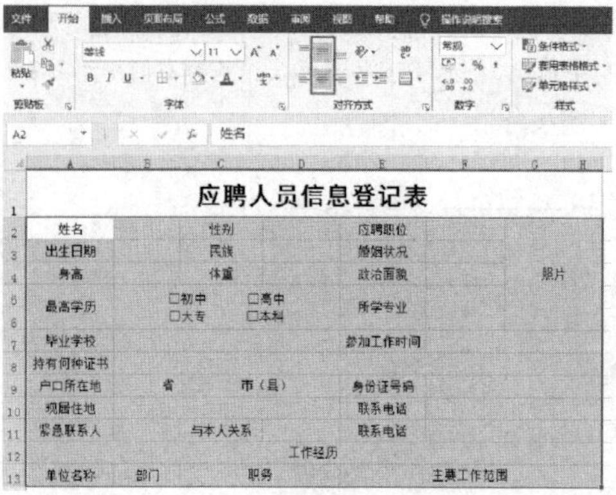

图 2-4

❸选中 A2:H19 单元格区域，在"开始"选项

卡的"数字"组中单击 ⌐ 按钮，打开"设置单元格格式"对话框，分别设置外边框与内边框，如图 2-5所示。

图 2-5

❹单击"确定"按钮，应用效果如图 2-6 所示。

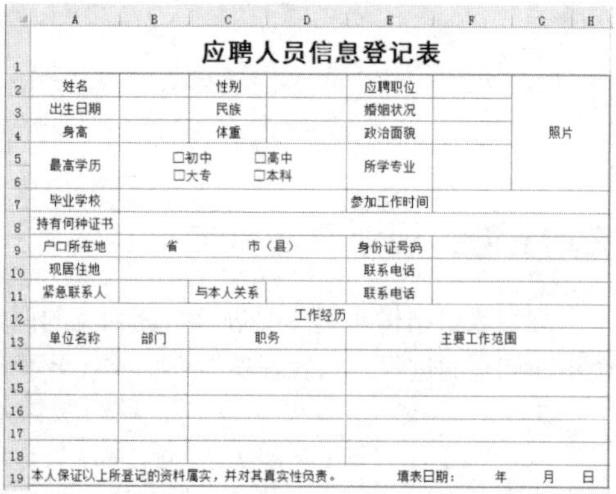

图 2-6

2.1.2 将公司名称添加为页眉

对外使用的表格可以在表格编辑完成后为其添加公司名称、宣传标识等页眉文字。这样表格打印完成后会更加工整规范。

❶在"视图"选项卡的"工作簿视图"组中单击"页面布局"按钮（见图 2-7），进入页面视图中，可以看到页面顶端有"添加页眉"字样，如图 2-8所示。

图 2-7

字体、字号、颜色等，如图 2-9 所示。

图 2-8

② 在"添加页眉"文字处单击，输入页眉文字，在"开始"选项卡的"字体"组中可设置页眉文字的

图 2-9

③ 单击"文件"菜单项，在弹出的下拉菜单中选择"打印"命令，可以在打印预览中看到页眉文字，如图 2-10 所示。

图 2-10

2.2 面试现场记录表

在面试过程中，为了更好地让面试官总评应聘者的优势和局限，人力资源部会制作一份面试现场记录表。面试现场记录表应包含的元素可参见如图 2-11 所示的面试记录表中列出的项目，规划好各个项目后再对表格进行格式设置及排版等美化操作。

面试记录表						
姓名			应聘职位			
面试官			面试日期			
用表提示：请面试官在适当的方格内画√						
评分项目		评分				
		5	4	3	2	1
仪表、礼貌、精神态度、整洁、衣着		极佳	佳	一般	略差	差
体格、健康		极佳	佳	一般	略差	差
领悟、反应		特强	优秀	一般	稍慢	极差
对其应聘工作及有关事项的了解		充分了解	很了解	尚了解	部分了解	了解极少
工作阅历与本公司的配合程度		极配合	配合	尚配合	未尽配合	未能配合
前来本公司服务的意向		极坚定	坚定	普通	犹豫	极低
外语能力	语种	极佳	佳	一般	略懂	不懂
	英文					
	法文					
总评	同意复试					
	列入考虑					
	不予考虑					

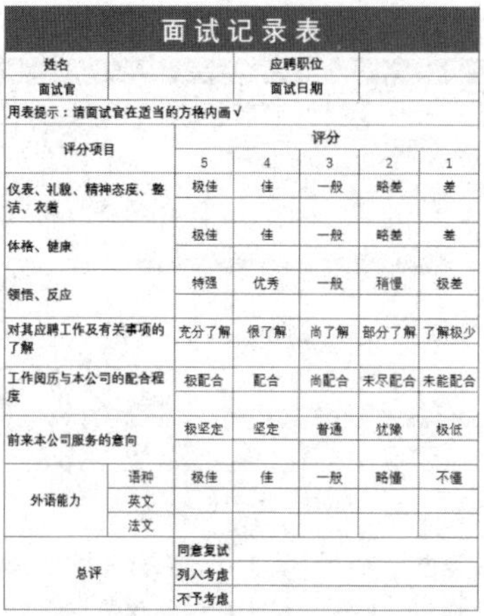

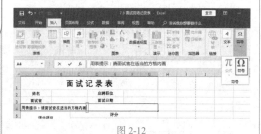

图 2-11

2.2.1 插入特殊符号

当要在表格中输入键盘上没有的符号时，则可以使用插入“符号”功能来寻找符号并实现录入。

❶ 定位光标的位置，在“插入”选项卡的“符号”组中单击“符号”下拉按钮（见图 2-12），打开“符号”对话框。

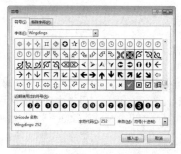

图 2-12

❷ 在列表中找到并选中符号，如图 2-13 所示。

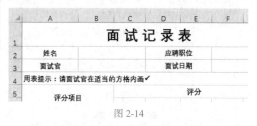

图 2-13

❸ 单击“确定”按钮即可插入符号，如图 2-14 所示。

图 2-14

知识扩展

在“字体”设置框的下拉列表中还可以选择不同的字体（见图 2-15），选择后则可以看到符号列表中显示不同的符号样式，符号的种类是非常多样的，如一些装饰小图片、数字序号、希腊字母等，它属于辅助编辑一样的功能。

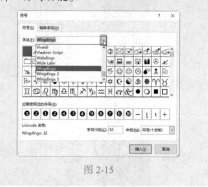

图 2-15

2.2.2 文本自动换行

在单元格中输入文本时，如果文本过长超出单元格的列宽，那么超出的文本部分会被隐藏，不能完整显示。因此这个时候需要使用“自动换行”功能设置让超出列宽的文字能够自动换行显示。

❶ 例如在本例的 A 列中一部分文字是超出列宽的，当执行合并单元格后其显示效果如图 2-16 所示。

❷ 选中目标单元格区域，在“开始”选项卡的“对齐方式”组中单击“自动换行”按钮，即可实现单元格多行显示长文本，如图 2-17 所示。

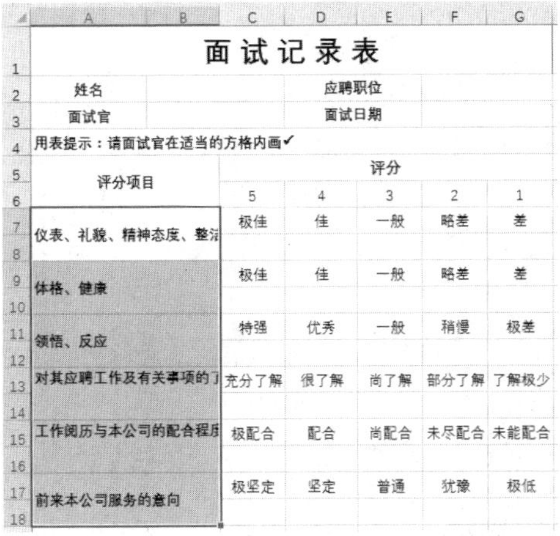

图 2-16

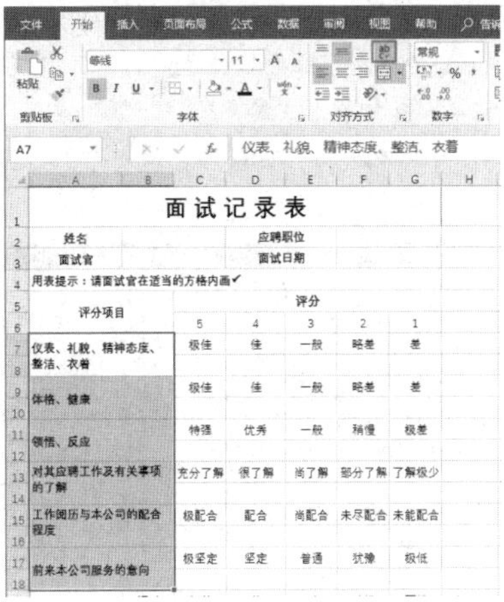

图 2-17

2.3 招聘数据汇总表

一轮完整的招聘工作包含初试、复试等多个环节，各个环节中产生的数据需要建立表格管理。如图 2-18 所示的范例为模拟某公司 2020 年 5 月份的招聘情况建立的数据汇总表。可以通过下面的学习了解此类表格的创建。

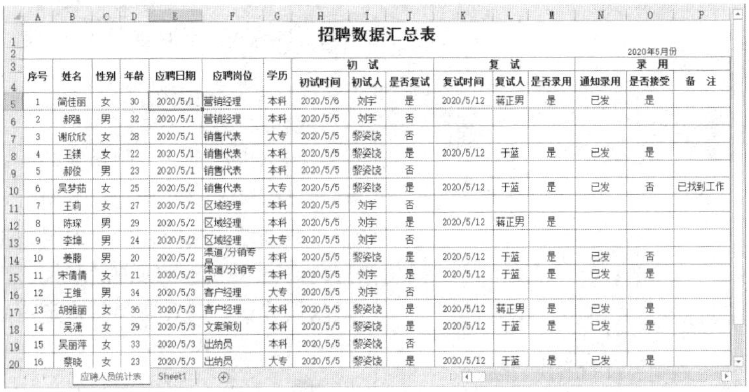

图 2-18

2.3.1 建立下拉式选择输入序列

使用数据验证控制数据的输入，是在输入数据之前，通过给单元格设置限制条件，限制单元格只能输入什么类型的值、输入什么范围的值，一旦不满足其设置条件，数据就会被阻止输入，还可以提前设置数据出错警告提醒。数据验证设置可以有效避免数据的错误输入，提高数据的输入效率。

设置"序列"验证条件可以实现数据只在所定义的序列列表中选择输入，有效防止错误输入。当所输入的数据只有固定的几个选项时，可以先进行此验证条件的设置。

❶新建工作表并且输入列标识等基本信息，然后选中 C5:C22 单元格区域，在"数据"选项卡的"数据工具"组中单击"数据验证"下拉按钮，在弹出的下拉菜单中选择"数据验证"命令，如图 2-19 所示。

图 2-19

❷打开"数据验证"对话框，选择"设置"选项卡，在"允许"下拉列表框中选择"序列"选项，在"来源"文本框中输入"男,女"(注意多个项目时要使用半角逗号隔开)，如图 2-20 所示。

图 2-20

❸切换到"输入信息"选项卡，在"输入信息"文本框中输入"请从下拉列表中单击性别！"，如图 2-21 所示。

❹单击"确定"按钮，即可为单元格添加下拉按钮(选中单元格时会显示输入信息)，单击下拉按钮即可在弹出的下拉列表中选择要输入的数据，如图 2-22 所示。

❺按照上述方法设置其他可选择的序列，如"应聘岗位""学历"等，在此不再赘述。

图 2-21

图 2-22

2.3.2 限制只允许输入日期数据

本例中规定：应聘日期、初试时间、复试时间只能录入 2020/5/1—2020/6/1 的日期。为了防止数据录入错误，可以设置数据验证，规定只允许输入指定范围内的日期，当输入其他类型数据或输入的日期不在指定范围内时会自动弹出错误信息提示框。

❶选中要设置数据验证的单元格区域(多个区域可以一次性选中)，在"数据"选项卡的"数据工具"组中单击"数据验证"下拉按钮，在弹出的下拉菜单中选择"数据验证"命令，如图 2-23 所示。

❷打开"数据验证"对话框，选择"设置"选项卡，在"允许"下拉列表框中选择"日期"选项，在"数据"下拉列表中选择"介于"选项，在"开始日期"和"结束日期"框中分别输入日期值，如图 2-24 所示。

❸单击"确定"按钮，完成设置。当输入不符合要求的日期后会弹出提示对话框，如图 2-25 所示。

图 2-23

图 2-24

图 2-25

2.3.3 输入错误时弹出警告提示

当输入的数据不满足验证条件时,会弹出系统默认的错误提示,除此之外还可以自定义出错警告的提示信息,从而提示用户正确输入数据。

❶ 选中要设置数据验证的单元格区域,在"数据"选项卡的"数据工具"组中单击"数据验证"下

拉按钮,在弹出的下拉菜单中选择"数据验证"命令,如图 2-26 所示。

图 2-26

❷ 打开"数据验证"对话框,选择"出错警告"选项卡,在"样式"下拉列表框中选择"警告"选项,在"错误信息"文本框中输入相应的内容,如图 2-27 和图 2-28 所示。

图 2-27

图 2-28

❸ 单击"确定"按钮,完成设置。当输入不符合要求的日期后,弹出的警告提示框中提示了应该如何正确输入日期,如图 2-29 所示。

图 2-29

2.3.4 筛选剔除复试未通过的数据

在招聘的过程中，很多应聘者的数据会被筛选剔除掉，如通过对"是否复试"这一列的筛选操作可以实现剔除初试未通过的数据，通过对"是否录用"这一列的筛选操作可以实现剔除复试未通过的数据。

❶ 选中 H4:P30 单元格区域，在"数据"选项卡的"排序和筛选"组中单击"筛选"按钮，如图 2-30 所示，此时选中区域的列标识都会添加筛选按钮。

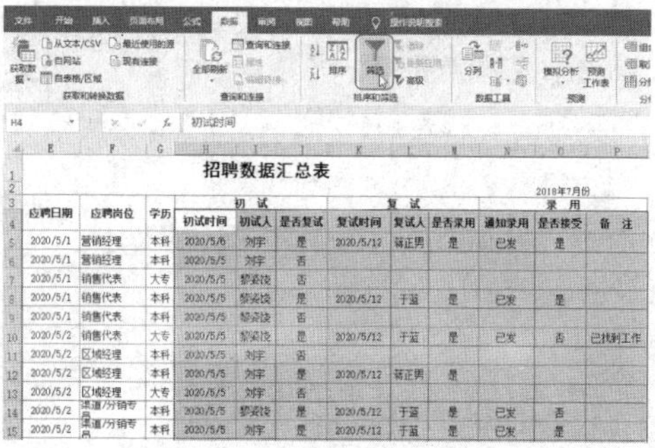

图 2-30

❷ 单击"是否录用"列标识右侧筛选按钮，在弹出的下拉列表中取消选中"空白"复选框，选中"是"复选框（见图 2-31），此时复试未通过的人员

的数据都被剔除掉，显示的是所有复试通过的应聘者数据，如图 2-32 所示。

图 2-31

图 2-32

❸ 如果要继续查看本月招聘人员的实际录用情况，则按照上述相同的操作方法对"是否接受"这个字段进行筛选（见图 2-33），得到的就是即将入职人员的数据，效果如图 2-34 所示。

图 2-33

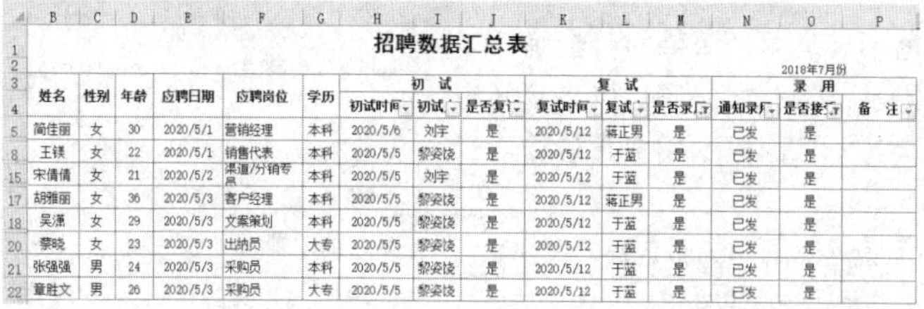

图 2-34

2.4　新员工入职试用表

新员工入职后，通常会有一定期限的试用期。为了对试用期新员工的工作情况进行记录，人事部门一般都需要使用新员工入职试用表。图 2-35 所示为建立完成的新员工入职试用表，读者可按此框架建立自己的新员工入职试用表。

图 2-35

2.4.1　设置文字竖排效果

在建立表格时，一般情况下，在单元格输入的数据都是横向排列的，若用户希望数据竖向排列，可以通过设置单元格格式来实现。

按住 Ctrl 键，依次选中想显示为竖排文字的数据区域。在"开始"选项卡的"对齐方式"组中单击"方向"下拉按钮，在弹出的下拉菜单中选择"竖排文字"命令（见图 2-36），即可得到竖排文本效果，如图 2-37 所示。

图 2-36

图 2-37

2.4.2　为表格添加图片页眉

在 Excel 中除了使用文字页眉外，还可以将图片（如企业 Logo 图片、装饰图片等）作为页眉显示。另外，由于默认插入页眉中的图片显示的是链接而不是图片本身，因此需要借助下面的方法进行调整，让图片适应表格的页眉。

❶ 在"视图"选项卡的"工作簿视图"组中单击"页面布局"按钮（见图2-38），进入页面视图中，可以看到页面顶端有"添加页眉"字样。

图2-38

❷ 单击页眉区域第一个框，在"页眉和页脚工具 - 设计"选项卡的"页眉和页脚元素"组中单击"图片"按钮，如图2-39所示。

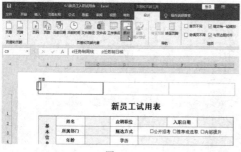

图2-39

❸ 打开"插入图片"对话框，进入要使用图片的保存路径后，选中图片，如图2-40所示。单击"插入"按钮，完成插入图片后默认显示的是图片的链接，而并不显示真正的图片，如图2-41所示。

图2-40

图2-41

❹ 想要查看图片，在页眉区以外任意位置单击，即可看到图片页眉，如图2-42所示。

图2-42

❺ 从图2-42中可以看到页眉中的图片过小，需要对其进行调整。在页眉区单击，在编辑框中选中图片链接，在"页眉和页脚工具 - 设计"选项卡的"页眉和页脚元素"组中单击"设置图片格式"按钮（见图2-43），打开"设置图片格式"对话框。

图2-43

❻ 在"大小"选项卡中设置图片的"高度"和"宽度"，如图2-44所示。

图2-44

❼ 单击"确定"按钮回到表格中，再退出页眉编辑状态，可以看到调整后的图片，如图2-45所示。

图 2-45

⑧ 将光标定位到页眉的中框，输入文字并设置其格式，如图 2-46 所示。

图 2-46

2.4.3 横向打印表格

工作表打印时纸张方向默认为 A4 纵向，如果表格是横向样式，则需要设置纸张方向为横向并通过打印预览查看后再执行打印。

① 在"页面布局"选项卡的"页面设置"组中单击"纸张方向"下拉按钮，在弹出的下拉菜单中选择"横向"命令，如图 2-47 所示。

图 2-47

② 进入打印预览页面后，可以看到默认的竖向表格更改为横向显示，如图 2-48 所示。

③ 单击"设置"栏下方的"页面设置"链接，打开"页面设置"对话框，选择"页边距"选项卡，增大上边距的距离，然后在"居中方式"栏中选中"水平"与"垂直"复选框，如图 2-49 所示。

④ 单击"确定"按钮，可以重新看到预览效果，此时表格已显示到纸张中央，如图 2-50 所示。

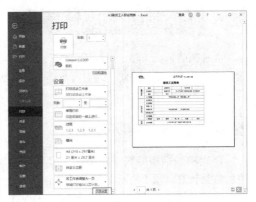

图 2-48

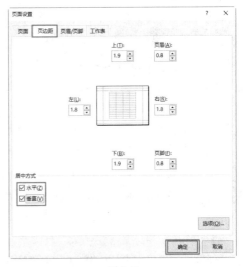

图 2-49

图 2-50

2.5 ▶ 试用期到期提醒表

企业招聘新员工时，根据部门与职位的不同一般会给予不同的试用期，试用期结束后方能决定是否让员工转正。因此，人力资源部门可以创建一个试用期到期提醒表，提前为员工的转正或辞退办理相关手续。

2.5.1 建立到期提醒公式

试用期到期提醒表中需要使用日期函数进行数据计算，用于判断是否达到指定的试用期。使用 IF 函数配合 DATEDIF 函数、TODAY 函数可以实现这个功能。

❶ 将某一日期的新员工的入职时间、试用天数等数据工整地记录到表格中，如图 2-51 所示。

姓名	部门	入职时间	试用天数	是否到试用期
李多多	生产部	2020/3/10	30	
张毅君	生产部	2020/3/20	30	
胡娇娇	生产部	2020/3/20	30	
董晓迪	生产部	2020/3/5	30	
张振梅	设计部	2020/3/3	60	
张俊	设计部	2020/3/3	60	
桂萍	仓储部	2020/3/17	30	
古晨	仓储部	2020/3/17	30	
王先仁	科研部	2020/2/27	40	
章华	科研部	2020/2/20	40	

图 2-51

❷ 选中 E3 单元格，在编辑栏中输入：

=IF(DATEDIF(C3,TODAY(),"D")>D3,"到期","未到期")

按 Enter 键，即可判断第一位员工试用期是否到期，如图 2-52 所示。

姓名	部门	入职时间	试用天数	是否到试用期
李多多	生产部	2020/3/10	30	到期
张毅君	生产部	2020/3/20	30	
胡娇娇	生产部	2020/3/20	30	
董晓迪	生产部	2020/3/5	30	

图 2-52

❸ 选中 E3 单元格，拖曳右下角的填充柄向下复制公式，批量判断其他员工试用期是否到期，如图 2-53 所示。

姓名	部门	入职时间	试用天数	是否到试用期
李多多	生产部	2020/3/10	30	到期
张毅君	生产部	2020/3/20	30	未到期
胡娇娇	生产部	2020/3/20	30	未到期
董晓迪	生产部	2020/3/5	30	到期
张振梅	设计部	2020/3/3	60	未到期
张俊	设计部	2020/3/3	60	未到期
桂萍	仓储部	2020/3/17	30	未到期
古晨	仓储部	2020/3/17	30	未到期
王先仁	科研部	2020/2/27	40	到期
章华	科研部	2020/2/20	40	到期

图 2-53

专家提示

DATEDIF 函数用于计算两个日期值间隔的年数、月数、日数。

= DATEDIF(❶ 起始日期，❷ 终止日期，❸ 返回值类型)

第三个参数决定了返回值的类型，如果指定为 "Y"，则表示返回两个日期值间隔的整年数；如果指定为 "M"，则表示返回两个日期值间隔的整月数；如果指定为 "D"，则表示返回两个日期值间隔的天数。

=IF(DATEDIF(C3,TODAY(),"D")>D3,"到期","未到期") 公式解析如下：

首先计算 C3 单元格的日期与当前日期之间的差值，并判断这个差值是否大于 D3 中的值。如果是则返回"到期"文字，否则返回"未到期"文字。

2.5.2 到期结果的提醒显示

如果试用期到期提醒表中的条目众多，可以通过条件格式设置，让到期条目特殊化显示，从而方便查看试用期到期的人员。

❶选中E列，在"开始"选项卡的"样式"组中单击"条件格式"下拉按钮，在弹出的下拉菜单中选择"突出显示单元格规则"→"等于"命令，如图2-54所示。

图2-54

❷打开"等于"对话框，在"为等于以下值的单元格设置格式"设置框中输入"到期"，如图2-55所示。

图2-55

❸单击"确定"按钮返回工作表中，即可看到所有值等于"到期"的单元格都特殊显示，如图2-56所示。

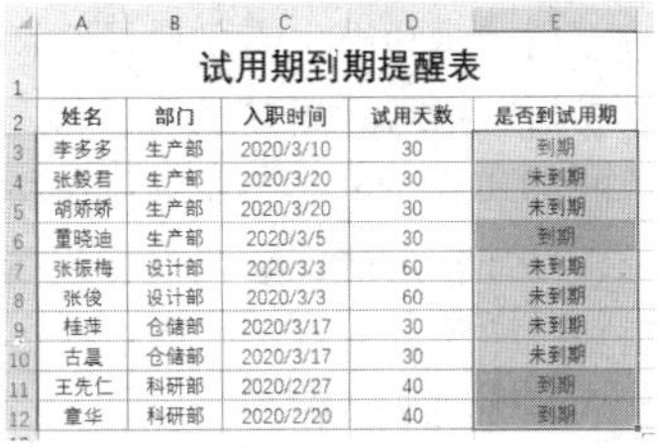

图2-56

2.6 其他招聘管理表格

2.6.1 人员增补申请表

人员增补申请表是企业的某个部门需要增加员工时，由主管人员向人事部门发出申请而需要填写的表格。人员增补申请表包括申请部门、增补职位、需求人数、申请增补理由以及工作性质等。列举范例如图2-57所示。

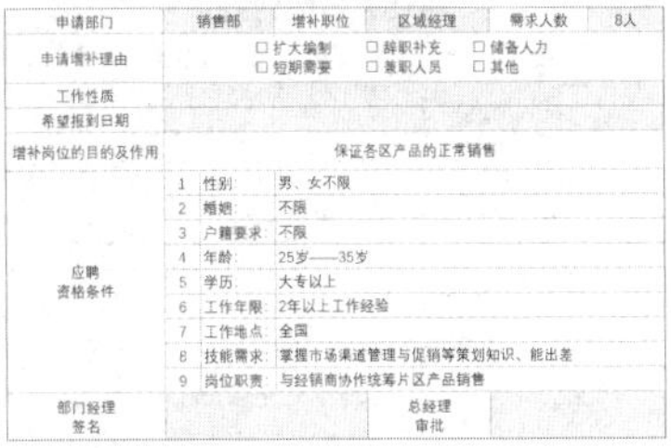

图2-57

制作要点如下：

❶多行行高的一次性调整。

❷多处合并单元格。

❸将需要填写的区域设置为浅灰色底纹。

❹添加"□"特殊符号辅助修饰（在打印表格后此框可用于填表者的勾选）。

2.6.2 招聘计划报批表

各个部门将人员增补申请表递交到人力资源部门，人力资源部门需要对增补表进行汇总，制作招聘计划表，明确一定时期内需招聘的职位、人数、资质要求等条件，上交给领导审批，才可以实施招聘工作。列举范例如图2-58所示。

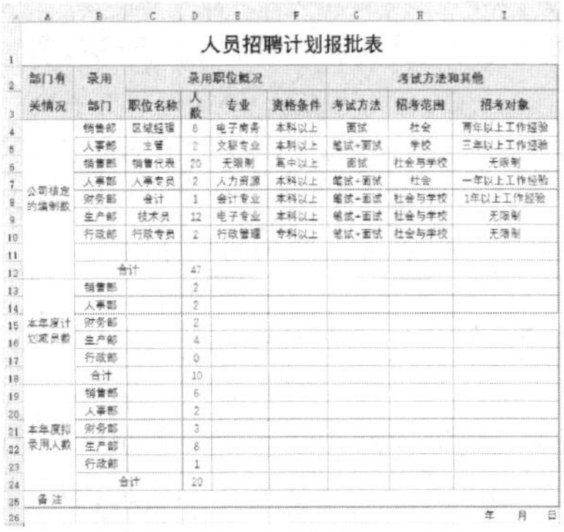

图2-58

制作要点如下：

❶ 表格包含项目的规划。

❷ 横向及纵向合并单元格。

❸ 列标识设置底纹填充。

❹ 使用 SUM 函数求解合计人数。

2.6.3 招聘费用预算表

领导审批通过招聘报批表后，人力资源部门需要按照用工量和岗位需求选择合适的方式进行招聘、指定招聘计划并做出招聘费用的预算。常规的招聘费用包括企业宣传海报及广告制费、招聘场地租用费、会议室租用费、交通费、食宿费、招聘资料打印复印费等。列举范例如图 2-59 所示。

招聘费用预算表

招聘时间	2020年7月19日~2020年7月23日	
招聘地点	合肥市寅特人才市场	
负责部门	人力资源部	
具体负责人	赵宇、章虹、李萍萍	
招聘费用预算		
序号	项目	预算金额
1	企业宣传海报及广告制费	¥1,400.00
2	招聘场地租用费	¥3,000.00
3	会议室租用费	¥500.00
4	交通费	¥100.00
5	食宿费	¥300.00
6	招聘资料打印复印费	¥80.00
合计		¥5,380.00
预算审核人 (签字)	公司主管领导审批 (签字)	
制作人：赵宇	制作日期：2016年12月10日	

图 2-59

制作要点如下：

❶ 表格包含项目的规划。

❷ 按表格框架规划合并单元格。

❸ 招聘费用项目建议使用左对齐。

❹“签字”处可以使用多行合并单元格，也可以使用单行但增大行高，“(签字)”文字换行使用 Alt+Enter 组合键，并设置文字的对齐方式为“顶端对齐”和“垂直居中”两个选项。

❺ 使用 SUM 函数求解合计金额。

2.6.4 内部岗位竞聘报名表

为了更好地挑选人才，很多企业均采用竞聘上岗制度，为了方便员工参加某个单位的内部岗位竞聘，人力资源部门会根据岗位需要制作一份内部岗位竞聘报名表，给参加的员工报名使用。列举范例如图 2-60 所示。

内部岗位竞聘报名表

竞聘职位：							
姓名		性别		文化程度		入职时间	
现任职部门		职位		职级		服务时间	
工作经历							
竞聘理由							
现主管意见							
行政部门意见							
用人部门考核意见							

报名人签署：　　　　行政部门经办人：

填表日期：

图 2-60

制作要点如下：

❶ 表格包含项目的规划。

❷ 按表格框架规划合并单元格。

❸ 外边框的双线样式。

❹ 竖排文字。

2.6.5 面试人员签到表

通知面试时间和地点后，有些人员会参加面试，有些人员因各种原因未能到场，这时候就需要一张签到表来统计面试人员并能合理组织面试，保持会场秩序。列举范例如图 2-61 所示。

面试人员签到表

____月 ____日

序号	姓名	联系方式	签到	备注
1	刘晓明			
2	张腾			
3	陈思思			
4	何晓东			
5	叶斌			
6	滕任歌			
7	钱峰峰			
8	李丽芬			
9	张旭东			
10	周超			
11	张天丽			
12	桃康			
13	王飞飞			
14	于正飞			
15	王涛			
16	周国菊			
17	徐莹			
18	杨荣威			
19	王荣			
20	陈馨			
21	葛丽			
22	钱磊			
23	周蓓倍			
24	芳菲苑			
25	王镁			

图 2-61

制作要点如下：

❶ 设置列标识底纹。

❷ 序列使用填充方式快速输入。

2.6.6 面试人员评价表

对求职人员进行面试时，面试考官会根据对每个应聘者提出的问题及应聘者面谈过程中的表现，填写面试评价表，以此作为用人部门选择员工的有力依据。列举范例如图2-62所示。

面 试 评 价 表

面试编号	011	姓名		面试者分类		面试考官	
籍贯		年龄		□求职者 □应届毕业生		面试时间	
毕业院校			学历		户口所在地		
就职经历							
时间		工作状况		职务		备注	
面试记录							
问题		回答			评价（分数1-5分）		
1.谈谈你选择这份工作的动机？						3	
			理由				
2.我怎样相信对这个职位你是最好的人选呢？						5	
			理由				
3.							
4.							
5.							
综合评价（等级）		优	考官评语	良好		分数总计	

图 2-62

制作要点如下：

❶ 规划表格包含的项目。

❷ 按规划的表格框架合并单元格。

2.6.7 面试结果推荐表

面试考官在面试工作结束后，会针对每个应聘者的具体情况填写面试结果推荐表，为用人部门选择员工提供公正、客观的建议。列举范例如图2-63所示。

制作要点如下：

❶ 规划表格包含的项目。

❷ 按规划的表格框架合并单元格。

❸ 添加"□"特殊符号辅助修饰（在打印表格后此框可用于填表者的勾选）。

面试结果推荐表

姓名		日期	
外语水平	口语		
	阅读		
智力水平			
专业知识			
创造性思维			
性格特征			
文字能力			
面试小组评语			
推荐栏			
□ 录用	职位		市场代表
	级别		薪金建议
□ 待用			
□ 辞谢			
赞成此意见者（面试小组成员）签名：			
送达部门及主管：市场部			

图 2-63

2.6.8 新员工试用考查表

新员工试用考查表是用于记录新员工试用期间的试用计划、试用结果考核的表格，通过对人员试用考查，可以了解新员工是否及时、有效地完成试用计划内容，为决策部门提供判断依据。列举范例如图2-64所示。

新员工试用考查表

日期		月 日					
人事资料	姓名		试用职位		入职时间		
	分派部门		甄选方式	□公开招考 □推荐或选取 □公司内部提升			
	工作经历						
	年龄			学 位			
	特殊训练技能						
试用计划	1	试用职位					
	2	试用期限					
	3	督导人员					
	4	督导人员工作	□观察 □训练				
	5	拟安排工作					
	6	训练项目					
	7	试用工资					
		核准					
		拟订					
试用结果考核	1	试用期间	自 年 月 日至 年 月 日				
	2	安排工作及训练项目					
	3	工作情形	□满意 □尚可 □差				
	4	出勤状况	迟退 次 病假 天，事假 天				
	5	评语	□拟正式任用 □拟予辞退				
	6	正式工资拟核	人事经办		核准		考核

图 2-64

制作要点如下：

❶ 规划表格包含的项目。

❷ 按规划的表格框架合并单元格。

❸ 标题文字合并居中并添加下画线。

❹ "人事资料""试用计划""试用结果考核"几

个分项底部使用双线条，达到分区显示的目的，设置方法见 1.2.4 节。

❺ 添加“□”特殊符号辅助修饰（在打印表格后此框可用于填表者的勾选）。

2.6.9 新员工试用期鉴定表

新员工在试用期间，人力资源部门会定期地对其工作进行考查，分析试用员工是否真正满足公司的需要，使决策部门更好地决定是否继续录用他们。列举范例如图 2-65 所示。

员工试用鉴定表

姓名		性别		年龄	
学历		试用部门		职务	
试用期	3个月	试用期间	自　年　月　日至　年　月　日		
试用结果	考核人意见	□ 试用期考核达标。	考核签章	考核人签章	
		□ 试用期考核成绩优良。			
		□ 需继续试用。			
		□ 试用不合格，请另行安排。			
	主管意见	□ 同意考核意见，拟准予录用。		部门经理签章	
		□ 延长试用期____天。			
		□ 拟予辞退。			
人力资源部批示		□ 试用期满意，请按原工资办理聘用手续。			
		□ 试用期成绩优良，请以____元工资办理录用手续。			
		□ 试用不合格，除发给试用期间的试用工资，拟　月　日起辞退。			
人事经办		核准人			

图 2-65

制作要点如下：

❶ 规划表格包含的项目。

❷ 按规划的表格框架合并单元格。

❸ 设置底纹分区显示。

❹ 添加“□”特殊符号辅助修饰（在打印表格后此框可用于填表者的勾选）。

2.6.10 新员工转正申请表

当员工试用期结束后，新员工会根据人事部的要求，填写一份新员工转正申请表，再由领导对员工是否转正进行审批，审批通过则员工可以转为企业的正式员工。列举范例如图 2-66 所示。

新员工转正申请表

编号：　　　　填表时间：

以下栏目由新员工填写			
姓名		职位	
部门		入职时间	
导师			
新员工试用期间工作总结 签字：			
以下栏目由导师及相关负责人填写			
导师总结： 签字：			
部门领导意见（是否同意转正） □提前转正　□按期转正　□延期转正　签字：			
综合管理部意见		签字：	
副总经理意见		签字：	
总经理意见		签字：	

图 2-66

制作要点如下：

❶ 规划表格包含的项目。

❷ 按规划的表格框架合并单元格。

❸ 设置底纹分区显示。

❹ 添加“□”特殊符号辅助修饰（在打印表格后此框可用于填表者的勾选）。

第 3 章

公司员工培训及绩效考核管理表格

为了能让企业员工很好地配合业务工作的需要，很多企业都会有针对性地展开员工培训工作。从培训计划的制订到实施，再到培训结果的统计分析及评价，都需要建立相关表格来管理数据。同时员工的绩效考核也是激发员工的工作积极性以及主动性的关键，这一方面的工作也要进行细致地处理。本章主要介绍公司员工培训及绩效考核管理这一过程中的相关表格。

☑ 员工培训计划表

☑ 员工培训申请表

☑ 员工培训数据统计表

☑ 员工培训成绩统计分析表

☑ 员工年终绩效考核评价表

☑ 员工销售数据月度统计分析表

☑ 其他培训相关表格

3.1 员工培训计划表

员工培训计划表是一张存储员工培训教程、时间安排的表格。制作该表格是为了让参与培训的员工能够快速了解培训课程安排的时间、地点以及负责人等相关信息，使培训工作能够顺利地展开。

3.1.1 员工培训计划表标题下画线效果

❶ 首先将标题所在的单元格区域进行合并居中，选中合并后的单元格，单击“开始”选项卡，在“字体”组单击 按钮，如图 3-1 所示。

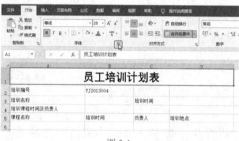

图 3-1

❷ 打开“设置单元格格式”对话框，单击“下画线”下拉按钮，在下拉列表中选择“会计用双下画线”选项，如图 3-2 所示。

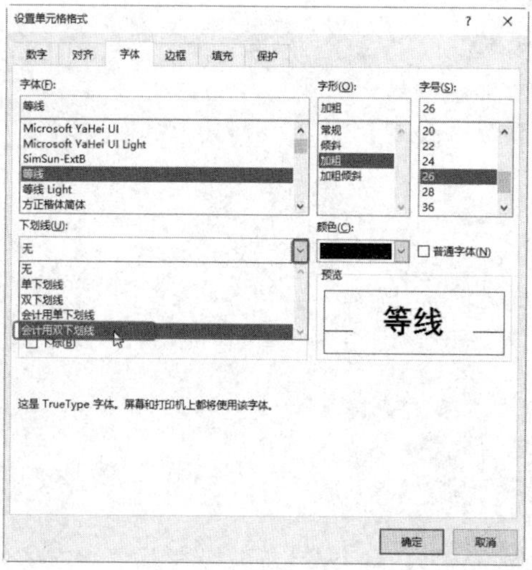

图 3-2

❸ 单击“确定”按钮返回工作表中，即可看到为标题添加了双下画线，如图 3-3 所示。

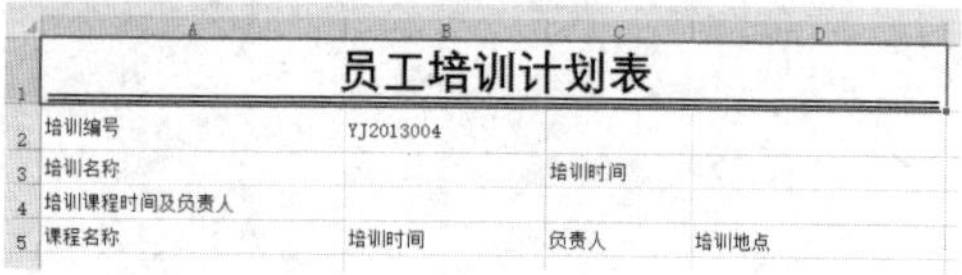

图 3-3

❹ 按实际情况将表格的内容补充完善，并设置框线，如图 3-4 所示。

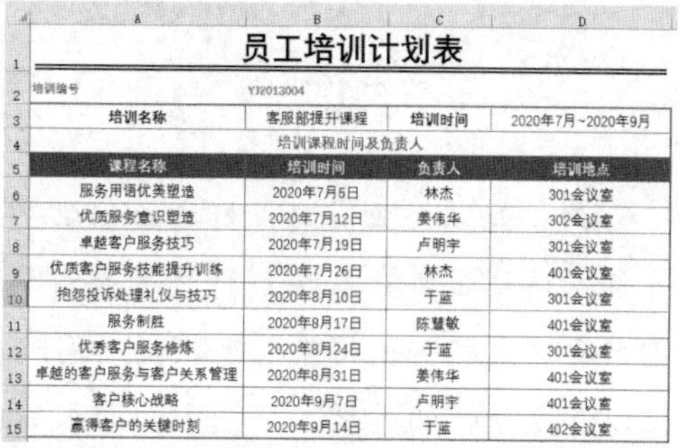

员工培训计划表

培训编号 YJ2013004

培训名称	客服部提升课程	培训时间	2020年7月~2020年9月
培训课程时间及负责人			
课程名称	培训时间	负责人	培训地点
服务用语优美塑造	2020年7月5日	林杰	301会议室
优质服务意识塑造	2020年7月12日	姜伟华	302会议室
卓越客户服务技巧	2020年7月19日	卢明宇	301会议室
优质客户服务技能提升训练	2020年7月26日	林杰	401会议室
抱怨投诉处理礼仪与技巧	2020年8月10日	于蓝	301会议室
服务制胜	2020年8月17日	陈慧敏	401会议室
优秀客户服务修炼	2020年8月24日	于蓝	301会议室
卓越的客户服务与客户关系管理	2020年8月31日	姜伟华	401会议室
客户核心战略	2020年9月7日	卢明宇	401会议室
赢得客户的关键时刻	2020年9月14日	于蓝	402会议室

图 3-4

3.1.2 特殊标记出指定（如指定时间、指定负责人）的培训

如果表格的记录过多，则可以使用“条件格式”这项功能实现特殊标记，如特殊标记指定时间的培训课程、特殊标记指定负责人的培训课程等。

❶ 例如选中 C6:C14 单元格区域，单击“条件格式”下拉按钮，在其下拉菜单中选择“突出显示单元格规则”命令，在子菜单中选择“等于”命令，如图 3-5 所示。

图 3-5

❷打开"等于"对话框,在左侧文本框中输入
"于蓝",在"设置为"下拉列表中选择"黄填充色深
黄色文本"选项,单击"确定"按钮,如图3-6所示。

图 3-6

❸返回工作表中,此时所选单元格区域中的文
本为"于蓝"的单元格以"黄填充色深黄色文本"突
出显示,如图3-7所示。

图 3-7

知识扩展

在设置条件格式时根据数据类型的不
同,其设置选项也不同,例如针对日期数
据,在"突出显示单元格规则"的子菜单中
可以选择"发生日期"命令,打开"发生日
期"对话框,单击下拉按钮可以看到有多个
可设置的条件,如图3-8所示。选择后即可
让满足条件的日期以特殊的格式显示。

图 3-8

3.2 ▶ 员工培训申请表

员工培训申请表是企业为开展业务及培训
人才的需要而创建的,员工需要根据实际情况
填写申请表,申请参与培训。

3.2.1 创建员工培训申请表

创建此表需要先将表格分为几个区域,首
先是基本信息区,后面几个区域分别为"培训
内容""申请理由""参训前审批流程",表格框
架如图3-9所示。

图 3-9

3.2.2 建立红色下画线填写区

本表格有一个红色线填写区域，这个线条不是利用图形工具画出的线条，而是使用"下画线"功能添加的。

❶ 首先定位光标的位置，在"开始"选项卡的"字体"组中，先单击"下画线"按钮，接着单击"字体颜色"按钮将颜色更改为红色，如图 3-10 所示。

图 3-10

❷ 设置后，按键盘上的空格键向右移动，移动过的位置上都出现红色下画线，如图 3-11 所示。

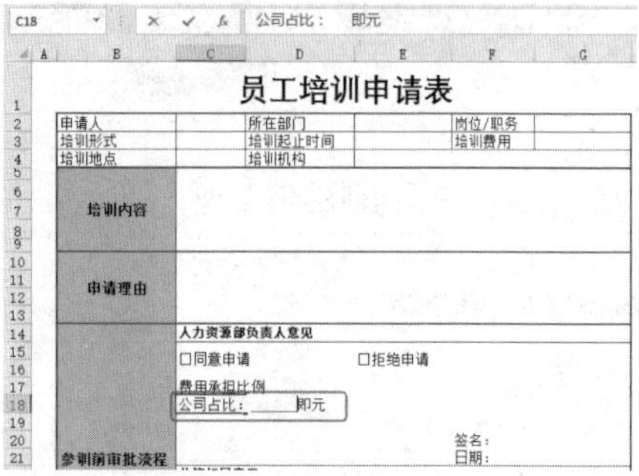

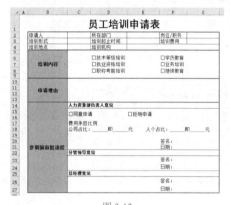

图 3-11

❸ 将表格的其他内容填写完整，如图 3-12 所示。

图 3-12

3.3 员工培训数据统计表

员工培训的记录在统计完毕后，可以建立一些统计表，如员工培训时数与金额统计表、各部门培训时数与金额统计表、各项培训课程参加人数统计表等。

专家提示

数据透视表是一种交互式报表，可以快速对大型数据进行分类汇总分析，通过字段的拖曳瞬间得到分类统计的结果。而经过灵活地设置不同字段，则可以全面地分析数据，得到各种不同目的的统计结果。将数据透视表的作用总结为如下 3 个方面。

☑ 提高 Excel 报告的生成效率。

Excel 数据透视表能够快速汇总、分析、浏览和显示数据，对原始数据进行多维度展现，并生成汇总报表，为工作报告的生成提供有力的数据支撑。

☑ 综合了 Excel 中的多项分析功能。

数据透视表有机地综合了数据的排序、筛选、分类汇总等数据分析的优点，并具有动态性，是数据分析过程中必不可少的一个重要工具。

☑ 灵活多变，操作便捷。

字段的设置灵活多变，便于快速做出修改调试，能得到多个角度的分析结果。同时操作无须使用任何公式，方便快捷。

3.3.1 员工培训时数与金额统计表

根据员工各个课程培训的课时数和每个课程对应的金额，可以创建数据透视表统计各位员工总的培训课时数与课程金额。

❶ 假设已将员工培训的记录数据统计到一张工作表中，如图 3-13 所示。

图 3-13

❷ 选中"员工培训记录汇总表"工作表中任意单元格，单击"插入"选项卡，在"表格"组单击"数据透视表"按钮，如图 3-14 所示。

图 3-14

❸ 打开"创建数据透视表"对话框，保持默认状态，如图 3-15 所示。

❹ 单击"确定"按钮，即可在新工作表中显示数据透视表，在工作表标签上双击，然后输入新名称为"培训费用统计分析"，如图 3-16 所示。

图 3-15

图 3-16

❺ 在"数据透视表字段"窗格中选中"员工姓名"复选框，此时默认添加到"行"区域，如图 3-17 所示。

❻ 接着选中"课时"复选框，此时默认添加到"值"区域，如图 3-18 所示。

图 3-17　　　　图 3-18

❼ 单击"确定"按钮，即可在新工作表中显示数据透视表，在工作表标签上双击，然后输入新名称为"培训费用统计分析"，如图 3-16 所示。

按照相同的方法，将"课程金额"添加到"值"区域，如图3-19所示。

❽ 此时即可看到在数据透视表区域显示出3个字段的分析结果，即统计出每位员工的培训课时数及所用课程金额，如图3-20所示。

图 3-19   图 3-20

❾ 单击"数据透视表-设计"选项卡，在"布局"选项组单击"报表布局"下拉按钮，在下拉菜单中选择"以大纲形式显示"命令，如图3-21所示，此步操作是为了让报表的列标识能全部显示出来，如此处A3单元格中已经显示出"员工姓名"名称，如图3-22所示。

图 3-21

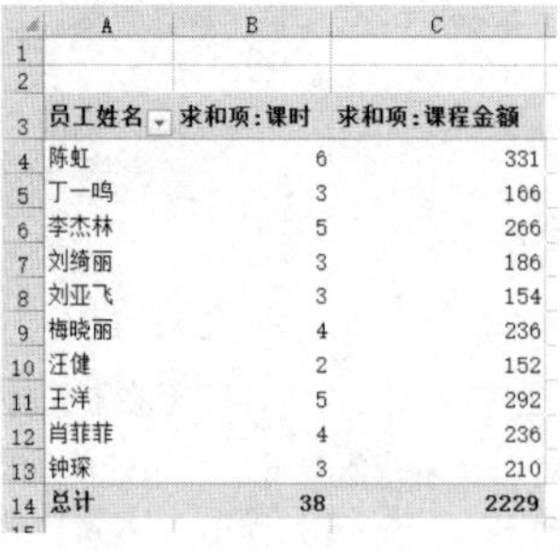

图 3-22

知识扩展

"数据透视表-设计"选项卡的"布局"组中的设置都是为了优化数据透视表的显示结果，从而让报表的显示效果更加直观。例如默认创建的数据透视表字段是压缩显示的，通过步骤❾可以让报表的列标识能全部显示出来。这项操作虽然简单，但应用非常频繁，尤其是在双行标签时，必须要进行此步设置。

3.3.2 各部门培训时数与金额统计表

在建立数据透视表后，可以通过更改字段的方法统计出各个部门的培训课时数与课程金额。为了保留3.3.1节的统计表，可以复制数据透视表再更改字段得到新的统计结果。

❶ 在"员工培训时数与金额统计表"的标签上单击，按住Ctrl键不放，再按住鼠标左键向右拖曳（如图3-23所示），释放鼠标即可得到复制的工作表，如图3-24所示。

图 3-23

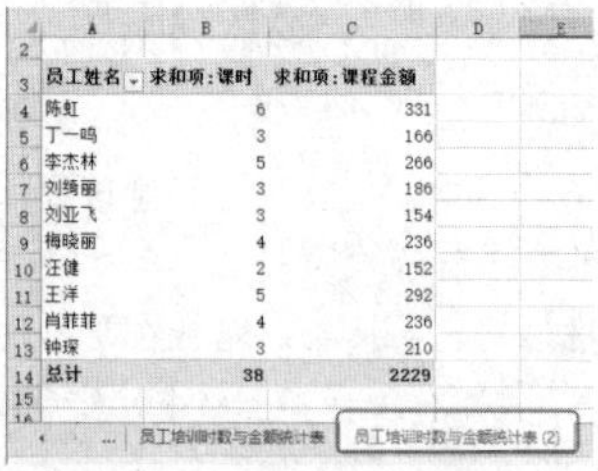

图 3-24

❷ 在"行"区域中选中"员工姓名"复选框，按住鼠标左键不放，向框外拖曳，拖到框外时释放鼠标即可删除该字段，如图 3-25 所示。

❸ 在"数据透视表字段"窗格选中"所属部门"复选框，默认添加到"行"区域（如图 3-26 所示），即可在数据透视表中显示出各个部门培训课时数与课程金额，如图 3-27 所示。

图 3-25　　　　　　图 3-26

图 3-27

3.3.3 各项培训课程参加人数统计表

在建立各项培训课程参加人数统计表时，仍然复制上面建立的数据透视表，然后进行更改字段的操作。

❶ 复制"各部门培训时数与金额统计表"，并将复制得到的工作表重命名为"各项培训课程参加人数统计表"，如图 3-28 所示。

❷ 将数据透视表中原来的字段全部删除，可以采用拖出的方式，也可以在字段列表中取消选中前面的复选框，接着选中"课程"复选框，该字段默认添加到"行"区域，如图 3-29 所示。

图 3-28

❸ 接着在"数据透视表字段"窗格选中"员工姓名"复选框，按住鼠标左键拖曳该字段到"值"区域，如图 3-30 所示。此时的数据透视表统计出的是各项课程所参加培训的人数，如图 3-31 所示。

图 3-29　　　　　　图 3-30

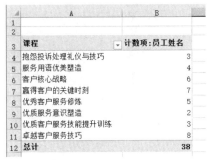

图 3-31

❹ 选中 B3 单元格，在编辑栏中进入编辑状态，如图 3-32 所示。重新更改默认的标识文字为"学习人数"，如图 3-33 所示（此操作是为了让得到的统计报表表达效果更加直观易懂。）。

图 3-32　　　　　　　　　　　　　　　　　图 3-33

知识扩展

在添加字段时，可以直接选中字段前的复选框，选中后程序会根据字段的性质自动添加到下面的区域。但根据分析目的的不同，默认添加到的位置若不符合分析目的，则可以先取消选中前面的复选框，直接在列表中选中字段，按住鼠标左键不放拖至需要的区域中。

3.4 员工培训成绩统计分析表

培训成绩统计是企业人力资源部门经常要进行的一项工作。那么在统计出表格数据后，少不了要对数据进行计算。

例如在图 3-34 所示的统计表中，要计算每位培训者的总成绩、平均成绩，同时还能对其合格情况进行综合性判断，利用 Excel 中提供的函数、统计分析工具等都可以达到这些统计目的。

第一期培训成绩表

姓名	抱怨投诉处理礼仪与技巧	服务用语优美塑造	客户核心战略	赢得客户的关键时刻	优秀客户服务修炼	优质服务意识塑造	优质客户服务技能提升训练	卓越客户服务技巧	总成绩	平均成绩	达标与否	排名
陈虹	69	69	70	70	74	75	73	79				
蔡晓	79	96	64	80	79	74	80	82				
崔凯	91	79	66	73	83	62	69	79				
丁一鸣	66	82	79	68	75	73	70	64				
方航	90	84	71	80	58	82	78	80				
李杰林	68	86	73	71	80	78	75	74				
梅晓丽	94	66	82	68	68	84	77	82				
李鑫	86	63	82	72	83	73	91	92				
刘晴丽	78	77	91	72	86	61	67	78				
刘亚飞	62	72	66	74	79	92	67	66				
罗佳	81	92	78	82	66	71	81	78				
吕明	76	85	79	73	79	73	64	68				
宋佳佳	75	90	75	72	75	70	68	69				
汪健	57	80	75	69	78	79	72	85				
王娟娟	85	68	81	73	82	90	80	80				
王晓宇	80	68	85	81	78	73	82	59				
王洋	75	75	75	73	84	84	79	79				
吴丽萍	78	69	90	78	75	72	75	80				
肖菲菲	79	78	84	75	62	60	70	79				
杨林	82	79	82	83	79	72	88	92				
章岩	77	75	95	79	75	73	73	62				
赵明宇	93	90	86	70	72	69	73	73				
钟琛	68	78	82	74	73	85	66	96				

图 3-34

3.4.1 计算培训总成绩、平均成绩、名次

在员工进行培训后，会对员工培训成绩进行考核，先记录每位员工的各科培训成绩，再计算总成绩，判断达标情况等。在判断达标情况时，其约定的标准是单科成绩必须全部大于或等于 80 分为达标，否则即为不达标。

① 单击选中 J3 单元格，在编辑栏中输入：

=SUM(B3:I3)

按 Enter 键，得出计算结果，如图 3-35 所示。

图 3-35

② 单击选中 K3 单元格，在编辑栏中输入：

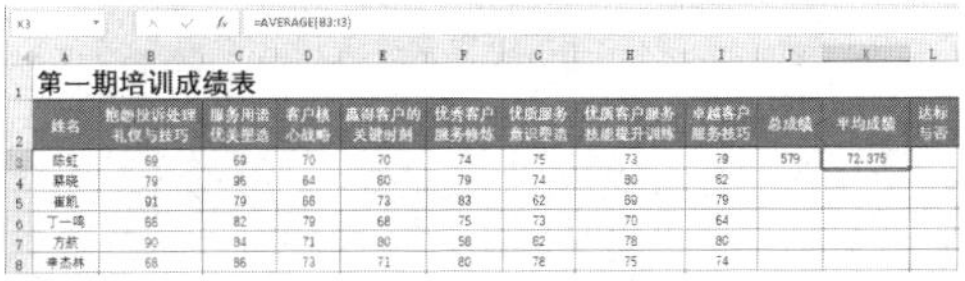

=AVERAGE (B3:I3)

按 Enter 键，得出计算结果，如图 3-36 所示。

图 3-36

③ 单击选中 L3 单元格，在编辑栏中输入公式：

=IF(AND(B3:I3>=80)," 达标 "," 不达标 ")

如图 3-37 所示。

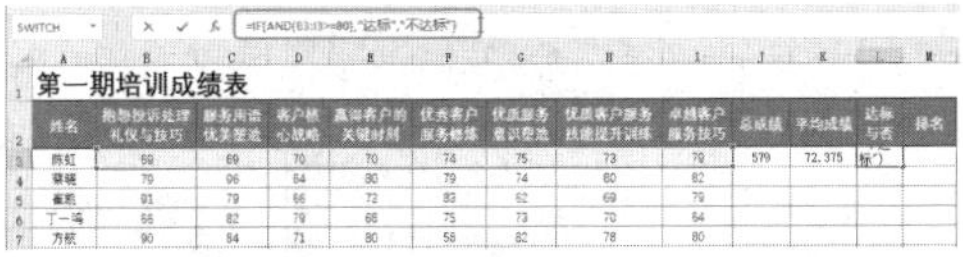

图 3-37

④ 按 Ctrl+Shift+Enter 组合键，得到结果，如图 3-38 所示。

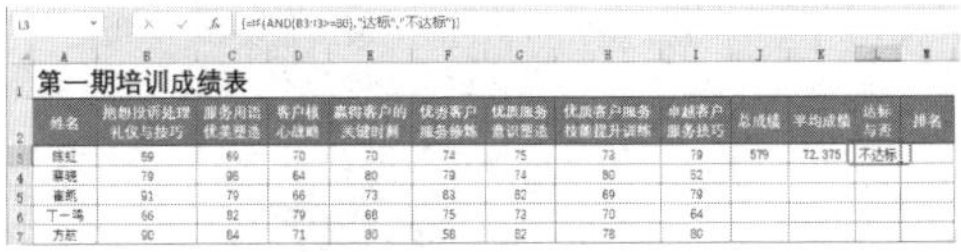

图 3-38

专家提示

　　IF 函数与 AND 函数都为逻辑函数。AND 函数用来检验一组条件判断是否都为"真"，即当所有条件均为"真"（TRUE）时，返回的运算结果为"真"（TRUE）；反之，返回的运算结果为"假"（FALSE）。因此，该函数一般用来检验一组数据是否满足条件。

=IF(AND(B3:I3>=80)," 达标 "," 不达标 ")

公式解析如下：

　　AND 函数这部分表示依次判断 B3:I3 这个单元格区域的各个单元格的值是否都是大于或等于 80，如果是则返回 TRUE，如果有一个不是大于或等于 80 则返回 FALSE。当这一部分返回 TRUE 时，最终 IF 函数返回"达标"，当这一部分返回 FALSE 时，最终 IF 函数返回"不达标"。

　　此公式还有一个注意要点，即这个公式必须按 Ctrl+Shift+Enter 组合键结束，因为这一个数组的判断，只有按下 Ctrl+Shift+Enter 组合键，函数才会调用内部数组依次对 B3:I3 单元格区域的各个单元格进行判断。

⑤ 选中 I3:L3 单元格区域，将鼠标指针放在该区域的右下角，光标会变成十字形状，按住鼠标左键不放，向下拖曳填充公式，如图 3-39 所示。

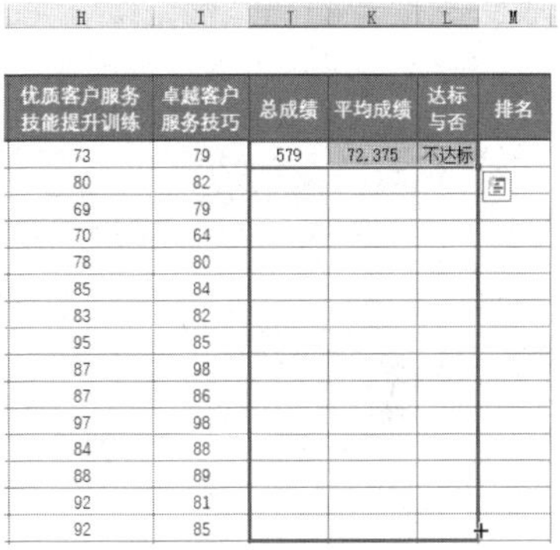

图 3-39

⑥ 到达最后一条记录时释放鼠标，快速得出其他员工的总成绩、平均成绩、达标与否的结果，如图 3-40 所示。

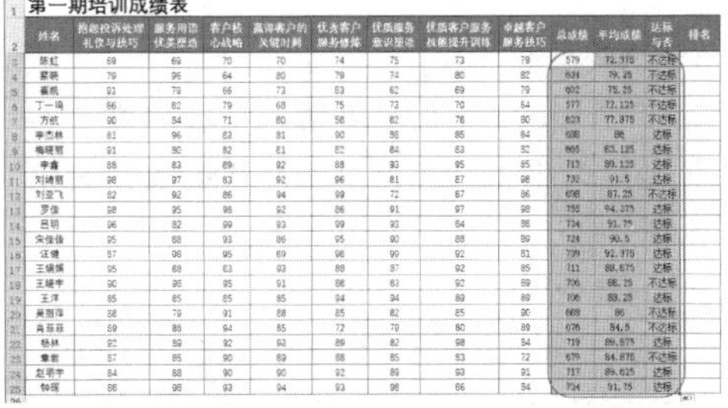

图 3-40

⑦ 选中 M3 单元格，在编辑栏输入公式：

=RANK(J3,$J$3:$J$25)

按 Enter 键，即可计算出“陈虹”的成绩排名，如图 3-41 所示。

M3 =RANK(J3,$J$3:$J$25)

第一期培训成绩表

姓名	抱怨投诉处理礼仪与技巧	服务用语优美塑造	客户核心战略	赢得客户的关键时刻	优秀客户服务修炼	优质服务意识塑造	优质客户服务技能提升训练	卓越客户服务技巧	总成绩	平均成绩	达标与否	排名
陈虹	69	69	70	70	74	75	73	79	579	72.375	不达标	22
蔡晓	79	96	64	80	79	74	80	82	634	79.25	不达标	
崔凯	91	79	66	73	83	62	69	79	602	75.25	不达标	
丁一鸣	66	82	79	68	75	73	70	64	577	72.125	不达标	
方航	90	84	71	80	58	82	78	80	623	77.875	不达标	
李杰林	81	96	83	81	90	88	85	84	688	86	达标	
梅晓丽	91	80	82	81	82	84	83	82	665	83.125	达标	
李鑫	88	83	89	92	88	93	95	85	713	89.125	达标	
刘绮丽	98	97	83	92	96	81	87	98	732	91.5	达标	
刘亚飞	82	92	86	94	99	72	87	86	698	87.25	不达标	
罗佳	98	95	98	92	86	91	97	98	755	94.375	达标	
吕明	96	82	99	93	99	93	84	88	734	91.75	达标	
宋佳佳	95	88	93	86	95	90	88	89	724	90.5	达标	
汪健	87	98	95	89	98	99	92	81	739	92.375	达标	
王娟娟	95	88	83	93	88	87	92	85	711	88.875	达标	
王晓宇	90	98	95	91	88	83	92	69	706	88.25	不达标	
王洋	85	85	85	85	94	94	89	89	706	88.25	达标	
吴丽萍	88	79	91	88	85	82	85	90	688	86	不达标	
肖菲菲	89	88	94	85	72	79	80	89	676	84.5	不达标	
杨林	92	89	92	93	89	82	98	84	719	89.875	达标	
章岩	87	85	90	89	88	85	83	72	679	84.875	不达标	
赵明宇	84	88	90	90	92	89	93	91	717	89.625	达标	
钟琛	88	98	93	94	93	98	86	84	734	91.75	达标	

图 3-41

❽ 选中 M3 单元格，将光标移动到单元格右下角，拖曳十字形向下填充，即可为此次培训的所有员工进行排名，如图 3-42 所示。

第一期培训成绩表

姓名	抱怨投诉处理礼仪与技巧	服务用语优美塑造	客户核心战略	赢得客户的关键时刻	优秀客户服务修炼	优质服务意识塑造	优质客户服务技能提升训练	卓越客户服务技巧	总成绩	平均成绩	达标与否	排名
陈虹	69	69	70	70	74	75	73	79	579	72.375	不达标	22
蔡晓	79	96	64	80	79	74	80	82	634	79.25	不达标	19
崔凯	91	79	66	73	83	62	69	79	602	75.25	不达标	21
丁一鸣	66	82	79	68	75	73	70	64	577	72.125	不达标	23
方航	90	84	71	80	58	82	78	80	623	77.875	不达标	20
李杰林	81	96	83	81	90	88	85	84	688	86	达标	14
梅晓丽	91	80	82	81	82	84	83	82	665	83.125	达标	18
李鑫	88	83	89	92	88	93	95	85	713	89.125	达标	9
刘绮丽	98	97	83	92	96	81	87	98	732	91.5	达标	5
刘亚飞	82	92	86	94	99	72	87	86	698	87.25	不达标	13
罗佳	98	95	98	92	86	91	97	98	755	94.375	达标	1
吕明	96	82	99	93	99	93	84	88	734	91.75	达标	3
宋佳佳	95	88	93	86	95	90	88	89	724	90.5	达标	6
汪健	87	98	95	89	98	99	92	81	739	92.375	达标	2
王娟娟	95	88	83	93	88	87	92	85	711	88.875	达标	10
王晓宇	90	98	95	91	88	83	92	69	706	88.25	不达标	11
王洋	85	85	85	85	94	94	89	89	706	88.25	达标	11
吴丽萍	88	79	91	88	85	82	85	90	688	86	不达标	14
肖菲菲	89	88	94	85	72	79	80	89	676	84.5	不达标	17
杨林	92	89	92	93	89	82	98	84	719	89.875	达标	7
章岩	87	85	90	89	88	85	83	72	679	84.875	不达标	16
赵明宇	84	88	90	90	92	89	93	91	717	89.625	达标	8
钟琛	88	98	93	94	93	98	86	84	734	91.75	达标	3

图 3-42

专家提示

RANK 函数表示返回一个数字在数字列表中的排位，其大小相对于列表中的其他值。

=RANK(J3,$J$3:$J$25) 公式解析如下：

表示判断 J3 单元格中的值在 $J$3:$J$25 区域中的排位，因为用于判断的单元格区域是不能改变的，所以使用绝对引用方式。

3.4.2 标记优秀培训者的姓名

当前工作表中统计了所有员工的培训成绩，为了方便查看，现在想要突出显示有单科成绩大于 95 分的培训者的姓名。要达到此目的需要使用“条件格式”功能来实现。

❶ 选中“姓名”下的单元格区域，在“开始”选项卡的“样式”组中单击“条件格式”下拉按钮，在弹出的下拉菜单中选择“新建规则”命令（见

图 3-43），打开“新建格式规则”对话框。

❷在“选择规则类型”栏下，选择“使用公式确定要设置格式的单元格”，然后在“为符合此公式的值设置格式”文本框中输入公式：

=OR(B3>95,C3>95,D3>95,E3>95,F3>95,G3>95,H3>90,I3>95)

单击“格式”按钮（见图 3-44），打开“设置单元格格式”对话框。

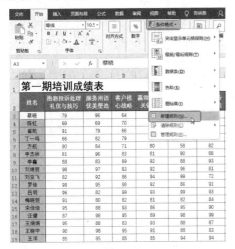

图 3-43

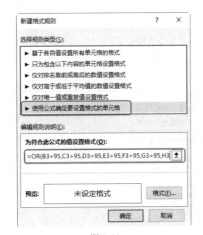

图 3-44

❸选择“填充”选项卡，在“背景色”列表框中选择“黄色”，如图 3-45 所示。

❹单击“确定”按钮，返回“新建格式规则”对话框，可以看到预览格式，如图 3-46 所示。

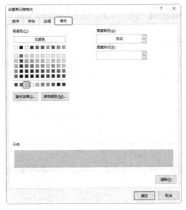

图 3-45

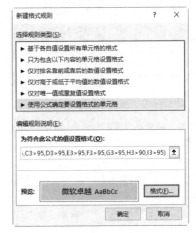

图 3-46

❺单击“确定”按钮返回工作表，成绩大于 95 分的员工姓名填充了黄色背景特殊显示，如图 3-47 所示。

第一期培训成绩表

姓名	抱怨投诉处理礼仪与技巧	服务用语优美塑造	客户核心战略	赢得客户的关键时刻	优秀客户服务修炼	优质服务意识塑造	优质客户服务技能提升训练	卓越客户服务技巧	总成绩
蔡晓	79	96	64	80	79	74	80	82	634
陈虹	69	69	70	70	74	75	73	79	579
崔凯	91	79	66	73	83	62	69	79	602
丁一鸣	66	82	79	68	75	73	70	64	577
方航	90	84	71	80	58	82	78	80	623
李杰林	81	96	83	81	90	88	85	84	688
李鑫	88	83	89	92	88	93	95	85	713
刘琦丽	98	97	83	92	96	81	87	98	732
刘亚飞	82	92	86	94	99	72	87	86	698
罗佳	98	95	98	92	86	91	97	98	755
吕明	96	82	99	93	99	93	84	88	734
梅晓丽	91	80	82	81	82	84	83	82	665
宋佳佳	95	88	93	86	95	90	88	89	724
汪健	87	98	95	89	98	99	92	81	739
王婧娟	95	88	83	93	88	87	92	85	711
王晓宇	90	98	95	91	88	63	92	69	706
王洋	85	85	85	85	94	94	69	89	706
吴丽萍	88	79	91	88	85	82	85	90	688
肖菲菲	89	88	94	85	72	79	80	69	676
杨林	92	89	92	93	89	82	98	84	719
章岩	87	85	90	89	88	85	83	72	679
赵明宇	84	88	90	90	92	89	93	91	717
钟琛	88	98	93	94	93	98	66	84	734

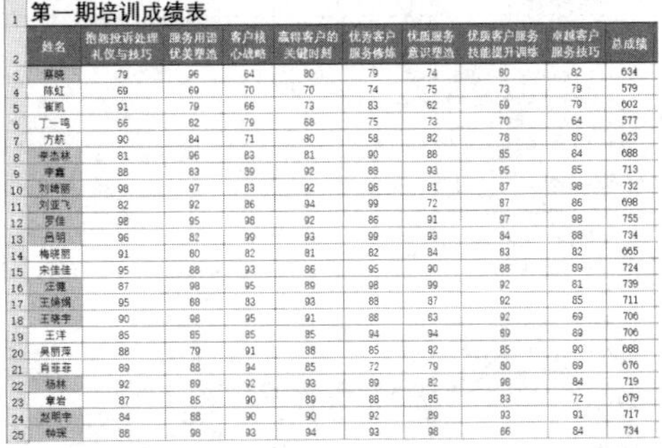

图 3-47

3.4.3 给优秀成绩插红旗

要实现给优秀成绩插红旗的效果，实际也是利用"条件格式"功能来实现，例如本例中要求给总成绩大于 700 分的插红旗。

❶ 选中 J3:J25 单元格，在"开始"选项卡的"样式"组中单击"条件格式"下拉按钮，在弹出的下拉菜单中选择"新建规则"命令（如图 3-48 所示），打开"新建格式规则"对话框。

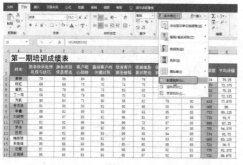

图 3-48

❷ 在"编辑规则说明"栏中，单击"格式样式"右侧的下拉按钮，在展开的下拉列表中选择"图标集"选项，如图 3-49 所示；单击"图标样式"右侧的下拉按钮，在展开的下拉列表中选择"三色旗"选项，如图 3-50 所示。

❸ 在"图标"组中，单击绿旗下拉按钮，在展开的图标列表中选择"红旗"选项，如图 3-51 所示。

❹ 单击"类型"右侧的下拉按钮，在展开的列表中选择"数字"选项，在"值"数值框中输入"700"，如图 3-52 所示。

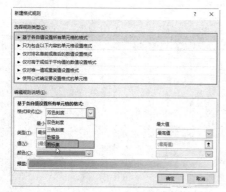

图 3-49

图 3-50

图 3-51

图 3-52

⑤ 在"图标"组中，单击黄旗下拉按钮，在展开的图标列表中选择"无单元格图标"选项，如图 3-53 所示。

图 3-53

⑥ 按照相同的方法，设置最后一个旗也为"无单元格图标"，如图 3-54 所示。

图 3-54

⑦ 单击"确定"按钮，返回工作表中，即可看到选中的单元格区域中，总分大于 700 的插上了小红旗，如图 3-55 所示。

图 3-55

3.4.4 筛选"不达标"的培训记录

筛选功能在数据的分析过程中使用是非常频繁的，当为表格执行"筛选"操作时实际是为每个字段添加了一个自动筛选的按钮，通过这个筛选按钮可以实现查看满足条件的记录。如本例中可以将所有"不达标"的培训记录筛选出来。

① 选中数据区域中的任意一个单元格，在"数据"选项卡的"排序和筛选"组中单击"筛选"按钮，则每个字段旁都添加了筛选按钮，如图 3-56 所示。

图 3-56

② 单击"达标与否"右侧的下拉按钮，在展开的菜单中取消选中所有复选框，只选中"不达标"复选框，如图 3-57 所示。

图 3-57

③ 单击"确定"按钮即可得到所有不达标的记录，如图 3-58 所示。

图 3-58

④ 由于筛选操作是将所有不满足条件的数据进行了隐藏，实际它是存在的。如果想真正使用这一部分数据，则可以将筛选结果复制到新工作表中去保存。选中筛选结果，按 **Ctrl+C** 组合键复制，如图 3-59 所示。

	第一期培训成绩表												
姓名	抱怨投诉处理礼仪与技巧	服务用语优美塑造	客户核心战略	赢得客户的关键时刻	优秀客户服务修炼	优质服务意识塑造	优质客户服务技能提升训练	卓越客户服务技巧	总成绩	平均成绩	达标与否	排名
蔡骅	79	96	64	80	79	74	80	82	634	79.25	不达标	19
陈虹	69	69	70	70	74	75	73	79	579	72.375	不达标	22
崔凯	91	79	66	73	83	62	69	79	602	75.25	不达标	21
丁一鸣	66	82	79	68	75	73	70	64	577	72.125	不达标	23
方航	90	84	71	80	58	82	78	80	623	77.875	不达标	20
刘亚飞	82	92	86	94	90	77	87	90	698	87.25	达标	13
王晓宇	90	90	95	91	88	83	92	69	706	88.25	达标	11
吴丽萍	88	79	94	88	82	85	90	88	688	86	达标	14
肖菲菲	89	88	94	85	72	79	80	89	676	84.5	不达标	17
章岩	87	85	90	88	85	83	72	89	679	84.875	不达标	16

图 3-59

⑤ 切换到新工作表中，选中保存的起始位置（此处选中 A1 单元格），按 **Ctrl+V** 组合键粘贴，即可得到数据表，如图 3-60 所示。

姓名	抱怨投诉处理礼仪与技巧	服务用语优美塑造	客户核心战略	赢得客户的关键时刻	优秀客户服务修炼	优质服务意识塑造	优质客户服务技能提升训练	卓越客户服务技巧	总成绩	平均成绩	达标与否	排名
蔡骅	79	96	64	80	79	74	80	82	634	79.25	不达标	19
陈虹	69	69	70	70	74	75	73	79	579	72.375	不达标	22
崔凯	91	79	66	73	83	62	69	79	602	75.25	不达标	21
丁一鸣	66	82	79	68	75	73	70	64	577	72.125	不达标	23
方航	90	84	71	80	58	82	78	80	623	77.875	不达标	20
刘亚飞	82	92	86	94	90	77	87	90	698	87.25	达标	13
王晓宇	90	90	95	91	88	83	92	69	706	88.25	达标	11
吴丽萍	88	79	94	88	82	85	90	88	688	86	达标	14
肖菲菲	89	88	94	85	72	79	80	89	676	84.5	不达标	17
章岩	87	85	90	88	85	83	72	89	679	84.875	不达标	16

员工成绩统计表 (2)　员工成绩统计表 (3)　Sheet1　⊕

图 3-60

3.4.5 筛选总成绩前 5 名的记录

Excel 中的筛选功能也可以对数据进行简易分析得到满足要求的数据，例如可以自动排序数据大小，显示前几名、后几名的记录。如本例中要求筛选出总成绩前 5 名的记录。

① 如 3.4.5 节中的操作一样，选中数据区域任意单元格，在"数据"选项卡的"排序和筛选"组中单击"筛选"按钮添加自动筛选。

② 单击"总成绩"右侧筛选按钮，在筛选下拉菜单中选择"数字筛选"命令，在弹出的子菜单中选择"前 10 项"命令（见图 3-61），打开"自动筛选前 10 个"对话框。

③ 将筛选最大值的项数更改为"5"，如图 3-62所示。

图 3-61

图 3-62

④ 单击"确定"按钮筛选出的就是成绩前 5 名的记录，如图 3-63 所示。

	A	B	C	D	E	F	G
1	第一期培训成绩表						
2	姓名	抱怨投诉处理礼仪与技巧	服务用语优美塑造	客户核心战略	赢得客户的关键时刻	优秀客户服务修炼	优质服务意识塑造	优技
10	刘绮丽	98	97	83	92	96	81

图 3-63

3.5 员工年终绩效考核评价表

为了激发员工的工作积极性以及主动性，当前国内很多企业在设计自己的薪酬体系时都采用了岗位工资加绩效工资的做法，将工资收入与工作业绩相挂钩。这种情况下，对员工的绩效考核就显得越发重要。所以企业在一个期末都会对员工进行绩效考核，从而通过考核结果来鼓励先进，鞭策落后，有效调动员工的工作积极性和主动性，提高工作效率。如图 3-64 所示为建立的企业员工年终绩效考核评价表的例表。

该表格在创建过程中没有太多难度，企业可以根据实际情况调整考核的维度、权重及指标。

企业员工年终绩效考核评价表

所属部门：			姓名：	职务：	编号：NO.	
考核人		考核期	年 月 日至 年 月 日			
维度	权重系数	指标	优秀（10分）良好（8分）一般（6分）较差（4分）极差（2分）	评分	本项平均	
工作业绩	4	1. 工作素质	仅考虑工作的品质，与期望值比较，工作过程、结果的符合程度	10	10	
		2. 工作量	仅考虑上级交办工作有自主性工作完成的总量	10		
		3. 工作速度	仅考虑工作的速度、时效性，有无拖拉现象	10		
		4. 工作达成度	与年度目标或与期望值比较，工作达成与目标之差距	10		
工作能力	3	5. 计划性	工作事前计划程度，对工作安排分配的合理性，有效性	10	10	
		6. 应变力	针对客观变化，采取措施的主动性、有效性及工作中对上级的信赖程度	10		
		7. 改善创新	问题意识强否，在改进工作方面的主动性及效果	10		
		8. 职务技能	对担任职务相关知识的掌握、运用，工作的熟练程度	10		
		9. 发展潜力	是否具有学识、涵养，可塑程度	10		
		10. 缜密	工作认真细致及深入程度，考虑问题的全面性	10		
工作态度	3	11. 合作性	人际关系，团队精神及与他人（部门）工作配合情况	10	10	
		12. 责任感	严格要求自己与否，遵守制度纪律情况	10		
		13. 工作态度	工作自觉性、积极性，对工作投入程度，进取精神、勤奋程度	10		
		14. 执行力	对上级指示、决议、计划的执行程度及执行中对下级检查跟进程度	10		
		15. 品德言行	是否做到廉洁、诚信，是否具有职业精神	10		
评价得分			评价得分=各项平均分×各项权重系数		100	
评价等级			A. 90分以上 B. 70-89分 C. 40-69分 D. 40分以下		A	
评价意见						

图 3-64

此表格在建立后一般都需要打印使用，因此可以在打印预览状态下查看打印效果（见图 3-65），如果出现不规范情况则可作出调整。

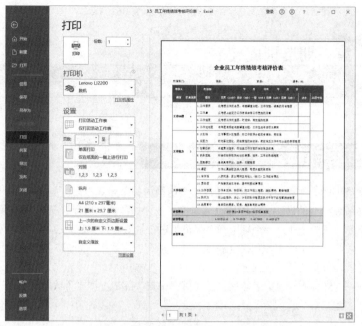

图 3-65

3.6 ▶ 员工销售月度统计分析表

每月月末销售部门都会对月度销售数据进行统计分析，例如判断销售员的销售是否达标，计算销售提成，对各销售分部的总销售金额进行统计等。因此都需要建立表格来管理。

3.6.1 建立销售数据统计表

要完成对销售数据的计算分析，首先需要建立表格记录基本数据。

❶ 将当月的销售数据记录到表格，如图 3-66 所示。

	A	B	C	D	E
1	工号	员工姓名	分部	销售数量	销售金额
2	NL_001	刘志飞	销售1部	56	34950
3	NL_002	何许诺	销售2部	20	12688
4	NL_003	崔娜	销售3部	59	38616
5	NL_004	林成瑞	销售2部	24	19348
6	NL_005	金琛志	销售2部	32	20781
7	NL_006	何佳怡	销售1部	18	15358
8	NL_007	李菲菲	销售3部	30	23122
9	NL_008	华玉凤	销售1部	31	28290
10	NL_009	张军	销售1部	17	10090
11	NL_010	廖凯	销售1部	25	20740
12	NL_011	刘琦	销售3部	19	11130
13	NL_012	张怡聆	销售2部	20	30230
14	NL_013	杨飞	销售2部	68	45900

图 3-66

❷ 选中 F2 单元格，在编辑栏中输入公式：
=IF(E2>=50000," 达标 "," 不达标 ")

按 Enter 键，即可判断工号 NL_001 的销售员本月销售是否达标，如图 3-67 所示。

F2			fx	=IF(E2>=50000,"达标","不达标")	
	A	B	C	D	E	F
1	工号	员工姓名	分部	销售数量	销售金额	是否达标
2	NL_001	刘志飞	销售1部	56	134950	达标
3	NL_002	何许诺	销售2部	20	92688	
4	NL_003	崔娜	销售3部	59	148616	
5	NL_004	林成瑞	销售2部	15	39348	
6	NL_005	金琛志	销售2部	32	100781	
7	NL_006	何佳怡	销售1部	18	75358	
8	NL_007	李菲菲	销售3部	30	23122	

图 3-67

❸ 选中 F2 单元格，将鼠标指针放在该区域的右下角，光标会变成十字形状，按住鼠标左键不放，向下拖曳填充公式，判断其他员工的销售是否达标，如图 3-68 所示。

图 3-68

3.6.2 绩效奖金核算

按照公司规定，销售金额小于 50000 元的，给予 3% 的绩效奖金；大于 50000 元，小于 100000 元的，给予 5% 的绩效奖金；大于 100000 元的，给予 10% 的绩效奖金。要想根据每位员工的销售金额计算出其应得绩效奖金，可以利用 IF 函数来计算。

❶ 打开"员工销售月度统计表"，选中 G2 单元格，在编辑栏中输入公式：
=IF(E2<=50000,E2*0.03,IF(E2<=100000,E2*0.05,E2*0.1)) 按 Enter 键，即可计算出工号 NL_001 的绩效奖金，如图 3-69 所示。

图 3-69

❷ 选中 G2 单元格，将鼠标指针放在该区域的右下角，光标会变成十字形状，按住鼠标左键不放，向下拖曳填充公式，计算出其他员工的绩效奖金，如图 3-70 所示。

图 3-70

3.6.3 按部门分类汇总销售额

要统计出各个销售分部的总销售额，可以使用数据透视表功能快速得到统计表。

❶ 选中"员工销售月度统计表"工作表中任意单元格，单击"插入"选项卡，在"表格"组单击"数据透视表"按钮，如图 3-71 所示。

图 3-71

❷ 打开"创建数据透视表"对话框，保持默认状态，如图 3-72 所示。

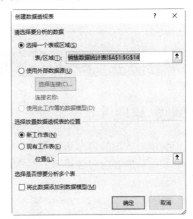

图 3-72

❸ 单击"确定"按钮，即可创建数据透视表。在"数据透视表字段"窗格中选中"分部"复选框，此时默认添加到"行"区域；接着分别选中"销售数量"和"销售金额"复选框，它们会被自动添加到"值"区域，如图 3-73 所示。

图 3-73

图 3-74

④ 此时即可看到在数据透视表区域显示出 3 个字段的分析结果，即统计出 3 个销售分部的总销售数量与总销售金额。如果该统计表格要放在其他文档中使用，也可以将该统计表转换为普通表格，以方便移动使用。全选数据透视表，按 Ctrl+C 组合键复制，接着在空白位置按 Ctrl+V 组合键粘贴，单击右下角的"粘贴选项"按钮（如图 3-74 所示），在下拉列表中选择"值"选项即可将数据透视表转换为普通表格，如图 3-75 所示。

⑤ 为表格添加标题，重新修改格式即可投入使用，如图 3-76 所示。

行标签	求和项:销售数量	求和项:销售金额
销售1部	140	361368
销售2部	135	378717
销售3部	139	311158
总计	414	1051243

图 3-75

4月份总销售额统计表		
分部	销售数量	销售金额
销售1部	140	361368
销售2部	135	378717
销售3部	139	311158
总计	414	1051243

图 3-76

3.7　其他培训相关表格

3.7.1　培训讲师核定表

对内部培训讲师的信息进行统计，是为了便于记录培训讲师年度授课时长、培训学员对讲师的满意度。其内容应包含讲师的基本信息以及年度培训时数、培训津贴等内容，列举范例如图 3-77 所示。

员工编号	讲师姓名	部门	岗位	性别	讲师级别	培训津贴标准（元/时）	年度培训时数	讲师评分
NL033	拿宇	销售部	区域经理	男	初级讲师	100	14	82
NL017	张华强	财务部	主办会计	男	中级讲师	150	14	92
NL001	张跃进	行政部	行政副总	男	中级讲师	150	10	88
NL041	盛念慈	销售部	区域经理	女	初级讲师	100	5	70
NL061	郝松松	销售部	市场经理	男	初级讲师	101	4	72
NL056	庄美尔	客服部	主管	女	初级讲师	102	4	82
NL058	李晓静	财务部	往来会计	女	初级讲师	103	2	68
NL059	吴谦	销售部	市场经理	男	初级讲师	104	8	90
NL060	乔菲	客服部	经理	女	中级讲师	150	10	88
NL062	孙建军	研发部	总监	男	初级讲师	106	12	90
NL057	张立锋	研发部	经理	男	初级讲师	107	6	85
NL006	刘琰	人事部	HR经理	男	初级讲师	108	2	68

图 3-77

制作要点如下：

❶ 根据建表目的拟订表格包含的项目。

❷ 按实际情况记录数据到表格中。

3.7.2 培训成本统计与管理表

培训期间会产生相应的成本，如教材费、场地费用、设备费用、培训讲师费用等，另外还有一些不能够直接读入账目的、通常以时间等形式表现的成本，我们称为间接成本。例如培训组织者、辅助人员等的薪资费用，培训设备折旧及维护费用，车辆油耗费用等。因此对于培训成本的统计可以分为直接成本与间接成本两个项目。列举范例如图 3-78 所示。

培训编号	成本分类	项目明细	发生时间	金额
GT-HR-17-T0001	直接成本	教材费	2020/7/6	¥ 180.00
GT-HR-17-T0001	间接成本	间接费用	2020/7/6	¥ 90.00
GT-HR-17-T0001	直接成本	培训讲师费	2020/7/6	¥ 200.00
GT-HR-17-T0002	直接成本	教材费	2020/7/10	¥ 130.00
GT-HR-17-T0002	间接成本	间接费用	2020/7/10	¥ 70.00
GT-HR-17-T0002	直接成本	培训设施费	2020/7/10	¥ 170.00
GT-HR-17-T0003	直接成本	教材费	2020/8/8	¥ 250.00
GT-HR-17-T0003	间接成本	间接费用	2020/8/8	¥ 110.00
GT-HR-17-T0003	直接成本	培训设施费	2020/8/8	¥ 120.00
GT-HR-17-T0004	直接成本	培训讲师费	2020/8/8	¥ 230.00
GT-HR-17-T0004	间接成本	间接费用	2020/8/8	¥ 150.00
GT-HR-17-T0004	直接成本	差旅费	2020/8/8	¥ 175.00
GT-HR-17-T0006	直接成本	培训设施费	2020/8/15	¥ 1,000.00
GT-HR-17-T0008	直接成本	培训讲师费	2020/8/22	¥ 621.00

图 3-78

制作要点如下：

❶ 对项目明细的拟订。

❷ 金额采用货币专用格式。

3.7.3 培训成果评估

培训结束后，培训部还需要对此次培训成果进行评估，判断此次培训课程选择的合理性及课程适用性等。列举范例如图 3-79 所示。

培训成果评估表（参与评估人数：28人）

课程满意度评估						迷你图比例
课程名称	5（很满意）	4（满意）	3（一般）	2（较差）	1（很差）	
抱怨投诉处理礼仪与技巧	14	11	1	1	1	
服务用语优美塑造	13	9	5	1	0	
客户核心战略	13	12	3	0	0	
赢得客户的关键时刻	6	11	8	2	1	
优秀客户服务修炼	14	8	5	1	0	
优质服务意识塑造	7	6	10	1	4	
优质客户服务技能提升训练	13	6	6	1	2	
卓越客户服务技巧	15	7	5	0	1	
课程适用性评估						迷你图比例
课程内容的适用性	5（很满意）	4（满意）	3（一般）	2（较差）	1（很差）	
课程目标的明确性	10	17	4	0	0	
内容编排的合理性	10	11	3	3	1	
理论知识的系统性	13	12	1	1	1	
课程内容的实用性	12	16	0	0	0	
课程的趣味性	7	6	14	1	0	

图 3-79

制作要点如下：

❶ 规划表格包含的项目。尤其是“课程适用性评估”栏中需要根据调查的方向进行拟订。

❷ 迷你图的使用。应用迷你图可以更直观地比较数据。

第4章

公司员工考勤及加班管理表格

考勤工作是人力资源部门一项重要的工作，通过对考勤数据的分析，可以了解员工的出勤情况、部门缺勤情况、满勤率情况等，另外，对加班数据的核算分析也是十分必要的，一方面它与本月的薪酬有关，另一方面也能便于企业分析加班原因，能对日常工作作出更加合理的安排。无论是记录原始数据，还是进行统计分析工作都离不开表格的使用，本章主要介绍与公司员工考勤及加班管理相关表格。

- ☑ 月考勤记录表
- ☑ 考勤情况统计表
- ☑ 考勤数据分析表
- ☑ 月加班记录表
- ☑ 加班费核算表及分析表
- ☑ 车间加班费统计分析表
- ☑ 加班数据季度汇总表
- ☑ 其他考勤、值班相关表格

4.1 ▶ 月考勤记录表

考勤表用于对企业员工考勤情况的具体记录，它是后期分析员工出勤情况的原始数据，所以制表必须严谨、填表必须真实仔细。

4.1.1 表头日期的填制

考勤表的基本元素包括员工的工号、部门、姓名和整月的考勤日期及对应的星期数，我们把这些信息称为考勤表的表头信息。

❶ 新建工作表并在工作表标签上双击，将其重命名为"考勤表"。在工作表中创建如图 4-1 所示的表格。

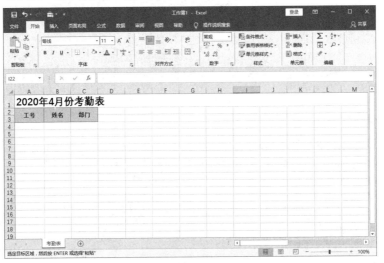

图 4-1

❷ 在 D2 单元格中输入 2020/4/1，在"开始"选项卡的"数字"组中单击"数字格式"按钮（见图 4-2），打开"设置单元格格式"对话框。在"分类"列表框中选择"自定义"选项，设置"类型"为 d，表示只显示日，如图 4-3 所示。

图 4-2

图 4-3

图 4-4

图 4-5

图 4-6

Excel 2019 表格制作范例大全（视频教学版）

专家提示

这里的自定义日期的类型为 d 表示将日期提取出"日"，如果提取月份，则可以设置为 m；如果提取年份，可以设置为 yyyy。

③ 单击"确定"按钮，可以看到 D2 单元格显示指定日期格式，如图 4-4 所示。

④ 再向右批量填充日期至 4 月份的最后一天（即 30 号），如图 4-5 所示。

⑤ 选中 D3 单元格并输入公式：=TEXT (D2, "AAA")，按 Enter 键，如图 4-6 所示。

⑥ 鼠标指针指向 D3 单元格右下角，向右拖曳黑色十字形复制此公式（见图 4-7），即可依次返回各日期对应的星期数，如图 4-8 所示。

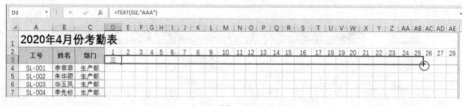

图 4-7

图 4-8

TEXT 函数用于将数值转换为按指定数字格式表示的文本。

=TEXT（❶数据，❷想更改为的文本格式）

第 2 个参数是格式代码，用来告诉 TEXT 函数，应该将第 1 个参数的数据更改成什么样子。多数自定义格式的代码，都可以直接用在 TEXT 函数中。如果不知道怎样给 TEXT 函数设置格式代码，则可以打开"设置单元格格式"对话框，在"分类"列表框中选择"自定义"选项，在"类型"列表框中参考 Excel 已经准备好的自定义数字格式代码，这些代码可以作为 TEXT 函数的第 2 个参数。

在本例公式中使用的代码则为中文星期数对应的代码，假如将代码更改为"AAAA"，则返回值为"星期*"。

关于 TEXT 再给出两个应用示例：

（1）如图 4-9 所示，使用公式"=TEXT(A2,"0 年 00 月 00 日")"可以将 A2 单元格中的数据转换为 C2 单元格的样式（因此它也可以用于将非标准日期转换为标准日期）。

（2）如图 4-10 所示，使用公式"=TEXT(A2,"上午 / 下午 h 时 mm 分")"可以将 A 列单元格中的数据转换为 C 列单元格中对应的样式。

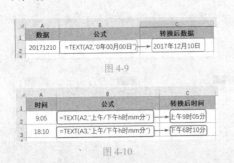

图 4-9

图 4-10

4.1.2 周末日期的特殊显示

创建了考勤表后，周末日期一般都需要显示为特殊的颜色，这里将"星期六""星期日"分别显示为蓝色和红色，可以方便员工填写实际考勤数据。

❶选中 D2:AG2 单元格，在"开始"选项卡下的"样式"组中单击"条件格式"下拉按钮，在弹出的下拉菜单中选择"新建规则"命令，如图 4-11 所示。

图 4-11

❷打开"新建格式规则"对话框，选择"使用公式确定要设置格式的单元格"规则类型，设置公式为"=WEEKDAY(D2,2)=6"，如图 4-12 所示。

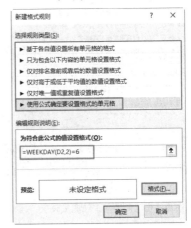

图 4-12

❸单击"格式"按钮，打开"设置单元格格式"对话框。切换到"填充"选项卡，设置特殊背景色（还可以切换到"字体""边框"选项卡下设置其他特殊格式），如图 4-13 所示。

❹依次单击"确定"按钮完成设置，回到工作表中可以看到所有日期为"周六"的单元格都显示为蓝色，如图 4-14 所示。

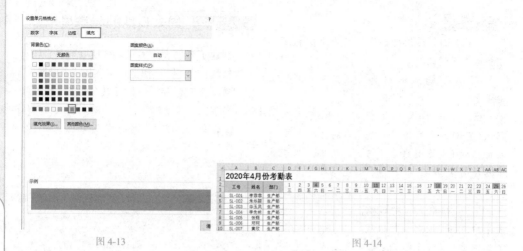

图 4-13   图 4-14

⑤ 继续选中显示日期的区域，打开"新建格式规则"对话框。选择"使用公式确定要设置格式的单元格"规则类型，设置公式为"=WEEKDAY(D2,2)=7"，如图 4-15 所示。接着单击"格式"按钮，按照和步骤❸ 相同的办法设置填充颜色为红色，如图 4-16 所示。

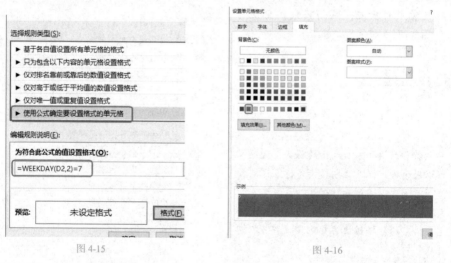

图 4-15   图 4-16

⑥ 依次单击"确定"按钮完成设置，这时可以看到所有日期为"周日"的单元格显示为红色，如图 4-17 所示。

<table>
<thead>
<tr><th></th><th>A</th><th>B</th><th>C</th><th>D</th><th>E</th><th>F</th><th>G</th><th>H</th><th>I</th><th>J</th><th>K</th><th>L</th><th>M</th><th>N</th><th>O</th><th>P</th><th>Q</th><th>R</th><th>S</th><th>T</th><th>U</th><th>V</th><th>W</th><th>X</th><th>Y</th><th>Z</th><th>AA</th><th>AB</th><th>AC</th><th>AD</th></tr>
</thead>
<tbody>
<tr><td>1</td><td colspan="30">2020年4月份考勤表</td></tr>
<tr><td>2</td><td>工号</td><td>姓名</td><td>部门</td><td>1</td><td>2</td><td>3</td><td>4</td><td>5</td><td>6</td><td>7</td><td>8</td><td>9</td><td>10</td><td>11</td><td>12</td><td>13</td><td>14</td><td>15</td><td>16</td><td>17</td><td>18</td><td>19</td><td>20</td><td>21</td><td>22</td><td>23</td><td>24</td><td>25</td><td>26</td><td>27</td></tr>
<tr><td>3</td><td></td><td></td><td></td><td>三</td><td></td><td>四</td><td>五</td><td>六</td><td>日</td><td>一</td><td></td><td>三</td><td></td><td>四</td><td>五</td><td>六</td><td>日</td><td></td><td>一</td><td>二</td><td>三</td><td>四</td><td>五</td><td>六</td><td>日</td><td></td><td>二</td><td>三</td><td>四</td><td>五</td><td>六</td><td>日</td><td>一</td></tr>
<tr><td>4</td><td>SL-001</td><td>李菲菲</td><td>生产部</td></tr>
<tr><td>5</td><td>SL-002</td><td>朱华颖</td><td>生产部</td></tr>
<tr><td>6</td><td>SL-003</td><td>华玉凤</td><td>生产部</td></tr>
<tr><td>7</td><td>SL-004</td><td>李先标</td><td>生产部</td></tr>
<tr><td>8</td><td>SL-005</td><td>张翔</td><td>生产部</td></tr>
<tr><td>9</td><td>SL-006</td><td>邓珂</td><td>生产部</td></tr>
</tbody>
</table>

图 4-17

WEEKDAY 函数用于返回日期对应的星期数。默认情况下，其值为 1（星期日）～7（星期六）。

=WEEKDAY（**①**指定日期，**②**返回值类型）

其中第一个参数必须是程序能识别的标准日期。第二个参数指定为数字 1 或省略时，则 1～7 代表星期日到星期六；指定为数字 2 时，则 1～7 代表星期一到星期日；指定为数字 3 时，则 0～6 代表星期一到星期日。指定参数为 2 最符合使用习惯，因为返回几就表示星期几，例如返回 4 就表示星期四。

=WEEKDAY(D2,2)=6 公式解析如下：

判断 D2 中返回的日期值是否是 6，即是否是星期六。

4.1.3 填制考勤表

考勤表中的数据是人事部门的工作人员先根据实际考勤情况手工记录的，主要是针对异常数据进行记录，如事假、病假、出差、旷工等，其他未特殊标记的即为正常出勤。考勤数据的填制也可以结合考勤机，但对于考勤机中的异常数据仍然要核实实际的情况进行填写，如考勤机中出现未打卡情况，有可能是"出差""事假""病假"等多种原因导致的，这时则需要核实后予以纠正。

图 4-18 所示为填制完成的考勤表。

图 4-18

4.2 考勤情况统计表

对员工的本月出勤情况进行记录后，在月末需要建立考勤情况统计表，以统计出各员工本月应当出勤天数、实际出勤天数、请假天数、迟到次数等，最终需要计算出因异常出勤的应扣工资及满勤奖等数据。

4.2.1 本月出勤数据统计

❶ 在表格中选中 E3 单元格，在编辑栏中输入公式：

=COUNTIF(考勤表 !D4:AG4,"")

按 Enter 键，即可返回第一位员工的实际出勤天数，如图 4-19 所示。

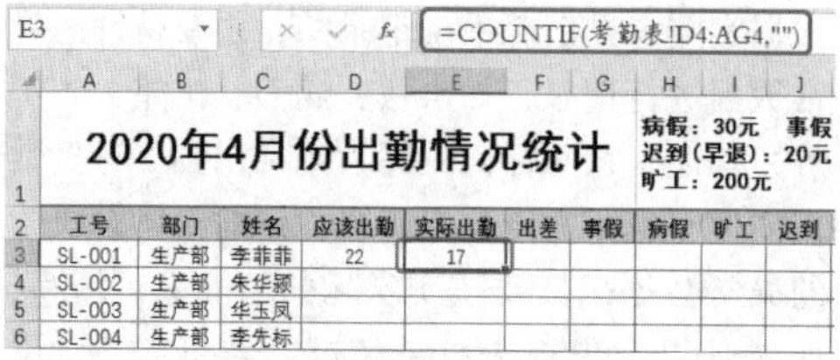

图 4-19

💡 **专家提示**

COUNTIF 函数用于对指定区域中符合指定条件的单元格计数。第一个参数为指定的单元格区域，第二个参数为指定的条件。

=COUNTIF(考勤表 !D4:AG4,"") 公式解析如下：

统计出 D4:AG4 区域中空白单元格的个数。因为考勤表中只显示异常出勤的记录，凡是正常出勤的显示空白，因此统计空单元格的个数就是正常出勤的天数。

❷ 在表格中选中 F3 单元格，在编辑栏中输入公式：

=COUNTIF(考勤表 !D4:AG4,$F$2)

按 Enter 键，即可返回第一位员工的出差天数，如图 4-20 所示。

图 4-20

❸ 在表格中选中 G3 单元格，在编辑栏中输入公式：

=COUNTIF(考勤表 !D4:AG4,$G$2)

按 Enter 键，即可返回第一位员工的事假天数，如图 4-21 所示。

图 4-21

❹ 在表格中选中 H3 单元格，在编辑栏中输入公式：

=COUNTIF(考勤表 !D4:AG4,$H$2)

按 Enter 键，即可返回第一位员工的病假天数，如图 4-22 所示。

图 4-22

❺ 在表格中选中 I3 单元格，在编辑栏中输入公式：

=COUNTIF(考勤表 !D4:AG4,$I$2)

按 Enter 键，即可返回第一位员工的旷工天数，如图 4-23 所示。

图 4-23

❻ 在表格中选中 J3 单元格，在编辑栏中输入公式：

=COUNTIF(考勤表 !D4:AG4,$J$2)

按 Enter 键，即可返回第一位员工的迟到次数，如图 4-24 所示。

❼ 在表格中选中 K3 单元格，在编辑栏中输入公式：

=COUNTIF(考勤表 !D4:AG4,$K$2)

按 Enter 键，即可返回第一位员工的早退次数，如图 4-25 所示。

Excel 2019 表格制作范例大全（视频教学版）

68

图 4-24

图 4-25

⑧ 在表格中选中 L3 单元格，在编辑栏中输入公式：

=COUNTIF(考勤表 !D4:AG4,$L$2)

按 Enter 键，即可返回第一位员工的旷（半）次数，如图 4-26 所示。

图 4-26

⑨ 选中 D3:L3 单元格区域，鼠标指针指向右下角，拖曳黑色十字形向下填充此公式，一次性返回其他员工的各项假别的天数和次数，如图 4-27 所示。

图 4-27

4.2.2 计算满勤奖与应扣金额

根据考勤统计结果，可以计算出满勤奖与应扣工资，这一数据是本月财务部门进行工资核算时需要使用的数据。

① 选中 M3 单元格，在编辑栏中输入公式：

=IF(E3=D3,300,"")

按 Enter 键，即可返回第一位员工的满勤奖，如图 4-28 所示。

图 4-28

② 选中 N3 单元格，在编辑栏中输入公式：

=G3*50+H3*30+I3*200+ J3*20+K3*20+L3*100

按 Enter 键，即可返回第一位员工的应扣合计，如图 4-29 所示。

图 4-29

③ 选中 M3:N3 单元格区域，鼠标指针指向右下角，拖曳黑色十字形向下填充此公式，一次性返回其他员工的满勤奖和应扣合计金额，如图 4-30 所示。

工号	部门	姓名	应读出勤	实际出勤	出差	事假	病假	旷工	迟到	早退	旷(半)	满勤奖	应扣合计
SL-001	生产部	李菲菲	22	17	0	0	0	1	2	2	0		280
SL-002	生产部	朱华颖	22	22	0	0	0	0	0	0	0	300	0
SL-003	生产部	华玉凤	22	22	0	0	0	0	0	0	0	300	0
SL-004	生产部	李先标	22	18	0	1	0	0	1	1	1		190
SL-005	生产部	张翔	22	22	0	0	0	0	0	0	0	300	0
SL-006	生产部	邓珂	22	21	0	0	0	0	0	0	1		100
SL-007	生产部	黄欣	22	21	0	0	0	0	0	0	0		0
SL-008	生产部	王彬	22	21	0	0	0	0	1	0	0		20
SL-009	生产部	夏晓辉	22	21	0	0	0	0	1	0	0		20
SL-010	生产部	刘清	22	21	0	0	0	0	1	0	0		20
SL-011	生产部	何娟	22	22	0	0	0	0	0	0	0	300	0
SL-012	生产部	王倩	22	19	0	1	0	3	0	0	0		90
SL-013	生产部	周磊	22	17	2	0	0	0	1	2	0		60
SL-014	生产部	蒋苗苗	22	20	2	0	0	0	0	0	0		0
SL-015	生产部	胡琛琛	22	21	0	0	0	0	1	0	0		20
SL-016	设计部	刘玲燕	22	20	0	0	0	2	0	0	0		400
SL-017	设计部	韩要荣	22	21	0	0	1	0	0	0	0		30
SL-018	设计部	王晶灵	22	22	0	0	0	0	0	0	0	300	0
SL-019	设计部	余永梅	22	22	0	0	0	0	0	0	0	300	0
SL-020	设计部	黄伟	22	22	0	0	0	0	0	0	0	300	0
SL-021	设计部	洪新成	22	22	0	0	0	0	1	0	0		20

2020年4月份出勤情况统计

病假：30元 事假：50元
迟到（早退）：20元
旷工：200元 旷(半)：100元

图 4-30

4.3 考勤数据分析表

在对本月考勤情况进行记录后，可以配合函数的计算生成当月的考勤情况统计表，依据这张考勤情况统计表则可以派生出多个统计分析表，如月出勤率分析表、日出勤率分析表、各部门缺勤情况比较分析表，月满勤透视分析表等，这也是 Excel 程序的强大之处。

4.3.1 月出勤率分析表

通过分析员工的出勤率，可以了解哪个出勤率对应的人数最高以及了解当月每日的出勤情况，从而方便企业对员工出勤的管理。在统计出了各位员工当月的考勤情况后，可以建立报表对员工的出勤率进行分析。可将员工出勤率分为 4 组，然后分别统计出各组内的人数情况。

❶ 在出勤情况统计表格中将光标定位在单元格 O3 中，在编辑栏中输入公式：

=E3/D3

按 Enter 键，即可返回第一位员工的当月出勤率（计算结果为小数，可通过单元格设置将其显示为百分比值），如图 4-31 所示。

❷ 选中 O3 单元格，鼠标指针指向右下角，拖曳黑色十字形向下填充此公式，一次性返回其他员工的当月出勤率，如图 4-32 所示。

					=E3/D3

2020年4月份出勤情况统计

工号	部门	姓名	应该出勤	实际出勤	出勤率
SL-001	生产部	李菲菲	22	17	77.27%
SL-002	生产部	朱华颖	22	22	
SL-003	生产部	华玉凤	22	22	
SL-004	生产部	李先标	22	18	
SL-005	生产部	张翔	22	22	

图 4-31

2020年4月份出勤情况统计

工号	部门	姓名	应该出勤	实际出勤	出勤率
SL-001	生产部	李菲菲	22	17	77.27%
SL-002	生产部	朱华颖	22	22	100.00%
SL-003	生产部	华玉凤	22	22	100.00%
SL-004	生产部	李先标	22	18	81.82%
SL-005	生产部	张翔	22	22	100.00%
SL-006	生产部	邓珂	22	21	95.45%
SL-007	生产部	黄欣	22	22	100.00%
SL-008	生产部	王彬	22	21	95.45%
SL-009	生产部	夏晓辉	22	21	95.45%
SL-010	生产部	刘清	22	21	95.45%
SL-011	生产部	何娟	22	22	100.00%
SL-012	生产部	王倩	22	19	86.36%
SL-013	生产部	周磊	22	17	77.27%
SL-014	生产部	蒋苗苗	22	20	90.91%
SL-015	生产部	胡琛琛	22	21	95.45%
SL-016	设计部	刘玲燕	22	20	90.91%
SL-017	设计部	韩要荣	22	21	95.45%
SL-018	设计部	王晶灵	22	22	100.00%
SL-019	设计部	余永梅	22	22	100.00%
SL-020	设计部	黄伟	22	22	100.00%

图 4-32

③ 在统计表旁建立报表，表格中选中 R4 单元格，在编辑栏中输入公式：

=COUNTIF(O3:O105,"=100%")

按 Enter 键，即可返回出勤率为 100% 的人数，如图 4-33 所示。

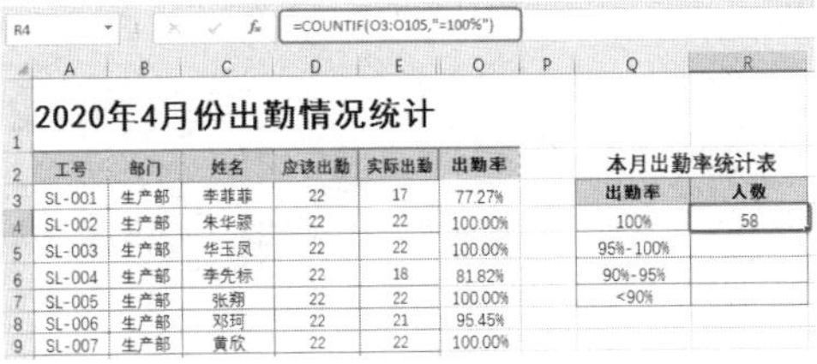

图 4-33

在建立统计报表时可以在当前表格中建立也可以到新工作表中建立，由于报表中的数据都是公式计算的结果，因此在完成统计后，如果想移到其他地方使用，则需要将公式的计算结果转换为值，否则当复制到其他位置时，公式的计算结果就出现错误了。

知识扩展

将公式计算结果转换为值的方法如下：

选中公式计算结果，按 Ctrl+C 组合键复制，接着再按 Ctrl+V 组合键粘贴，这时右下角会出现"粘贴选项"下拉按钮，单击此按钮，在列表中单击"值"按钮即可，如图 4-34 所示。

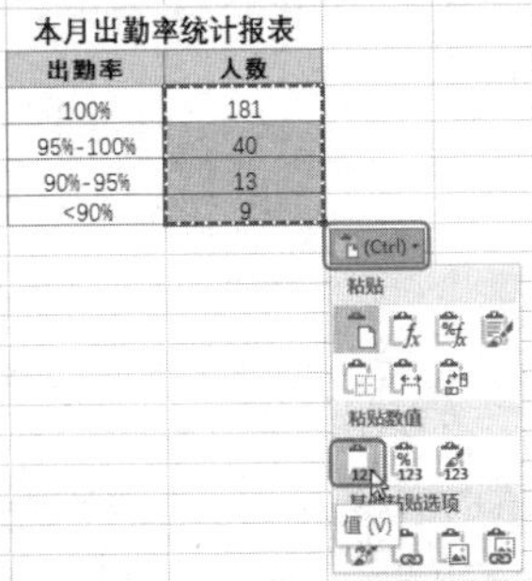

图 4-34

④ 在表格中选中 R5 单元格，在编辑栏中输入公式：

=COUNTIFS(O3:O105,"<100%",O3:O105,">=95%")

按 Enter 键，即可返回出勤率为 95% ～ 100% 的人数，如图 4-35 所示。

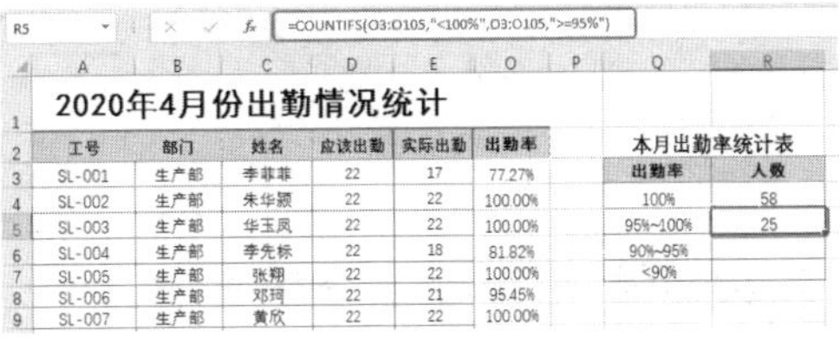

图 4-35

COUNTIFS 函数用来计算多个区域中满足给定条件的单元格的个数，可以同时设定多个条件。参数依次为第一个区域，第一个条件，第二个区域，第二个条件，……

=COUNTIFS(O3:O105,"<100%",O3:O105,">=95%") 公式解析如下：

COUNTIFS 函数是进行满足双条件的记数统计，表示返回 O3:O105 数组区域中同时满足小于 100% 且大于或等于 95% 的记录条数。

⑤ 在表格中选中 R6 单元格，在编辑栏中输入公式：

=COUNTIFS(O3:O105,"<95%",O3:O105,">=90%")

按 Enter 键，即可返回出勤率为 90% ～ 95% 的人数，如图 4-36 所示。

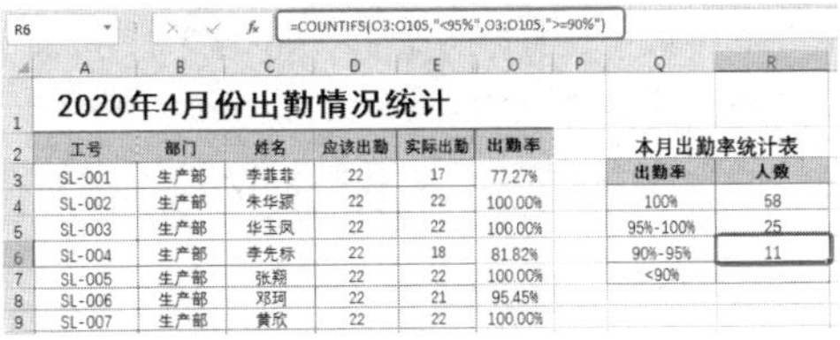

图 4-36

⑥ 在表格中选中 R7 单元格，在编辑栏中输入公式：

=COUNTIF(O3:O105,"<90%")

按 Enter 键，即可返回出勤率小于 90% 的人数，如图 4-37 所示。

图 4-37

4.3.2 日出勤率分析表

根据考勤数据，可以使用 COUNTIF 函数计算出员工每日出勤实到人数。根据每日的应到人数和实到人数可以计算出每日的出勤率。

❶ 建立日出勤率分析表，在表格中选中 B4 单元格，在编辑栏中输入公式：

=COUNTIF(考勤表 !D4:D106,"")+COUNTIF(考勤表 !D4:D106," 出差 ")

按 Enter 键，即可返回第一日的实到人数，如图 4-38 所示。

图 4-38

专家提示

=COUNTIF(考勤表 !D4:D106,"")+ COUNTIF (考勤表 !D4:D106," 出差 ") 公式解析如下：

前面部分统计出 D4:D106 单元格区域中空值的记录数（即正常出勤的记录），后面部分统计出 D4:D106 单元格区域中"出差"的记录数。二者之和为实到天数。

❷ 向右填充此公式，即可得到每日实到员工人数（当出现周末日期时，返回结果是 0），如图 4-39 所示。

❸ 统计完成后，选中所有周末所在列并右击，在弹出的快捷菜单中选择"删除"命令（见图 4-40 所示），即可删除周末没有出勤的数据。

图 4-39

❹ 在表格中选中 B5 单元格，在编辑栏中输入公式：=B4/B3，如图 4-41 所示。按 Enter 键，即可返回第一日的出勤率。

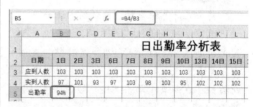

图 4-40

图 4-41

❺ 向右填充公式，即可得到每日员工的出勤率，如图 4-42 所示。

日期	1日	2日	3日	6日	7日	8日	9日	10日	13日	14日	15日	16日	17日	20日	21日	22日	23日	24日	27日	28日	29日	30日
应到人数	103	103	103	103	103	103	103	103	103	103	103	103	103	103	103	103	103	103	103	103	103	103
实到人数	97	101	93	97	103	98	103	95	102	103	102	103	103	99	103	102	103	103	99	100	103
出勤率	94%	98%	90%	94%	100%	95%	100%	92%	99%	100%	99%	98%	99%	100%	96%	97%	95%	99%	100%	96%	97%	100%

图 4-42

4.3.3 各部门缺勤情况比较分析表

根据出勤情况统计表中出勤统计数据，可以利用数据透视表来分析各部门的请假情况，以便于企业人事部门对员工请假情况作出控制。

❶ 在出勤情况统计表中选中任意单元格，在"插入"选项卡的"表格"组中单击"数据透视表"按钮，如图4-43所示。打开"创建数据透视表"对话框，保持各默认选项不变，如图4-44所示。

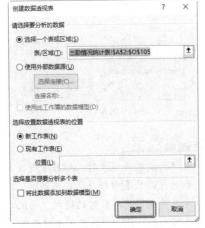

图 4-43

图 4-44

❷ 单击"确定"按钮即可在新建的工作表中显示数据透视表，在工作表标签上双击，然后输入新名称为"各部门缺勤情况分析表"；设置"部门"字段

为行标签，设置"事假""病假""旷工""迟到""早退"字段为值字段，如图4-45所示。

图 4-45

❸ 选中数据透视表中的任意单元格，在"数据透视表工具 - 分析"选项卡的"工具"组中单击"数据透视图"按钮，如图4-46所示。

图 4-46

❹ 打开"插入图表"对话框，选择图表类型，这里选择堆积条形图，如图4-47所示。

❺ 单击"确定"按钮即可新建数据透视图，如图4-48所示。从图表中可以直接看到"生产部"缺勤情况最为严重，其次是"研发部"和"销售部"。

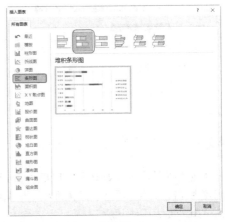

图 4-47

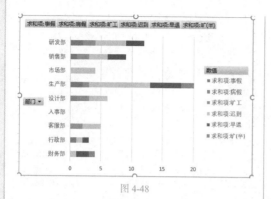

图 4-48

❻选中图表，在"数据透视图工具-设计"选项卡的"数据"组中单击"切换行/列"按钮，如图 4-49 所示。

图 4-49

❼执行上述操作后，图表效果如图 4-50 所示。通过得到的图表可以看到通过此操作可以改变图表的绘制方式。未切换前图表可以直接查看部门的缺勤情况，切换后可以直观查看哪一种假别出现的次数最多。

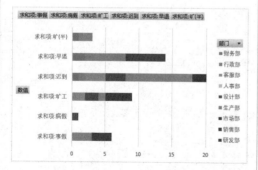

图 4-50

4.3.4 月满勤率透视分析表

根据出勤情况统计表中的员工实际出勤天数创建数据透视表，可以了解满勤人员占总体人员的比重是大还是小。

❶在出勤情况统计表中，选中"实际出勤"列的数据，在"插入"选项卡的"表格"组中单击"数据透视表"按钮，如图 4-51 所示。打开"创建数据透视表"对话框，在"选择一个表或区域"框中显示选中的单元格区域，如图 4-52 所示。

图 4-51

图 4-52

📝 专家提示

在建立数据透视表时，如果分析目的单一，则也可以只选中部分数据来创建。例如本例中只要分析实际出勤的情况，因此只选中"实际出勤"这一列来执行创建操作。

❷单击"确定"按钮创建数据透视表。在工作表标签上双击，然后输入新名称为"月满勤率分析"，分别设置"实际出勤"字段为"行"区域与"值"区

域字段，如图 4-53 所示（这里默认的汇总方式是"求和"）。

图 4-53

❸ 选中 B5 单元格并右击，在弹出的快捷菜单中依次选择"值显示方式"→"总计的百分比"命令，如图 4-54 所示。即可更改显示方式为"百分比"，如图 4-55 所示。

图 4-54

❹ 在"数据透视表工具 - 设计"选项卡的"布局"组中单击"报表布局"下拉按钮，在打开的下拉菜单中选择"以表格形式显示"命令，如图 4-56 所示。然后再将报表的 B3 单元格的名称更改为"占比"，并为报表添加标题，如图 4-57 所示。从报表中

可以看到满勤天数为 22 对应的人数比例为 58.37%。

	A	B
1		
2		
3	行标签	求和项:实际出勤
4	17	1.56%
5	18	1.65%
6	19	4.35%
7	20	10.06%
8	21	24.02%
9	22	58.37%
10	总计	100.00%
11		

图 4-55

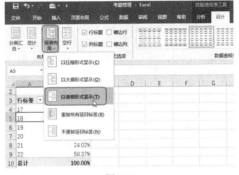

图 4-56

	A	B
2	月满勤率分析表	
3	实际出勤	占比
4	17	1.56%
5	18	1.65%
6	19	4.35%
7	20	10.06%
8	21	24.02%
9	22	58.37%
10	总计	100.00%

图 4-57

4.4 ▶ 月加班记录表

加班记录表是按加班人、加班开始时间、加班结束时间逐条记录的。加班记录表的数据都来源于平时员工填写的加班申请表，在月末时将这些审核无误的加班申请表汇总到一张 Excel 表格中。利用这些原始数据可以进行加班费的核算。

4.4.1 按加班日期自动判断加班类型

根据加班日期的不同，其加班类型也有所不同，本例中将加班日期分为"平常日"和"公休日"类型。通过建立公式可以对加班类型进行判断。

❶ 新建工作表并在标签上双击，重新输入名称为"加班记录表"。在表格中建立相应列标识，并进行文

字格式设置、边框底纹设置等美化设置，如图 4-58 所示。

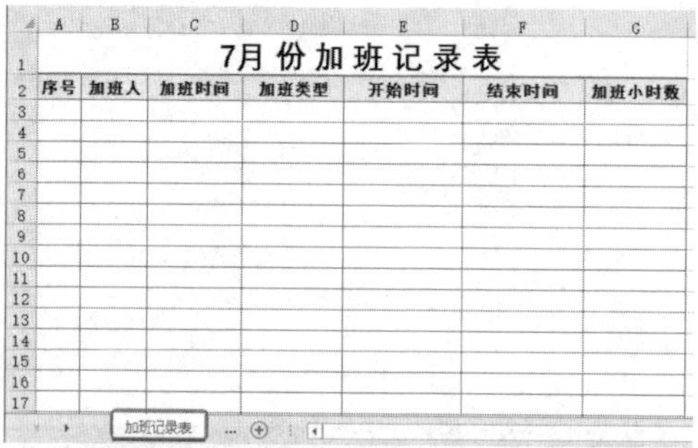

7月份加班记录表

序号	加班人	加班时间	加班类型	开始时间	结束时间	加班小时数

图 4-58

❷ 按照各张审核无误的加班申请表填制加班人、加班时间、加班开始时间与加班结束时间等数据，如图 4-59 所示。

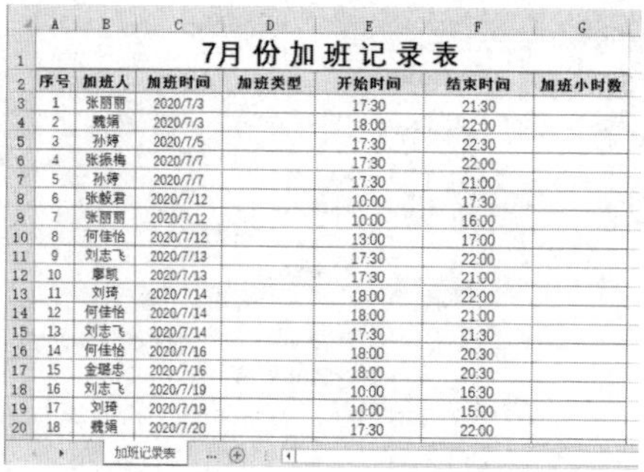

7月份加班记录表

序号	加班人	加班时间	加班类型	开始时间	结束时间	加班小时数
1	张丽丽	2020/7/3		17:30	21:30	
2	魏娟	2020/7/3		18:00	22:00	
3	孙婷	2020/7/5		17:30	22:30	
4	张振梅	2020/7/7		17:30	22:00	
5	孙婷	2020/7/7		17:30	21:00	
6	张毅君	2020/7/12		10:00	17:30	
7	张丽丽	2020/7/12		10:00	16:00	
8	何佳怡	2020/7/12		13:00	17:00	
9	刘志飞	2020/7/13		17:30	22:00	
10	廖凯	2020/7/13		17:30	21:00	
11	刘琦	2020/7/14		18:00	22:00	
12	何佳怡	2020/7/14		18:00	21:00	
13	刘志飞	2020/7/14		17:30	21:30	
14	何佳怡	2020/7/16		18:00	20:30	
15	金璐忠	2020/7/16		18:00	20:30	
16	刘志飞	2020/7/19		10:00	16:30	
17	刘琦	2020/7/19		10:00	15:00	
18	魏娟	2020/7/20		17:30	22:00	

图 4-59

❸ 选中 D3 单元格，在编辑栏中输入公式：

=IF(WEEKDAY(C3,2)>=6," 公休日 "," 平常日 ")

按 Enter 键，如图 4-60 所示。

❹ 选中 D3 单元格，鼠标指针指向右下角，拖曳黑色十字形向下填充此公式，即可判断出所有加班日期对应的加班类型，如图 4-61 所示。

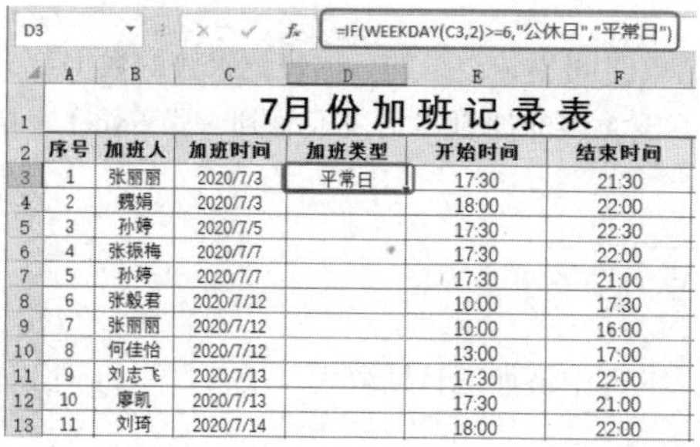

D3 =IF(WEEKDAY(C3,2)>=6,"公休日","平常日")

7月份加班记录表

序号	加班人	加班时间	加班类型	开始时间	结束时间
1	张丽丽	2020/7/3	平常日	17:30	21:30
2	魏娟	2020/7/3		18:00	22:00
3	孙婷	2020/7/5		17:30	22:30
4	张振梅	2020/7/7		17:30	22:00
5	孙婷	2020/7/7		17:30	21:00
6	张毅君	2020/7/12		10:00	17:30
7	张丽丽	2020/7/12		10:00	16:00
8	何佳怡	2020/7/12		13:00	17:00
9	刘志飞	2020/7/13		17:30	22:00
10	廖凯	2020/7/13		17:30	21:00
11	刘琦	2020/7/14		18:00	22:00

图 4-60

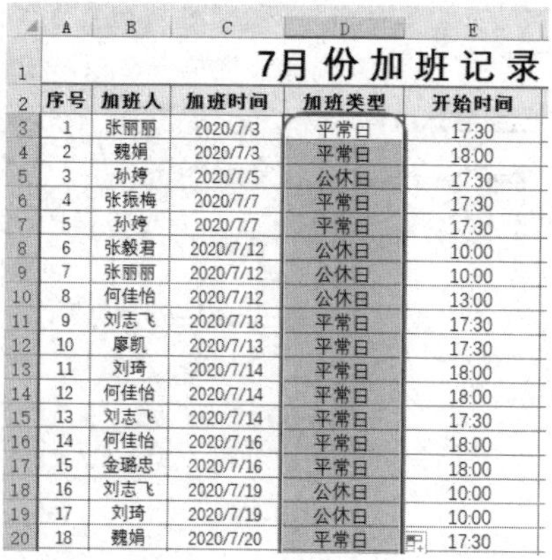

7月份加班记录

序号	加班人	加班时间	加班类型	开始时间
1	张丽丽	2020/7/3	平常日	17:30
2	魏娟	2020/7/3	平常日	18:00
3	孙婷	2020/7/5	公休日	17:30
4	张振梅	2020/7/7	平常日	17:30
5	孙婷	2020/7/7	平常日	17:30
6	张毅君	2020/7/12	公休日	10:00
7	张丽丽	2020/7/12	公休日	10:00
8	何佳怡	2020/7/12	公休日	13:00
9	刘志飞	2020/7/13	平常日	17:30
10	廖凯	2020/7/13	平常日	17:30
11	刘琦	2020/7/14	平常日	18:00
12	何佳怡	2020/7/14	平常日	18:00
13	刘志飞	2020/7/14	平常日	17:30
14	何佳怡	2020/7/16	平常日	18:00
15	金璐忠	2020/7/16	平常日	18:00
16	刘志飞	2020/7/19	公休日	10:00
17	刘琦	2020/7/19	公休日	10:00
18	魏娟	2020/7/20	平常日	17:30

图 4-61

专家提示

WEEKDAY 函数用于返回某日期对应的星期数。默认情况下，其值为 1（星期日）～ 7（星期六）。

WEEKDAY（❶ 指定日期，❷ 返回值类型）

第二个参数指定为数字 1 或省略时，则 1 ～ 7 代表星期日到星期六；指定为数字 2 时，则 1 ～ 7 代表星期一到星期日；指定为数字 3 时，则 0 ～ 6 代表星期一到星期日。

=IF(WEEKDAY(C3,2)>=6," 公 休 日 "," 平常日 ") 公式解析如下：

首先内层用 WEEKDAY 返回值，外层使用 IF 函数表示判断 C3 单元格中的日期数字是否大于或等于 6，如果是，则返回“公休日”；如果不是，则返回“平常日”。

4.4.2 加班时数统计

根据每位员工的加班开始时间和结束时间，可以统计出总加班小时数。

❶ 选中 G3 单元格，在编辑栏中输入公式：

=(HOUR(F3)+MINUTE(F3)/60)-(HOUR(E3)+MINUTE (E3)/60)

按 Enter 键，如图 4-62 所示。

❷ 选中 G3 单元格，鼠标指针指向右下角，拖曳黑色十字形向下填充此公式，即可计算出各条记录的

加班小时数，效果如图 4-63 所示。

图 4-62

图 4-63

HOUR、MINUTE、SECOND 函数都是时间函数，它们分别是根据已知的时间数据返回其对应的小时数、分钟数和秒数。

=(HOUR(F3)+MINUTE(F3)/60)-(HOUR(E3)+MINUTE (E3)/60) 公式解析如下：

HOUR 函数提取 F3 单元格内时间的小时数，接着再使用 MINUTE 函数提取 F3 单元格内时间的分钟数再除以 60，即转换为小时数。二者相加得出 F3 单元格中时间的小时数。"(HOUR(E3)+MINUTE (E3)/60)" 这一部分是用来计算 E3 单元格中时间的小时数。将前面计算出来的 F3 单元格中时间的小时数与计算出来的 E3 单元格中时间的小时数二者相减，即可得出加班小时数的值。

4.5　加班费核算表及分析表

一般企业都会存在加班情况，因此实际的加班时间需要建立表格进行记录，即加班的日期、人员、开始时间、结束时间等。在月末工资核算时，可以根据加班数据记录表中的数据核算人员的加班工资，以及对员工的加班情况进行分析等。

4.5.1　月加班费核算表

由于加班记录是按实际加班情况逐条记录的，因此一个月结束时一位加班人员可能会存在多条加班记录。针对这种情况在进行加班费的核算时，需要将每个人的各条加班数据进行合并计算，从而得到总加班时长。

❶ 在工作表标签上双击，重新输入名称为"加班费计算表"。输入表格的基本数据，规划好应包含的列标识，并对表格进行文字格式、边框底纹等的美化设置，设置后的表格如图 4-64 所示。

❷ 切换到"加班记录表"中，选中"加班人"列的数据，按 Ctrl+C 组合键复制，如图 4-65 所示。

❸ 切换到"加班费计算表"中，选中 A3 单

格，按 Ctrl+V 组合键粘贴，接着保持选中状态，在"数据"选项卡的"数据工具"组中单击"删除重复值"按钮，如图 4-66 所示。

图 4-64

图 4-65

图 4-66

图 4-67

图 4-68

④ 打开"删除重复值"对话框，保持默认的选项，如图 4-67 所示。

⑤ 单击"确定"按钮弹出提示框，提示共删除了多少个重复项，如图 4-68 所示。保留下来的即为唯一项。这一步操作的目的是从"加班记录表"中把所有有加班情况的员工姓名筛选出来，同时还不显示重复的姓名。

⑥ 接着切换到"加班记录表"中，选中 B 列中的加班人数据，在名称框中输入"加班人"，如图 4-69 所示，按 Enter 键将这个单元格区域定义为名称。选中 D 列中的加班类型数据，在名称框中输入"加班类型"，按 Enter 键将这个单元格区域定义为名称，如图 4-70 所示。按相同的方法将 G 列中的加班小时数这一列数据定义为"加班小时数"名称。

图 4-69

Excel 2019 表格制作范例大全（视频教学版）

加班类型		× ✓ fx	=IF(WEEKDAY(C3,2)>=6,"公休日","平常日")		

序号	加班人	加班时间	加班类型	开始时间	结束时间
1	张丽丽	2020/7/3	平常日	17:30	21:30
2	魏娟	2020/7/4	公休日	18:00	22:00
3	孙婷	2020/7/5	公休日	17:30	22:30
4	张振梅	2020/7/7	平常日	17:30	22:00
5	孙婷	2020/7/7	平常日	17:30	22:00
6	张毅君	2020/7/12	公休日	10:00	17:30
7	刘志飞	2020/7/12	公休日	10:00	16:00
8	何佳怡	2020/7/12	公休日	13:00	17:00
9	张丽丽	2020/7/13	平常日	17:30	22:00
10	廖凯	2020/7/13	平常日	17:30	21:00
11	刘志飞	2020/7/14	平常日	18:00	22:00
12	何佳怡	2020/7/14	平常日	18:00	21:00
13	刘志飞	2020/7/16	平常日	17:30	21:00
14	何佳怡	2020/7/16	平常日	18:00	20:30
15	金琾忠	2020/7/16	平常日	18:00	20:30
16	刘志飞	2020/7/19	公休日	10:00	16:30
17	刘琦	2020/7/19	公休日	10:00	17:00
18	魏娟	2020/7/20	公休日	14:30	22:00
19	张丽丽	2020/7/20	平常日	17:30	21:00
20	张丽丽	2020/7/21	平常日	18:00	21:30
21	张毅君	2020/7/24	平常日	18:00	21:30
22	桂萍	2020/7/25	公休日	10:00	16:30
23	张振梅	2020/7/25	公休日	12:00	17:30
24	魏娟	2020/7/26	公休日	9:00	12:30
25	金琾忠	2020/7/26	公休日	14:00	19:00
26	何佳怡	2020/7/28	平常日	18:00	20:30

图 4-70

📝 **专家提示**

因为后面建立公式合并统计加班总时长时要跨表引用数据，因此可使用此方法将所有需要引用的单元格区域都定义为名称，定义为名称后，就可以直接使用这个名称来代替那个单元格区域，从而让公式更加简洁，更加容易编辑。在下面的知识扩展中将会继续为读者普及关于定义名称的知识点。

⑦ 切换到"加班费计算表"中，选中 B3 单元格，在编辑栏中输入公式：

=SUMIFS(加班小时数 , 加班类型 ," 平常日 ", 加班人 ,A3)

按 Enter 键，计算出的是张丽丽这名员工的平常日加班总时数，如图 4-71 所示。

B3		× ✓ fx	=SUMIFS(加班小时数,加班类型,"平常日",加班人,A3)		

加班费计算表 平常日加班：70元/小时 公休日加班：100元/小时

加班人	平常日加班小时数	公休日加班小时数	加班费
张丽丽	7.5		
魏娟			
孙婷			
张振梅			
张毅君			
何佳怡			
刘志飞			

图 4-71

📝 **专家提示**

SUMIFS 函数用于对同时满足多个条件的数进行判断，并对满足条件的数据执行求和运算。

SUMIFS（❶ 用于求和的区域，❷ 第 1 个用于条件判断的区域，❸ 条件 1，❹ 第 2 个用于条件判断的区域，❺ 条件 2……）

=SUMIFS(加班小时数 , 加班类型 ," 平常日 ", 加班人 ,A3) 公式解析如下：

在"加班类型"区域中判断"平常日"；在"加班人"区域中判断等于 A3 单元格中的姓名，当同时满足这两个条件时，把对应在"加班小时数"区域上的值进行求和。

⑧ 选中 C3 单元格，在编辑栏中输入公式：

=SUMIFS(加班小时数 , 加班类型 ," 公休日 ", 加班人 ,A3)

按 Enter 键，计算出的是张丽丽这名员工的公休日加班总时数，如图 4-72 所示。该公式与 B3 单元格中公式的唯一区别在于第二个条件的设置，即一个是判断公休日，一个是判断平常日。

C3		× ✓ fx	=SUMIFS(加班小时数,加班类型,"公休日",加班人,A3)		

加班费计算表 平常日加班：70元/小时 公休日加班：100元/小时

加班人	平常日加班小时数	公休日加班小时数	加班费
张丽丽	7.5	6	
魏娟			
孙婷			
张振梅			
张毅君			
何佳怡			

图 4-72

⑨ 选中 B3:C3 单元格区域，将鼠标指针放在该区域的右下角，光标会变成十字形状，按住鼠标左键不放，向下拖曳填充公式，如图 4-73 所示。到达最后一条记录时释放鼠标，即可计算出每位加班人员的加班总时数，如图 4-74 所示。

加班费计算表 平常日加班：70元/小时 公休日加班：100元/小时

加班人	平常日加班小时数	公休日加班小时数	加班费
张丽丽	7.5	6	
魏娟			
孙婷			
张振梅			
张毅君			
何佳怡			
刘志飞			
廖凯			
刘琦			
金琾忠			
桂萍			

图 4-73

图 4-74

⑩ 选中 D3 单元格，在编辑栏中输入公式：
=B3*70+C3*100

按 Enter 键，如图 4-75 所示。

选中 D3 单元格区域，拖曳右下角的十字形向下填充公式，即可计算出每位员工的加班费，如图 4-76 所示。

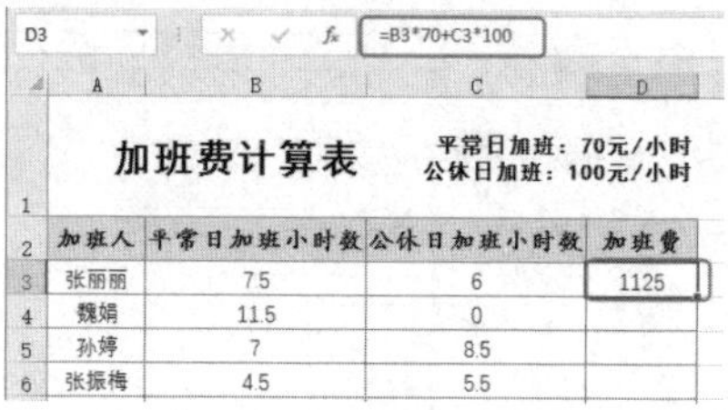

图 4-75

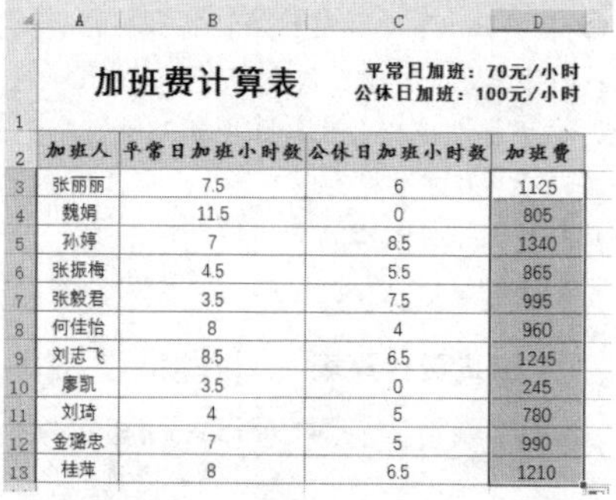

图 4-76

为什么要定义名称呢？

定义名称是指把一块单元格区域用一个容易记忆的名称来代替。定义名称可以起到简化公式的作用，即当你想引用某一块数据

区域进行计算时，只要在公式中直接使用这个名称就代表了一块数据区域，尤其是引用其他工作表中的数据参与计算，定位名称是非常必要的。在本例中建立公式时因为需要引用"加班记录表"中的单元格区域，所以定义了多个名称。

当将定义过的名称用于公式时，实际等同于对数据区域的绝对引用，如本例中用于求和的单元格，用于条件判断的区域，这些单元格区域都是不能变动的，因此可以使用名称，而用于查询的对象是唯一变化的元素，则使用相对引用方式。

4.5.2 员工加班总时数比较图表

如果想对员工的加班总时数进行比较，则可以建立一个图表，这样可以让比较更加直观可见。

① 选中 A2:C13 单元格区域，在"插入"选项卡的"图表"组中单击"插入柱形图或条形图"按钮，在打开的下拉列表中单击"堆积柱形图"图表类型，如图 4-77 所示。

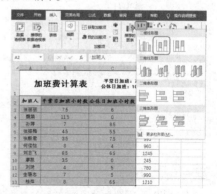

图 4-77

② 执行上述操作后则可以创建出如图 4-78 所示的图表。

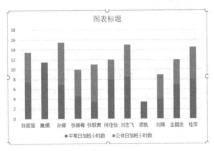

图 4-78

❸ 在 "图表标题" 框中重新编辑标题文字，得到的图表如图 4-79 所示。从图表中则可以非常直观地对员工总加班时长进行比较分析。

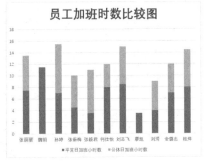

图 4-79

创睿-646WD11HPA的销量明显较高

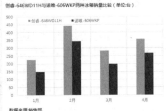

图 4-80

图 4-81

图 4-82

知识扩展

不同的图表类型其分析的重点也有所不同，如柱形图常用于数据比较，饼图常用于展示局部占总体的比例，折线图用于展示数据变化趋势等。因此在使用图表前一定要学会选择对自己的分析最有意义的图表类型来展示数据结果。下面介绍几种最常用的图表类型。

要表达项目间数据大小的比较情况，一般是使用柱形图和条形图，条形图可以看成是旋转的柱形图，其作用与柱形图基本相同。图 4-80 和图 4-81 所示的图表分别为柱形图和条形图。

如果想反映出几个项目的占比情况，最典型的就是使用饼图。饼图用扇面的形式表达出局部占总体的比例关系。如图 4-82 所示。

表达趋势关系最常用的是折线图，它可以很直观地展示出在这一期间的变化趋势是增长的、减少的、上下波动的还是保持平稳的。如图 4-83 所示。

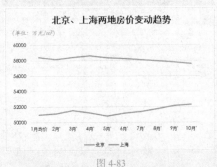

图 4-83

4.6 车间加班费统计分析表

根据企业性质的不同，其对加班数据的记录结果也有所不同，除了计算加班费外，对于后期进行分析时，其分析目的也会有所不同。例如在本例中对车间的加班数据进行了统计，那么在本期末则可以通过建立统计报表来分析哪个车间的加班时长最长、哪个工种的加班时长最长等，从而让企业能对车间人员及工种作出更加合理的安排。下面以如图 4-84 所示的表格为例进行介绍。

	加班日期	加班原因	加班人	部门	技工类别	开始时间	结束时间	加班时长	加班费	人事部核实
3	2020/7/3	产量不达标	王铁军	1车间	电工	18:30	22:30	4	160.00	刘丹晨
4	2020/7/3	产量不达标	陈涛	1车间	焊工	18:00	22:00	4	160.00	刘丹晨
5	2020/7/3	产量不达标	邹志明	1车间	剪脚工	17:45	22:30	4.75	190.00	刘丹晨
6	2020/7/7	产量不达标	吕梁	3车间	焊工	17:40	22:10	4.5	180.00	刘丹晨
7	2020/7/7	产量不达标	罗平	3车间	电工	18:00	21:00	3	120.00	陈 琛
8	2020/7/8	产量不达标	陈涛	1车间	焊工	19:30	23:00	3.5	140.00	郭晓溪
9	2020/7/8	产量不达标	吕梁	3车间	焊工	19:00	23:30	4.5	180.00	郭晓溪
10	2020/7/8	产量不达标	金璐忠	2车间	钳工	19:00	23:00	4	160.00	陈 琛
11	2020/7/13	产量不达标	刘飞	2车间	钳工	18:00	22:00	4	160.00	陈 琛
12	2020/7/13	产量不达标	罗平	3车间	钳工	18:30	23:00	4.5	180.00	陈 琛
13	2020/7/14	产量不达标	金璐忠	2车间	钳工	18:15	22:00	3.75	150.00	陈 琛
14	2020/7/14	产量不达标	刘余强	1车间	焊工	18:15	21:00	2.75	110.00	谭谢生
15	2020/7/14	产量不达标	华玉凤	3车间	剪脚工	18:00	21:30	3.5	140.00	谭谢生
16	2020/7/16	产量不达标	吕梁	3车间	焊工	18:15	21:00	2.75	110.00	谭谢生
17	2020/7/16	产量不达标	陈涛	1车间	焊工	18:15	20:30	2.25	90.00	谭谢生
18	2020/7/17	产量不达标	吕梁	3车间	焊工	19:00	23:00	4	160.00	简 非
19	2020/7/17	产量不达标	张军	3车间	焊工	19:00	23:00	4	160.00	简 非
20	2020/7/20	产量不达标	刘余强	1车间	焊工	17:40	22:10	4.5	180.00	简 非
21	2020/7/20	产量不达标	刘飞	2车间	钳工	18:30	21:00	2.5	100.00	简 非
22	2020/7/21	产量不达标	王铁军	1车间	电工	18:00	21:00	3	120.00	郭晓溪
23	2020/7/23	产量不达标	廖凯	3车间	钳工	17:50	21:50	4	160.00	郭晓溪
24	2020/7/24	产量不达标	刘琦	2车间	剪脚工	18:15	21:00	2.75	110.00	郭晓溪
25	2020/7/24	产量不达标	谭军	2车间	钳工	18:00	21:30	3.5	140.00	郭晓溪
26	2020/7/27	产量不达标	王铁军	1车间	电工	18:30	23:00	4.5	180.00	陈 琛
27	2020/7/27	产量不达标	刘飞	2车间	钳工	19:00	23:00	4	160.00	陈 琛
28	2020/7/27	产量不达标	金璐忠	2车间	钳工	19:00	23:00	4	160.00	陈 琛
29	2020/7/27	产量不达标	王铁军	1车间	电工	18:30	23:00	4.5	180.00	陈 琛
30	2020/7/28	产量不达标	吕梁	3车间	焊工	18:00	20:30	2.5	100.00	郭晓溪
31	2020/7/29	产量不达标	李佳志	3车间	焊工	17:50	22:20	4.5	180.00	郭晓溪

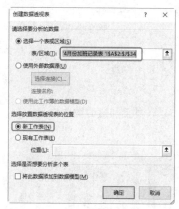

图 4-84

4.6.1 各车间加班时长统计报表

对各车间加班时长的统计并分析，便于企业对后期的生产计划进行合理地管控，从而让企业生产顺利进行。利用数据透视表可以快速建立统计报表。

❶ 选中数据源表格中的任意单元格，在"插入"选项卡的"表格"组中单击"数据透视表"按钮，如图 4-85 所示。打开"创建数据透视表"对话框，保持各默认选项不变，如图 4-86 所示。

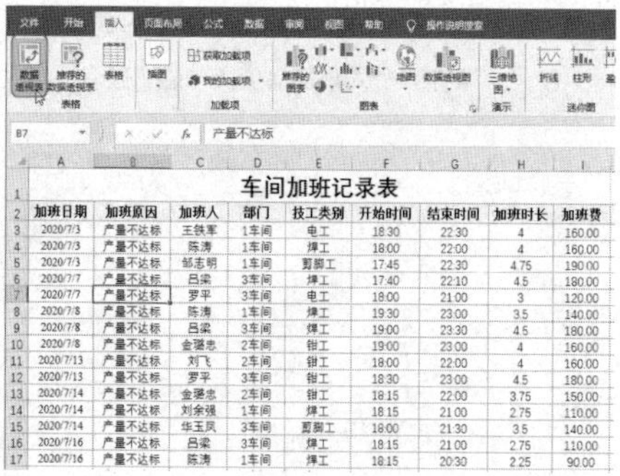

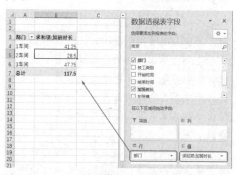

图 4-85

图 4-86

❷ 单击"确定"按钮即可在新工作表中创建数据透视表。将"部门"字段添加到"行"区域，将"加班时长"字段添加到"值"区域，如图 4-87 所示。此时数据透视表中统计出的是各个车间的总加班时长。

图 4-87

❸ 选中整个数据透视表（注意一定要选中全部），按 Ctrl+C 组合键复制，接着在"开始"选项卡的"剪贴板"组中单击"粘贴"下拉按钮，在展开的下拉列表中选择"值"选项，将数据透视表转换为普通报表（见图 4-88 所示），接着可添加报表标题，并进行格式美化即可投入使用，如图 4-89 所示。

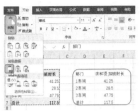

图 4-88

各车间加班时长统计表	
部门	加班时长
1车间	41.25
2车间	28.5
3车间	47.75
总计	117.5

图 4-89

4.6.2 各不同工种的加班时长统计报表

对各个不同工种的加班时长统计并分析，便于企业对整个生产过程中技工的分配进行合理地调整，从而让企业生产顺利进行。

❶ 在 4.6.1 节创建的数据透视表的标签上单击，按住 Ctrl 键不放，再按住鼠标左键向右拖曳（见图 4-90）复制数据透视表。

图 4-90

4.7 加班数据季度汇总表

对于分月记录的加班时间统计表，在季度末可以进行合并统计，可以根据需要采用合并计算功能或 VLOOKUP 函数来实现，下面分别进行讲解。

4.7.1 合并计算功能生成计算汇总表

利用合并计算功能来对多表合并统计，从而生成季度加班汇总表。例如本例中如图 4-93、图 4-94、图 4-95 所示为第二季度中三个月的加班时间统计表（注意各个表格中的人员并不完全相同，例如"张翔"这个人在 4 月存在加班数据，而在 5 月、6 月也有可能不存在加班数据），汇总统计的操作如下。

❷ 将复制得到的数据透视表重命名为"各工种的加班时长统计"。将"部门"字段从"行"区域中拖出，将"技工类别"字段拖入"行"区域中，如图 4-91 所示。此时数据透视表中统计出的是各个技工类别的总加班时长。

图 4-91

❸ 将数据透视表转换为普通报表，如图 4-92 所示。

各工种加班时长统计表	
技工类别	加班时长
电工	19
焊工	50.75
剪脚工	11
钳工	36.75
总计	117.5

图 4-92

❶ 建立一张统计表，包含列标识，选中 A3 单元格，在"数据"选项卡的"数据工具"组中单击"合并计算"按钮，如图 4-96 所示。

	A	B	C	D
1	加班人	加班时长	加班费	
2	张翔	10.5	420	
3	邓珂	10.5	420	
4	闫绍红	13	520	
5	周磊	19	760	
6	焦文蓉	9.5	380	
7	莫云	12.5	500	
8	赵思卡	10.5	420	
9	刘平	13.5	540	
10	秘婷	13	520	
11	廖勇	10	400	
12	邓超超	9.5	380	
13	程志远	12	480	
14				

图 4-93

图 4-94　　　　　　　图 4-95

图 4-96

❷ 打开"合并计算"对话框，函数使用默认的"求和"，如图 4-97 所示。

图 4-97

❸ 单击"引用位置"中的按钮回到工作表中设置第一个引用位置为"4 月加班时长统计"工作表中的 A2:C13 单元格区域，如图 4-98 所示。

图 4-98

❹ 选择后，单击按钮返回"合并计算"对话框。单击"添加"按钮，完成第一个计算区域的添加。按相同方法将各个表格中的数据都添加到"合并计算"对话框的"所有引用位置"列表中，选中"最左列"复选框，如图 4-99 所示。

图 4-99

❺ 单击"确定"按钮，即可看到"加班费季度汇总报表"工作表中合并计算后的结果，如图 4-100 所示。

	A	B	C	D
1	加班费季度汇总报表			
2	加班人	加班时长	加班费	
3	张翔	33	1320	
4	梅武勇	21.5	860	
5	邓珂	38	1520	
6	陈春华	26	1040	
7	闻绍红	39.5	1580	
8	周磊	42	1680	
9	焦文雷	21	840	
10	莫云	12.5	500	
11	赵思己	10.5	420	
12	刘余强	12	480	
13	蒋本友	25.5	1020	
14	刘平	43.5	1740	
15	杨娜	28.5	1140	
16	廖勇	23	920	
17	邓超超	9.5	380	
18	程志远	23.5	940	
19	陈涛	15	600	
20	罗平	12	480	
21	王铁军	27.5	1100	

图 4-100

4.7.2　VLOOKUP 函数匹配多表数据

在进行季度加班汇总时，还有一种方法是可以利用 VLOOKUP 函数进行匹配，将各个表格中的所有数据生成到一张季度加班汇总表，如图 4-101 所示。根据工作需要，有时可能也需要这样的报表。

	二季度加班时长统计			
加班人	4月加班时长	5月加班时长	6月加班时长	总加班时长
张翔	10.5	10.5	12	33
梅武勇		10.5	11	21.5
邓珂	10.5	15	12.5	38
陈春华		13	13	26
闫绍红	13	15	11.5	39.5
周磊	19	12	11	42
焦文雷	9.5	11.5		21
莫云			12.5	12.5
赵思已	10.5			10.5
刘余强			12	12
蒋本友		12	13.5	25.5
刘平	13.5	14	16	43.5
杨娜	13		15.5	28.5
廖勇		13	13	23
邓超超	9.5			9.5
王铁军		13	14.5	27.5
程志远	12		11.5	23.5
陈涛		15		15
罗平		12		12

图 4-101

要建立这个报表需要灵活地使用 VLOOKUP 函数，其建立方法如下。

❶ 建立"二季度加班时长汇总"表，如图 4-102 所示。

	二季度加班时长统计			
加班人	4月加班时长	5月加班时长	6月加班时长	总加班时长
张翔				
梅武勇				
邓珂				
陈春华				
闫绍红				
周磊				
焦文雷				
莫云				
赵思已				
刘余强				
蒋本友				
刘平				
杨娜				
廖勇				
邓超超				
王铁军				
程志远				
陈涛				

图 4-102

❷ 在统计表格中将光标定位在单元格 B3 中，输入部分公式：=IFERROR(VLOOKUP($A3,，如图 4-103 所示。

图 4-103

❸ 切换到"4月加班时长统计"工作表中，引用该表的数据区域，如图 4-104 所示。

图 4-104

❹ 接着在编辑栏中输入后部分公式：,2, FALSE),"")，然后按 Enter 键后匹配出的是"张翔"这位员工在 4 月份的加班时长，如图 4-105 所示。

B3			fx	=IFERROR(VLOOKUP($A3,'4月加班时长统计'!$A$1:$C$13,2,FALSE),"")		
	二季度加班时长统计					
加班人	4月加班时长	5月加班时长	6月加班时长	总加班时长		
张翔	10.5					
梅武勇						
邓珂						

图 4-105

❺ 在统计表格中将光标定位在单元格 C3 中，按相同的方法建立公式：

=IFERROR(VLOOKUP($A3,'5月加班时长统计'!$A$1:$C$13,2,FALSE),"")

按 Enter 键后匹配出的是"张翔"这位员工在 5 月份的加班时长，如图 4-106 所示。

图 4-106

❻ 在统计表格中将光标定位在单元格 D3 中，按相同的方法建立公式：

=IFERROR(VLOOKUP($A3,'6月加班时长统计'!$A$1:$C$14,2,FALSE),"")

按 Enter 键后匹配出的是"张翔"这位员工在 6 月份的加班时长，如图 4-107 所示。

D3			fx	=IFERROR(VLOOKUP($A3,'6月加班时长统计'!$A$1:$C$14,2,FALSE),"")		
	二季度加班时长统计					
加班人	4月加班时长	5月加班时长	6月加班时长	总加班时长		
张翔	10.5	10.5	12			
梅武勇						
邓珂						
陈春华						

图 4-107

VLOOKUP 函数是一个非常重要的查找函数，用于在表格或数值数组的首列查找指定的数值，并返回表格或数组中指定列所对应位置的数值。

=VLOOKUP（**①**查找值，**②**查找范围，**③**返回值所在列数，**④**指定是精确查找还是模糊查找）

注意查找是在给定的查找范围的首列中查找的，找到后，返回的值是第 3 个参数指定的那一列上的值。

=IFERROR(VLOOKUP($A3,'4 月加班时长统计 '!$A$1:$C$13,2,FALSE),"") 公式解析如下：

在 "4 月加班时长统计 '!$A$1:$C$13" 的区域的首列中匹配与 A3 单元格中相同的姓名，匹配到后返回第二列上的值。然后在外层套用 IFERROR 这个函数，这个函数是判断错误值的函数。因为当 VLOOKUP 匹配不到值时会返回 #N/A 错误值，因为有了错误值则无法进行 E 列的总加班时长的计算。因此在外层套用 IFERROR 函数，表示当检测到 VLOOKUP 返回 #N/A 错误值时，就最终返回空值。

⑦ 在统计表格中将光标定位在单元格 E3 中，输入公式：

=SUM(B3:D3)

按 Enter 键后匹配出的是 "张翔" 这位员工在二季度的总加班时长，如图 4-108 所示。

	A	B	C	D	E
E3			fx	=SUM(B3:D3)	
1			二季度加班时长统计		
2	加班人	4月加班时长	5月加班时长	6月加班时长	总加班时长
3	张翔	10.5	10.5	12	33
4	梅武勇				
5	邓珂				
6	陈春华				

图 4-108

⑧ 选中 B3:E3 单元格区域，鼠标指针指向右下角，拖曳黑色十字形向下填充此公式到 E21 单元格，一次性匹配出每位员工在几个不同月份中的加班小时数，匹配不到的返回空值，如图 4-109 所示。

	A	B	C	D	E
1			二季度加班时长统计		
2	加班人	4月加班时长	5月加班时长	6月加班时长	总加班时长
3	张翔	10.5	10.5	12	33
4	梅武勇		10.5	11	21.5
5	邓珂	10.5	15	12.5	38
6	陈春华		13	13	26
7	周绍红		13	15	11.5	39.5
8	周磊	19	12	11	42
9	焦文嘉	9.5	11.5		21
10	黄云	12.5			12.5
11	赵黑己		10.5		10.5
12	刘余强			12	12
13	蒋本友		12	13.5	25.5
14	刘平	13.5	14	16	43.5
15	杨娜	13		15.5	28.5
16	廖勇	10		13	23
17	邓超超	9.5			9.5
18	王铁军		13	14.5	27.5
19	樊志远	12		11.5	23.5
20	陈涛		15		15
21	罗平		12		12
22					

图 4-109

4.8 其他考勤、值班相关表格

4.8.1 考勤记录表

考勤表也可以按 "上午" 和 "下午" 分别考勤的方式来建立，例表如图 4-110 所示。
依据此考勤表，建立的考勤统计表的表头为如图 4-111 所示的形式。
制作要点如下：
① 制作方法与本例 4.1 节类似。
② 在建立考勤统计表时也使用公式进行统计，只是需要统计各个代表符号出现的次数。

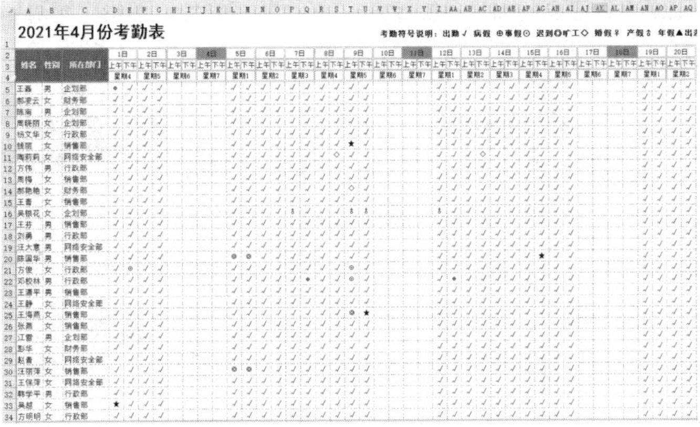

图 4-110

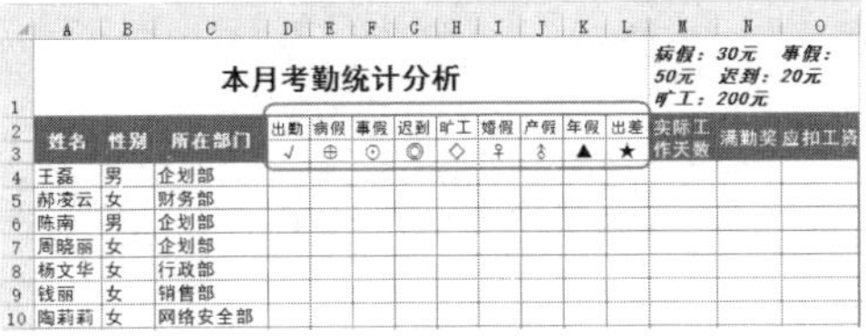

本月考勤统计分析														
病假：30元 事假：50元 迟到：20元 旷工：200元														
姓名	性别	所在部门	出勤	病假	事假	迟到	旷工	婚假	产假	年假	出差	实际工作天数	满勤奖	应扣工资
			√	⊕	⊙	◎	◇	♀	♂	▲	★			
王磊	男	企划部												
郝凌云	女	财务部												
陈南	男	企划部												
周晓丽	女	企划部												
杨文华	女	行政部												
钱丽	女	销售部												
陶莉莉	女	网络安全部												

图 4-111

加班申请单					
			年 月 日		
姓名		部门		岗位	
加班类型	□平常日 □公休日		加班事由		
申请加班时间	月 日 时 分至 月 日 时 分 （合计 天 小时）				
时间加班时间	月 日 时 分至 月 日 时 分 （合计 天 小时）				
部门领导审批		处理结果	□补休 □付加班工资	综合管理部审核	
注：员工加班需事前申请，否则视为自动放弃，如若部门领导不在，需部门领导打电话或发短信告知综合管理部，事后再进行补签。					

图 4-112

4.8.2 加班申请单

有些企业要求在员工需要加班时填写加班申请单，在 Excel 中可以创建加班申请单，可以填写电子表单，也可以打印使用。列举范例如图 4-112 所示。

制作要点如下：

❶ 根据建表目的拟订表格包含的项目。

❷ 添加“□”特殊符号辅助修饰（在打印表格后此框可用于填表者的勾选）。

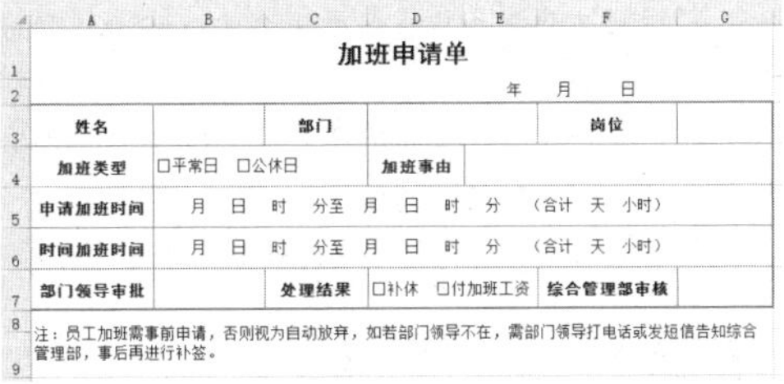

4.8.3 加班记录表

加班记录表也可以按全月日期记录，存在加班情况就记录，没有加班情况就保持空白，例表如图 4-113 所示。

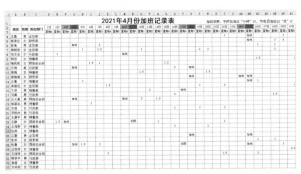

图 4-113

依据此加班记录表，建立的加班费统计表的表头为如图 4-114 所示的形式。

本月加班费统计					工作日加班：50/小时 节假日加班：基本工资/工作日*2		
姓名	性别	所在部门	工作日加班(小时)	节假日加班(天)	工作日加班费	节假日加班费	加班费总计
王磊	男	企划部					
郝凌云	女	财务部					
陈南	男	企划部					
周晓丽	女	企划部					
杨文华	女	行政部					
钱丽	女	销售部					
陶莉莉	女	网络安全部					
方伟	男	行政部					
周梅	女	销售部					
郝艳艳	女	财务部					
王青	女	销售部					
吴银花	女	企划部					

图 4-114

制作要点如下：

❶ 依据考勤表的框架来建立加班记录表。

❷ 统计工作日加班小时数用公式：=SUM(加班记录表 !D4:AG4)；

统计节假日加班天数用公式：=COUNTIF(加班记录表 !D4:AG4," 加班 ")。

❸ 加班费的计算依据给定的计费标准进行核算。

4.8.4 值班提醒表

安排好值班人员后，为了避免值班人员忘记值班时间，管理人员可以为值班安排表添加一个提醒功能，即设定提前一天提醒要值班的员工。例表如图 4-115 所示。

值班人员安排表		
值班人	值班日期	起讫时间
苏海涛	2021/3/1	23:00~7:00
苏海涛	2021/3/7	9:00~17:00
苏海涛	2021/3/19	23:00~7:00
苏海涛	2021/3/28	9:00~17:00
刘苏阳	2021/3/2	23:00~7:00
刘苏阳	2021/3/16	23:00~7:00
杨增	2021/3/3	23:00~7:00
杨增	2021/3/12	23:00~7:00
杨增	2021/3/15	23:00~7:00
杨增	2021/3/23	23:00~7:00
陈璀菲	2021/3/4	23:00~7:00
陈璀菲	2021/3/17	23:00~7:00
彭丽丽	2021/3/5	23:00~7:00
彭丽丽	2021/3/11	23:00~7:00
彭丽丽	2021/3/29	23:00~7:00
李平	2021/3/6	9:00~17:00
李平	2021/3/13	9:00~17:00
李平	2021/3/20	9:00~17:00
李平	2021/3/27	9:00~17:00
钟武	2021/3/8	23:00~7:00
钟武	2021/3/14	9:00~17:00
钟武	2021/3/21	9:00~17:00
张瑞煊	2021/3/18	23:00~7:00
张瑞煊	2021/3/22	23:00~7:00
张瑞煊	2021/3/26	23:00~7:00

图 4-115

制作要点如下：

❶ 将同一位人员的所有值班记录摆放在一起。

❷ 利用条件格式功能设置 B3:B27 单元格区域，其公式为 =COUNTIF(B:B,B3)=1。

公司人事查询系统及人员结构管理表格

　　人事信息数据表是每个公司都必须建立的基本表格，基本每一项人事工作都与此表有所关联。完善的人事信息可便于对一段时期的人事情况进行准确分析（如年龄结构、学历层次、人员流失情况等），同时可以扩展分析建立企业在职人员结构统计报表、人员流动情况分析报表，同时细致深入地分析总结企业员工离职状况。

☑ 员工个人资料登记表

☑ 人事信息数据表

☑ 员工信息查询表

☑ 员工学历层次、年龄层次、稳定性分析表

☑ 在职员工结构统计报表

☑ 其他人事管理相关的表格

5.1 员工个人资料登记表

员工个人资料登记表是在员工通过试用期后需要填写的表格，这些信息是任何一家用人单位必须留存的信息。同时这些信息也会录入企业的人事信息数据库，进而在一段时期内进行相关的人事数据分析。

5.1.1 分区拟订内容

在建立员工个人资料登记表时，一般可以分区域拟订，在本例中的员工个人信息登记表分为了"基本信息""社会保险""紧急情况联系人""教育经历"等部分。

将拟订的项目录入工作表中，需要合并区域的进行合并，如图 5-1 所示。

图 5-1

5.1.2 Excel 中的英汉互译

本范例设计的员工个人资料登记表需要使用中英文格式，即同时显示中文与英文，那么如果对有些英文不太熟悉，则可以直接在 Excel 中使用英汉互译的功能。同时注意必须要用 Alt+Enter 组合键实现手动换行。

❶ 将光标定位在文字的后面，如"部门"文字的后面（见图 5-2），按 Alt+Enter 组合键，即可强制切换到下一行，如图 5-3 所示。

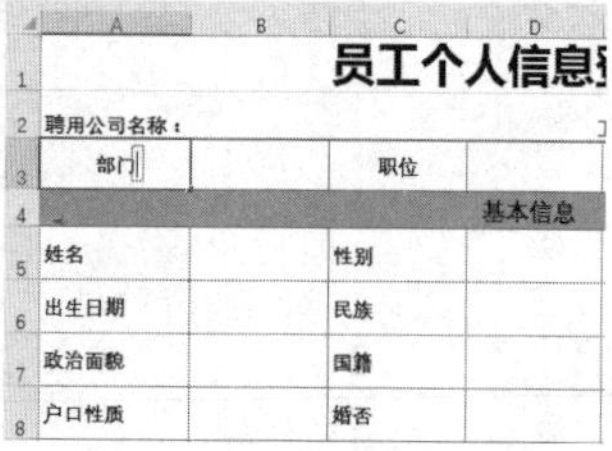

图 5-2

图 5-3

❷ 换行后，重新选中单元格，注意是选中单元格，而不是将光标定位在单元格，在"审阅"选项卡中单击"翻译"按钮（见图 5-4），这时将会出现"翻译工具"右侧窗格，实现对该词语的翻译，如图 5-5 所示。

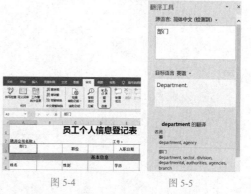

图 5-4   图 5-5

❸ 将翻译出的英文复制到"部门"文字的下方，如图 5-6 所示。

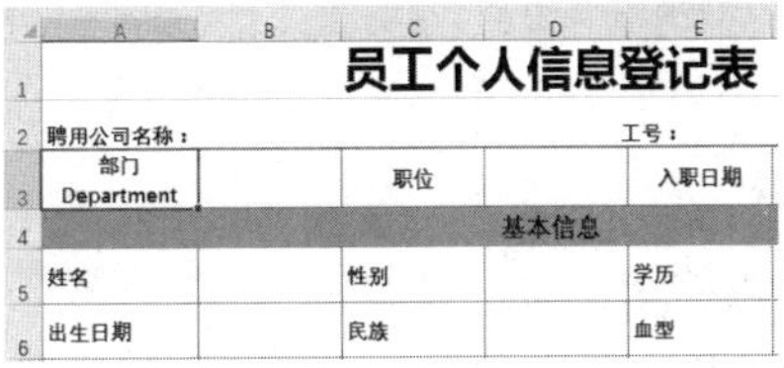

图 5-6

④ 接着选中下一个单元格，这里翻译工具会自动翻译，如图 5-7 所示。

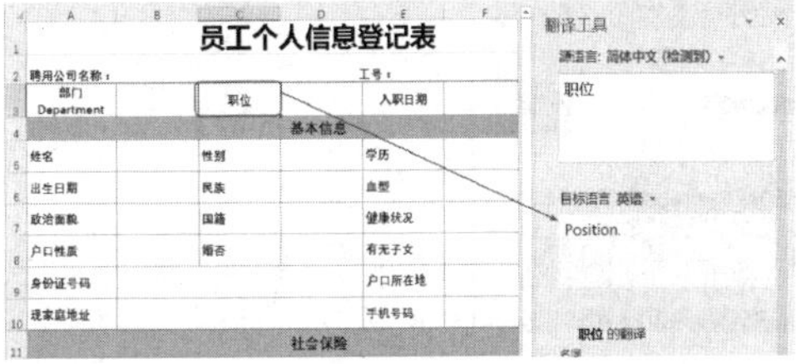

图 5-7

⑤ 按相同的方法可实现其他各个填表项目的翻译，如图 5-8 所示。

图 5-8

5.1.3 打印员工个人资料登记表

表格实际内容的边缘与纸张的边缘之间的距离就是页边距。一般情况下不需要调整页边距，但如果遇到只有少量内容因为超出纸张宽度而未显示时则需要调整页边距。本例的员工个人资料登记表在打印时就遇到了这样的情况。

① 在当前需要打印的工作表中，单击"文件"选项卡，在展开的菜单中选择"打印"命令，即可在窗口右侧显示出表格的打印预览效果，在打印预览下看到还有一些内容没有显示出来，如图 5-9 所示。

图 5-9

② 拖曳"设置"栏中的滑块到底部，并单击底部的"页面设置"项（见图 5-10），打开"页面设置"对话框，在"页边距"选项卡下，将"左"与"右"的边距调小，如此处都调整为"0.5"，如图 5-11 所示。

图 5-10

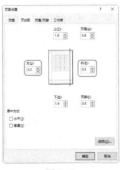

图 5-11

❸ 单击"确定"按钮重新回到打印预览状态下，可以看到想打印的内容都能显示出来了，如图 5-12 所示。

图 5-12

✍ 专家提示

此方法只能应用于当超出页面内容不太多的情况下，当超出页面内容过多时，即使将页边距调整为 0 也不能完全显示。而针对这样的表格显然是不能分两页打印的，这时可以回到工作表中适当调小各列的列宽。

5.2 ▶ 人事信息数据表

人事信息数据表是每个公司都必须建立的基本表格，基本每一项人事工作都与此表有所关联。完善的人事信息可以便于对一段时期的人事情况进行准确分析（如年龄结构、学历层次、人员流失情况等）。如图 5-13 为建立完成的人事信息数据表。

图 5-13

5.2.1 整表限制输入空格

在实际工作中，员工信息表数据的输入与维护可能不是一个人完成的，为了防止一些错误输入，一般会采用设定数据验证来限制输入或给出输入提示。下面在录入数据前设置整表的数据验证，以防止输入空格。因为空格的存在会破坏数据的连续性，给后期数据的统计、查找等带来阻碍。

❶ 人事信息通常包括员工工号、姓名、所属部门、性别、身份证号码、年龄、学历、入职时间、离职时间等。因此建表时要先合理规划这些项目，然后录入工作表中，如图 5-14 所示。

图 5-14

❷ 选中 B3:L90 单元格区域，在"数据"选项卡的"数据工具"组中单击"数据验证"下拉按钮，在打开的下拉菜单中选择"数据验证"命令，如图 5-15 所示。

图 5-15

❸ 打开"数据验证"对话框，单击"允许"右侧的下拉按钮，在弹出的下拉列表中选择"自定义"选项，在"公式"文本框中输入公式"=SUBSTITUTE(B3," ","")=B3"，如图 5-16 所示。

图 5-16

❹ 切换到"出错警告"选项卡，在"错误信息"文本框中设置出错警告信息，如图 5-17 所示。

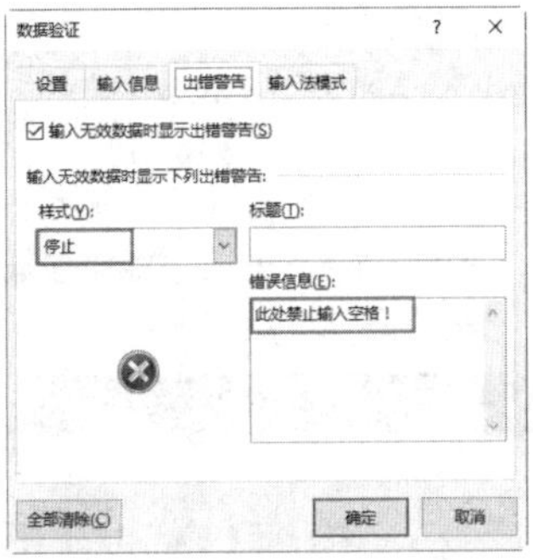

图 5-17

❺ 单击"确定"按钮返回工作表中，当在选择的单元格区域输入空格时就会弹出提示对话框，如图 5-18 所示。单击"取消"按钮，重新输入即可。

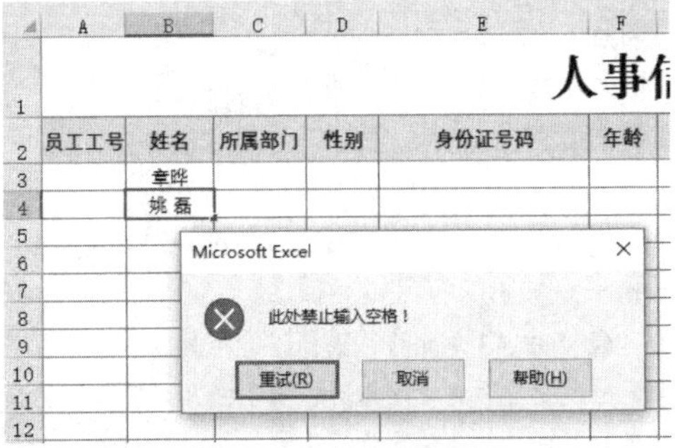

图 5-18

=SUBSTITUTE(B3," ","")=B3 公式解析如下：

表示把 B3 单元格中的空格替换为空值，然后判断是否与 B3 单元格中的数据相等，如果不相等，则表示所输入的数据中有空格，那么此时就会弹出阻止提示对话框。

5.2.2 填充输入工号

员工工号作为员工在企业中的标识，它是唯一的，但又是相似的。一般在建表时我们会按照编号次序依次建立，因此在输入员工编号时可以采用填充的方法一次性输入。本例中员工工号的设计原则为"公司标识＋序号"的编排方式，首个编号为 NO.001，后面的编号可以通过填充快速输入。

❶ 选中 A3:A90 单元格区域（选中区域由实际条目数决定），在"开始"选项卡的"数字"组中单击"数字格式"下拉按钮，在打开的下拉列表中选择"文本"选项（见图 5-19），即可设置数据为文本格式。

图 5-19

❷ 选中 A3 单元格，输入 NO.001，按 Enter 键，如图 5-20 所示。

❸ 选中 A3 单元格，鼠标指针指向该单元格右下角，当其变为黑色十字形时，向下拖曳到目标位置释放鼠标，即可快速填充员工工号，如图 5-21 所示。

图 5-20

图 5-21

5.2.3 正确显示身份证号

在单元格中输入数字的时候，如果输入的数字位数超过 11 位时，那么就会自动变成科学计数法的数据，而有时我们需要完整地显示一串长数字，例如产品的编码、身份证的号码等。这个时候就不能让数字按照科学计数法方式显示了，要解决这个问题需要先设置单元格的格式为"文本"格式。

❶ 例如，图 5-22 所示就是当我们输入身份证号码后按下 Enter 键显示的科学计数法的数据。

图 5-22

❷ 选中 E3:E90 单元格区域（选中区域由实际条目数决定），在"开始"选项卡的"数字"组中单击"数字格式"下拉按钮，在打开的下拉列表中选择

"文本"选项，如图5-23所示。

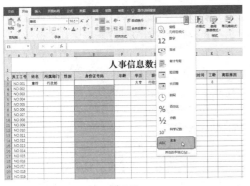

图 5-23

❸ 重新输入身份证号码，即可正确显示，如

图 5-24 所示。

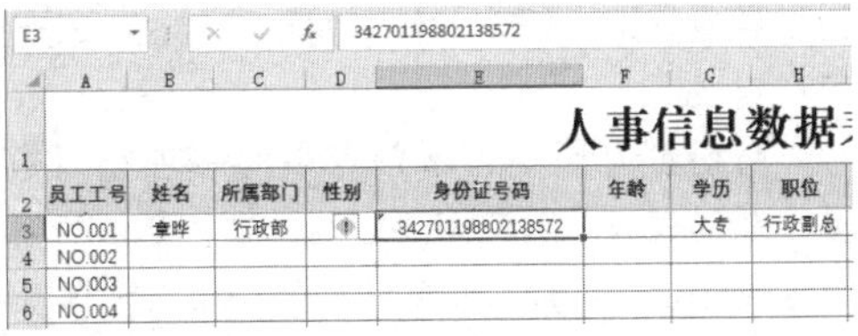

图 5-24

❹ 接着补齐每位员工的基本信息，达到如图 5-25 所示的效果。注意"性别"列与"年龄"列可暂时不做输入，因为在下一节中将会介绍如何利用公式从身份证号码中提取这些信息，"工龄"也需要通过公式来计算。

图 5-25

知识扩展

另外，在日常处理表格时，很多时候我们也需要输入以0开头的编号，如"001""002"……这种形式。如果直接输入（见图5-26所示），会自动舍弃前面的0（见图5-27所示），这时需要先选中单元格区域并设置单元格的格式为"文本"格式，之后再输入数据即可正确显示。

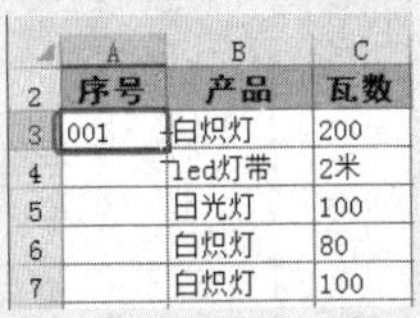

图 5-26 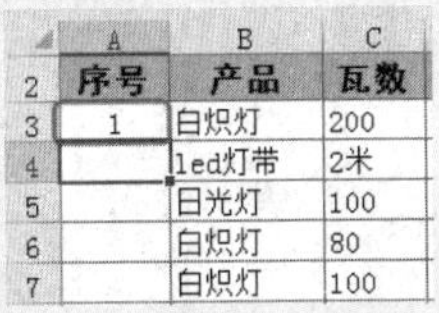   图 5-27

专家提示

当设置单元格的格式为"文本"格式后，所有输入的数字都将被视作文本数据，是无法参与数据计算的。所以要注意的是，正常数字我们不要去将其更改为"文本"格式，而只有当需要这个数字显示为文本格式时（例如本例中说到的以0开头的编号、身份证号码）才去设置。

5.2.4 公式返回员工性别、年龄及工龄计算

根据人事信息表中的身份证号码，可以使用相关函数提取出员工的性别、年龄等基本信息，还可以根据员工的入职时间和离职时间统

计员工的工龄。这些基本信息可以帮助人事部门后期更好地分析公司员工的年龄层次以及员工稳定性。

身份证号码是人事信息中的一项重要数据，在建表时一般都需要规划此项标识。身份证号码包含了持证人的多项信息，第 7～14 位表示出生年月日，第 17 位表示性别，单数为男性，双数则为女性。根据这个特征可以建立公式实现自动判断性别。

❶ 选中 D3 单元格，在编辑栏中输入公式：

=IF(MOD(MID(E3,17,1),2)=1," 男 "," 女 ")

按 Enter 键，返回的是 E3 单元格中身份证号码对应的性别，如图 5-28 所示。

D3 =IF(MOD(MID(E3,17,1),2)=1,"男","女")

	A	B	C	D	E	F	G	H	I
1	人事信息数据表								
2	员工工号	姓名	所属部门	性别	身份证号码	年龄	学历	职位	入职时间
3	NO.001	章晔	行政部	男	342701198802138572		大专	行政副总	2012/5/8
4	NO.002	姚磊	人事部		340025199103170540		大专	HR专员	2014/6/4
5	NO.003	闫绍红	行政部		342701198908148521		大专	网络编辑	2015/11/5
6	NO.004	焦文雷	设计部		340025199205162522		大专	主管	2014/3/12
7	NO.005	魏义成	行政部		342001198011202528		本科	行政文员	2015/3/5
8	NO.006	李秀秀	人事部		340042198610160517		本科	HR经理	2012/6/18
9	NO.007	焦文全	市场部		340025196902268563		本科	网络编辑	2015/2/15

图 5-28

❷ 鼠标指针指向 D3 单元格右下角，按住黑色十字形向下填充公式，快速得出每位员工的性别，如图 5-29 所示。

	A	B	C	D	E	F	G	H	I
1	人事信息数据表								
2	员工工号	姓名	所属部门	性别	身份证号码	年龄	学历	职位	入职时间
3	NO.001	章晔	行政部	男	342701198802138572		大专	行政副总	2012/5/8
4	NO.002	姚磊	人事部	女	340025199103170540		大专	HR专员	2014/6/4
5	NO.003	闫绍红	行政部	女	342701198908148521		大专	网络编辑	2015/11/5
6	NO.004	焦文雷	设计部	女	340025199205162522		大专	主管	2014/3/12
7	NO.005	魏义成	行政部	女	342001198011202528		本科	行政文员	2015/3/5
8	NO.006	李秀秀	人事部	男	340042198610160517		本科	HR经理	2012/6/18
9	NO.007	焦文全	市场部	女	340025196902268563		本科	网络编辑	2015/2/15
10	NO.008	郑立媛	设计部	女	340222196312022562		初中	保洁	2012/6/3
11	NO.009	马同燕	设计部	男	340222197805023652		高中	网管	2014/4/8
12	NO.010	莫云	行政部	女	340042198810160527		大专	网管	2013/5/6
13	NO.011	陈芳	行政部	女	342122199111035620		本科	网管	2016/6/11
14	NO.012	钟华	行政部	女	342222198902252520		本科	网络编辑	2017/1/2
15	NO.013	张燕	人事部	男	340025197902281235		大专	HR专员	2013/3/1
16	NO.014	柳小续	研发部	男	340001197803088452		本科	研究员	2014/3/1
17	NO.015	许开	行政部	女	342701198904018543		本科	行政专员	2013/3/1
18	NO.016	陈建	市场部	女	340025199203240647		本科	总监	2013/4/1
19	NO.017	万茜	财务部	男	340025196902138578		大专	主办会计	2014/4/1
20	NO.018	张亚明	市场部	男	340025198306100214		本科	市场专员	2014/4/1
21	NO.019	张华	财务部	女	342001198007202528		大专	会计	2014/4/1
22	NO.020	郝亮	市场部	男	342701197702178573		本科	研究员	2014/4/1
23	NO.021	穆宇飞	研发部	男	342701198202138579	39	硕士	研究员	2013/4/1
24	NO.022	于青青	研发部	女	342701198202148521	39	本科	助理	2014/1/31

图 5-29

专家提示

1. MOD 函数

MOD 函数用来返回两数相除的余数。

=MOD（❶ 被除数，❷ 除数）

2. MID 函数

MID 函数用于返回文本字符串中从指定位置开始的特定数目的字符，该数目由用户指定。

=MID（❶ 提取的文本，❷ 指定从哪个位置开始提取，❸ 字符个数）

=IF(MOD(MID(E3,17,1),2)=1," 男 "," 女 ")

公式解析如下：

先使用 MID 函数从 E3 单元格中第 17 位数字开始提取一个字符。接着使用 MOD 函数将前面提取的字符与 2 相除得到余数，并判断余数是否等于 1，如果是，则返回 TRUE，否则返回 FALSE。IF 函数判断返回值，TRUE 值返回“男”，FALSE 值返回“女”。

❸ 选中 F3 单元格，在编辑栏中输入公式：

=YEAR(TODAY())-MID(E3,7,4)

按 Enter 键，返回的是 E3 单元格中身份证号码对应的年龄，如图 5-30 所示。

F3 =YEAR(TODAY())-MID(E3,7,4)

	A	B	C	D	E	F	G	H	I
1	人事信息数据表								
2	员工工号	姓名	所属部门	性别	身份证号码	年龄	学历	职位	入职时间
3	NO.001	章晔	行政部	男	342701198802138572	32	大专	行政副总	2012/5/8
4	NO.002	姚磊	人事部	女	340025199103170540		大专	HR专员	2014/6/4
5	NO.003	闫绍红	行政部	女	342701198908148521		大专	网络编辑	2015/11/5
6	NO.004	焦文雷	设计部	女	340025199205162522		大专	主管	2014/3/12
7	NO.005	魏义成	行政部	女	342001198011202528		本科	行政文员	2015/3/5
8	NO.006	李秀秀	人事部	男	340042198610160517		本科	HR经理	2012/6/18
9	NO.007	焦文全	市场部	女	340025196902268563		本科	网络编辑	2015/2/15
10	NO.008	郑立媛	设计部	女	340222196312022562		初中	保洁	2012/6/3

图 5-30

❹ 鼠标指针指向 F3 单元格右下角，按住黑色十字形向下填充公式，快速得出每位员工的年龄，如图 5-31 所示。

F3 =YEAR(TODAY())-MID(E3,7,4)

	A	B	C	D	E	F	G	H	I
1	人事信息数据表								
2	员工工号	姓名	所属部门	性别	身份证号码	年龄	学历	职位	入职时间
3	NO.001	章晔	行政部	男	342701198802138572	32	大专	行政副总	2012/5/8
4	NO.002	姚磊	人事部	女	340025199103170540	29	大专	HR专员	2014/6/4
5	NO.003	闫绍红	行政部	女	342701198908148521	31	大专	网络编辑	2015/11/5
6	NO.004	焦文雷	设计部	女	340025199205162522	28	大专	主管	2014/3/12
7	NO.005	魏义成	行政部	女	342001198011202528	40	本科	行政文员	2015/3/5
8	NO.006	李秀秀	人事部	男	340042198610160517	34	本科	HR经理	2012/6/18
9	NO.007	焦文全	市场部	女	340025196902268563	51	本科	网络编辑	2015/2/15
10	NO.008	郑立媛	设计部	女	340222196312022562	57	初中	保洁	2012/6/3
11	NO.009	马同燕	设计部	男	340222197805023652	42	高中	网管	2014/4/8
12	NO.010	莫云	行政部	女	340042198810160527	32	大专	网管	2013/5/6
13	NO.011	陈芳	行政部	女	342122199111035620	29	本科	网管	2016/6/11
14	NO.012	钟华	行政部	女	342222198902252520	31	本科	网络编辑	2017/1/2
15	NO.013	张燕	人事部	男	340025197902281235	41	大专	HR专员	2013/3/1
16	NO.014	柳小续	研发部	男	340001197803088452	42	本科	研究员	2014/3/1
17	NO.015	许开	行政部	女	342701198904018543	31	本科	行政专员	2013/3/1
18	NO.016	陈建	市场部	女	340025199203240647	28	本科	总监	2013/4/1

图 5-31

专家提示

YEAR 函数用于返回某日期对应的年数，返回值为 1900 ～ 9999 的整数。它只有一个参数，即日期值。

=YEAR(TODAY())-MID(E3,7,4) 公式解析如下：

公式前半部分用 TODAY 函数返回系统当前时间，外层使用 YEAR 函数提取年份值。后半部分用 MID 函数从身份证号码第 7 位开始提取，提取 4 个字符，即提取出生年份值。两者之差得出年龄。

❺ 选中 K3 单元格，在编辑栏中输入公式：

=IF(J3="",DATEDIF(I3,TODAY(),"Y"),DATEDIF(I3,J3,"Y"))

按 Enter 键，计算出第一位员工的工龄，如图 5-32 所示。

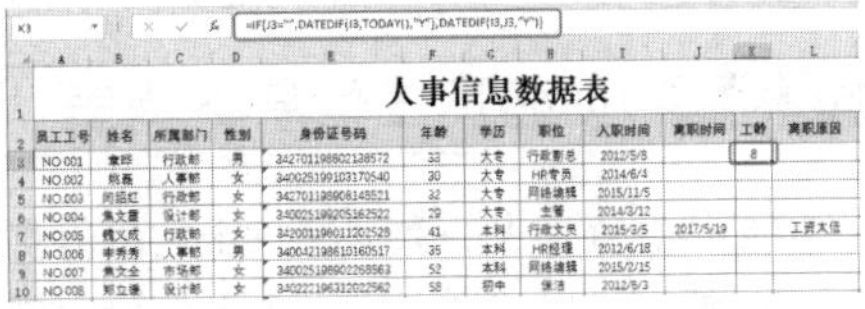

员工工号	姓名	所属部门	性别	身份证号码	年龄	学历	职位	入职时间	离职时间	工龄	离职原因
NO.001	章晔	行政部	男	342701198802138572	33	大专	行政副总	2012/5/8		8	
NO.002	姚磊	人事部	女	340025199103170540	30	大专	HR专员	2014/6/4			
NO.003	闫绍红	行政部	女	342701198908148521	32	大专	网络编辑	2015/11/5			
NO.004	焦文雷	设计部	女	340025199205162522	29	大专	主管	2014/3/12			
NO.005	魏义成	行政部	女	342001198011202528	41	本科	行政文员	2015/3/5	2017/5/19		工资太低
NO.006	李秀秀	人事部	男	340042198610160517	35	本科	HR经理	2012/6/18			
NO.007	焦文全	市场部	女	340025196902268563	52	本科	网络编辑	2015/2/15			
NO.008	郑立媛	设计部	女	340222196312022562	58	初中	保洁	2012/6/3			

图 5-32

❻ 鼠标指针指向 K3 单元格右下角，按住黑色十字形向下填充公式，快速得出每位员工的工龄，如图 5-33 所示。

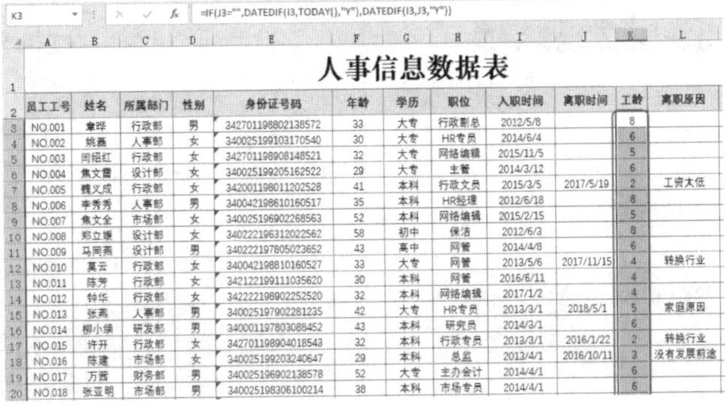

员工工号	姓名	所属部门	性别	身份证号码	年龄	学历	职位	入职时间	离职时间	工龄	离职原因
NO.001	章晔	行政部	男	342701198802138572	33	大专	行政副总	2012/5/8		8	
NO.002	姚磊	人事部	女	340025199103170540	30	大专	HR专员	2014/6/4		6	
NO.003	闫绍红	行政部	女	342701198908148521	32	大专	网络编辑	2015/11/5		5	
NO.004	焦文雷	设计部	女	340025199205162522	29	大专	主管	2014/3/12		6	
NO.005	魏义成	行政部	女	342001198011202528	41	本科	行政文员	2015/3/5	2017/5/19	2	工资太低
NO.006	李秀秀	人事部	男	340042198610160517	35	本科	HR经理	2012/6/18		8	
NO.007	焦文全	市场部	女	340025196902268563	52	本科	网络编辑	2015/2/15		5	
NO.008	郑立媛	设计部	女	340222196312022562	58	初中	保洁	2012/6/3		8	
NO.009	马同燕	设计部	男	340222197805023652	43	高中	网管	2014/4/8		6	
NO.010	莫云	行政部	女	340042198810160527	33	大专	网管	2013/5/6	2017/11/15	4	转换行业
NO.011	陈芳	行政部	女	342122199111035620	30	本科	网管	2016/6/11		4	
NO.012	钟华	行政部	女	342222198902252520	32	本科	网络编辑	2017/1/2		4	
NO.013	张燕	人事部	男	340025197902281235	42	大专	HR专员	2013/3/1	2018/5/1	5	家庭原因
NO.014	柳小续	研发部	男	340001197803088452	43	本科	研究员	2014/3/1		6	
NO.015	许开	行政部	女	342701198904018543	32	本科	行政专员	2013/3/1	2016/1/22	2	转换行业
NO.016	陈建	市场部	女	340025199203240647	29	本科	总监	2013/4/1	2016/10/11	3	没有发展前途
NO.017	万茜	财务部	男	340025196902138578	52	大专	主办会计	2014/4/1		6	
NO.018	张亚明	市场部	男	340025198306100214	38	本科	市场专员	2014/4/1		6	

图 5-33

专家提示

DATEDIF 函数用于计算两个日期之间的年数、月数和天数。

= DATEDIF（❶ 起始日期，❷ 终止日期，❸ 返回值类型）

第 3 个参数用于指定函数的返回值类型，共有 6 种设定。

- "Y" 返回两个日期值间隔的整年数
- "M" 返回两个日期值间隔的整月数
- "D" 返回两个日期值间隔的天数
- "MD" 返回两个日期值间隔的天数（忽略日期中的年和月）
- "YM" 返回两个日期值间隔的月数（忽略日期中的年和日）
- "YD" 返回两个日期值间隔的天数（忽略日期中的年）

=IF(J3="",DATEDIF(I3,TODAY(),"Y"),DATEDIF(I3,J3,"Y")) 公式解析如下：

如果 J3 是空，则计算"DATEDIF(I3,TODAY(),"Y")"这一部分（表示计算出从 I3 单元格的日期与当前日期之间的相差年份），否则计算"DATEDIF(I3,J3,"Y")"这一部分（表示计算出从 I3 单元格的日期到 J3 单元格日期之间的相差年份）。

5.3 ▶ 员工信息查询表

在建立了人事信息数据表后，如果企业员工较多，那么要想查询任意某位员工的数据信息会不太容易。可以利用 Excel 中的函数功能建立一个查询表，当需要查询某位员工的信息数据，只需要输入其工号即可快速查询。建立这种查询表，要基于 VLOOKUP 这个重要的函数。

5.3.1 创建员工信息查询表

员工信息查询表的数据来自于人事信息数据表中，所以可以选择在同一个工作簿中插入新工作表来建立查询表。

❶ 插入新工作表并命名为"员工信息查询表"，在工作表表头输入表头信息。切换到"人事信息数据表"，选中 B2:M2 单元格区域，在"开始"选项卡的"剪贴板"组中单击"复制"按钮，如图 5-34 所示。

图 5-34

❷ 切换到"员工信息查询表"工作表，选中要放置粘贴内容的单元格区域，在"开始"选项卡的"剪贴板"组中单击"粘贴"下拉按钮，在打开的下拉列表中选择"选择性粘贴"选项，如图 5-35 所示。

图 5-35

❸ 打开"选择性粘贴"对话框，在"粘贴"栏中选中"数值"单选按钮，选中"转置"复选框，单击"确定"按钮，如图 5-36 所示。

图 5-36

❹ 返回工作表中，即可将复制的列标识转置为行标识显示，如图 5-37 所示。

图 5-37

❺ 对复制得到的数据进行格式整理，如设置表格的字体格式、边框颜色及单元格背景色等，得到如图 5-38 所示的查询表。

图 5-38

Excel 2019 表格制作范例大全（视频教学版）

5.3.2 建立查询公式

创建好员工信息查询表后，需要创建下拉列表选择员工工号，还需要使用函数根据员工工号查询员工的部门、姓名等其他相关信息。

在员工信息查询表中，可以使用数据验证引用"人事信息数据表"中的"员工工号"列数据，实现查询编号的选择性输入。

❶ 选中 D2 单元格，在"数据"选项卡的"数据工具"组中单击"数据验证"下拉按钮，如图 5-39 所示。

图 5-39

❷ 打开"数据验证"对话框，单击"允许"右侧的下拉按钮，在弹出的下拉列表中选择"序列"选项，接着在"来源"参数框中输入"= 人事信息数据表 !\$A\$3:\$A\$90"（也可以单击右侧的 🔼 按钮回到工作表中拖曳选择"员工工号"那一列的数据），如图 5-40 所示。

❸ 切换到"输入信息"选项卡，设置选中该单元格时所显示的提示信息，如图 5-41 所示，设置完成后单击"确定"按钮。

图 5-40

图 5-41

❹ 返回工作表中，选中的单元格就会显示提示信息，提示从下拉列表中可以选择员工工号，如图 5-42 所示。

❺ 单击 D2 单元格右侧的下拉按钮，即可在下拉列表中选择员工的工号，如图 5-43 所示。

图 5-42

图 5-43

设置数据验证实现员工查询编号的快速输入后，下一步就需要使用 VLOOKUP 函数从"人事信息数据表"中根据指定的编号依次返回相关的信息。

❶ 选中 C4 单元格，在编辑栏中输入公式：

=VLOOKUP($D$2,人事信息数据表 !A$3: $M$92, ROW(A2))

按 Enter 键，如图 5-44 所示。

图 5-44

❷ 鼠标指针指向 C4 单元格的右下角，拖曳黑色十字形向下填充此公式，依次根据指定查询编号返回员工相关信息，如图 5-45 所示。

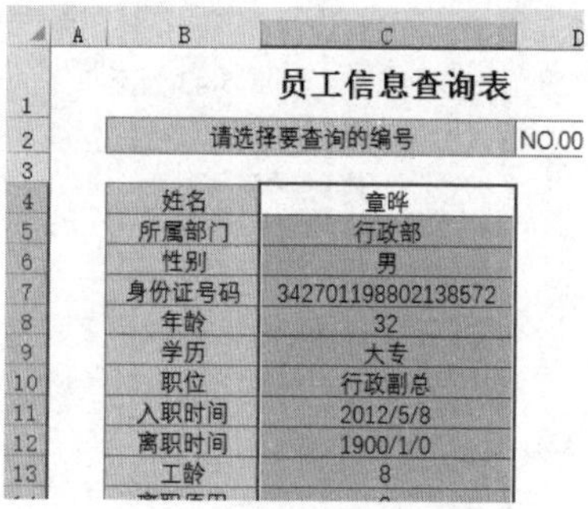

图 5-45

❸ 选中 C11:C12 单元格区域，在"开始"选项卡的"数字"组中单击"数字格式"下拉按钮，在打开的下拉列表中选择"短日期"选项（见图 5-46 所示），即可将其显示为正确的日期格式。

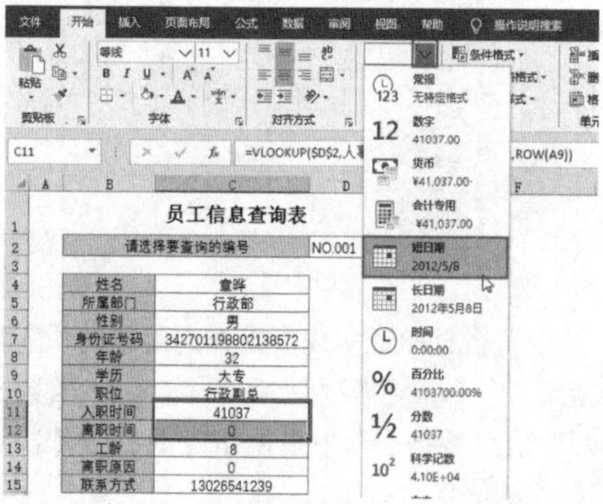

图 5-46

✎ 专家提示

因为建立的公式需要向下复制，对于不能改变的部分需要使用绝对引用方式，而对于需要改变的部分则需要使用相对引用方式。一般对于需要延展使用的公式很多时候都使用混合引用的方式。

✎ 专家提示

VLOOKUP 函数是一个非常重要的查找函数，用于在表格或数值数组的首列查找指定的数值，并返回表格或数组中指定列所对应位置的数值。

=VLOOKUP（❶查找值，❷查找范围，❸返回值所在列数，❹指定是精确查找还是模糊查找）

注意查找是在给定的查找范围的首列中查找，找到后，返回的值是第 3 个参数指定的那一列上的值。

=VLOOKUP($D$2,人事信息数据表!$A$3:$M$92,ROW(A2)) 公式解析如下：

先使用"ROW(A2)"返回 A2 单元格所在的行号，因此当前返回结果为 2（随着公式的复制，这个值会不断变动），然后用 VLOOKUP 函数在人事信息数据表的 A3:M92 单元格区域的首列中寻找与 D2 单元格中相同的编号，找到后返回对应在第二列中的值，即对应的姓名。此公式中的查找范围与查找条件都使用了绝对引用方式，即在向下复制公式时都是不改变的，唯一要改变的是用于指定返回"人事信息数据表" A3:M92 单元格区域那一列值的参数。本例中使用了 ROW(A2) 来指定，当公式复制到 C5 单元格时，ROW(A2) 变为 ROW(A3)，返回值为 3；当公式复制到 C6 单元格时，ROW(A2) 变为 ROW(A4)，返回值为 4，以此类推，这样就能依次返回指定编号人员的各项档案信息。

5.3.3 查询任意员工信息

当在员工信息查询表中建立公式后,就可以更改任意员工的编号以根据公式返回该工号下对应的员工信息。

❶单击 D2 单元格下拉按钮,在其下拉列表中选择其他员工工号,如 NO.021,系统即可自动显示出该员工信息,如图 5-47 所示。

图 5-47

❷单击 D2 单元格下拉按钮,在其下拉列表中选择其他员工工号,如 NO.080,系统即可自动显示出该员工信息,如图 5-48 所示。

图 5-48

5.4　员工学历层次、年龄层次分析表、员工稳定性分析直方图

对于一个快速发展的企业而言,对骨干型员工的培养是非常重要的。为了解公司人员结构,可以通过分析年龄层次、学历层次、人员稳定性来掌握人员结构情况。在建立了完善的人事信息数据表后,可以使用数据透视表、图表等工具建立多种分析表。

5.4.1 员工学历层次分析表

数据透视表是 Excel 用来分析数据的利器,可以利用数据透视表快速统计企业员工中各学历的人数比例情况。

❶在"人事信息数据表"中选中 G2:G90 单元格区域,在"插入"选项卡的"表格"组中单击"数据透视表"按钮,如图 5-49 所示。

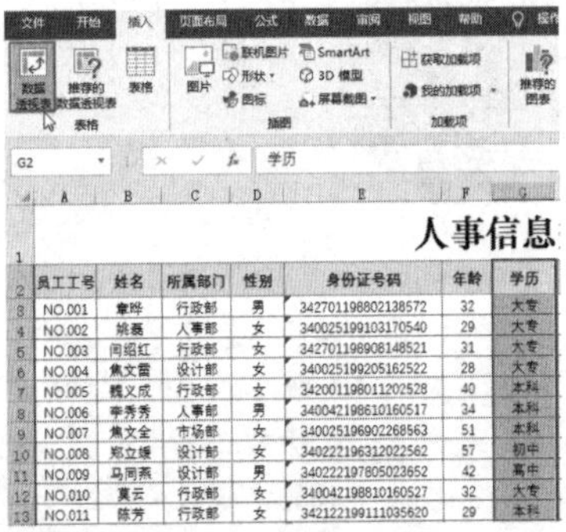

图 5-49

❷打开"创建数据透视表"对话框,在"选择一个表或区域"栏下的"表/区域"框中显示了选中的单元格区域,创建位置默认设置为"新工作表",如图 5-50 所示。

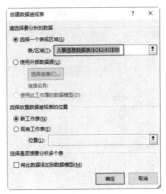

图 5-50

❸单击"确定"按钮,即可在新工作表中创建数据透视表。在字段列表中选中"学历"字段,按住鼠标左键将其拖曳到"行"区域中;再次选中

101

"学历"字段，按住鼠标左键将其拖曳到"值"区域中，得到的统计结果如图 5-51 所示。

④ 在数据透视表中双击值字段，即 B3 单元格。打开"值字段设置"对话框，选择"值显示方式"选项卡，在"值显示方式"下拉列表中选择"总计的百分比"选项，在"自定义名称"文本框中输入"人数"，如图 5-52 所示。

图 5-51

图 5-52

⑤ 完成以上设置后，单击"确定"按钮返回工作表中，即可得到如图 5-53 所示的数据透视表。从中可以看到本科和大专的人数比例基本相同，硕士占比最低。

	A	B	C
3	学历	人数	
4	硕士	1.14%	
5	本科	37.50%	
6	高中	3.41%	
7	初中	5.68%	
8	大专	38.64%	
9	高职	5.68%	
10	中专	7.95%	
11	总计	100.00%	

图 5-53

⑥ 选中数据透视表任意单元格，在"数据透视表工具 - 分析"选项卡的"工具"组中单击"数据透视图"按钮（见图 5-54），打开"插入图表"对话框。

选择合适的图表类型，例如"饼图"，如图 5-55 所示。单击"确定"按钮，即可在工作表中插入数据透视图。

图 5-54

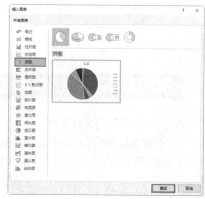

图 5-55

⑦ 选中图表，单击"图表元素"按钮，在弹出的快捷菜单中选择"数据标签"→"更多选项"命令，如图 5-56 所示。

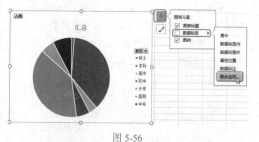

图 5-56

⑧ 打开"设置数据标签格式"对话框，在"标签选项"栏下选中"类别名称"和"百分比"复选框，如图 5-57 所示。继续在"数字"栏下设置数字类别为"百分比"，并设置小数位数为 2，如图 5-58 所示。

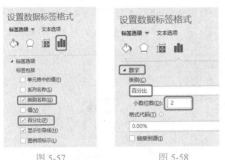

图 5-57　　　　　图 5-58

❾ 设置完毕后关闭对话框，重新输入图表标题，并做一定的美化，得到如图 5-59 所示的图表。

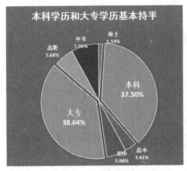

图 5-59

5.4.2　员工年龄层次分析表

通过分析员工的年龄层次，可以帮助管理者实时掌握公司员工的年龄结构，及时调整招聘方案，为公司注入新鲜血液和留住积极有经验的老员工。

使用"年龄"列数据建立数据透视表和数据透视图，可以实现对公司年龄层次的分析。

❶ 在"人事信息数据表"中选中 F2:F90 单元格区域，在"插入"选项卡的"表格"组中单击"数据透视表"按钮（见图 5-60），打开"创建数据透视表"对话框。选中"选择一个表或区域"单选按钮，在"表/区域"框中显示选中的单元格区域，"选择放置数据透视表的位置"默认设置为"新工作表"，如图 5-61 所示。

❷ 单击"确定"按钮，即可在新工作表中创建数据透视表，分别拖曳"年龄"字段到"行"区域和"值"区域中，得到年龄统计结果，如图 5-62 所示。

图 5-60

图 5-61

图 5-62

❸ 选中值字段下的任意单元格，右击，在弹出的快捷菜单中依次选择"值汇总依据"→"计数"命令（见图 5-63），即可完成计算类型的修改。

图 5-63

❹ 选中值字段下方任意单元格并右击，在弹出的快捷菜单中依次选择"值显示方式"→"总计的百分比"命令（见图 5-64），即可让数据以百分比格式显示。

图 5-64

❺ 选中行标签的任意单元格，在"数据透视表工具 - 分析"选项卡的"组合"组中单击"分组选择"按钮（见图 5-65），打开"组合"对话框，设置"步长"为 10，其他默认不变，如图 5-66 所示。

图 5-65

❻ 单击"确定"按钮，即可看到分组后的年龄段数据。从透视表中可以看到 25～34 岁的人数占比最大，如图 5-67 所示。

图 5-66   图 5-67

❼ 选中数据透视表任意单元格，在"数据透视表工具 - 分析"选项卡的"工具"组中单击"数据透视图"按钮，打开"插入图表"对话框。选择合适的图表类型，如"饼图"，如图 5-68 所示，单击"确定"按钮，即可创建默认的饼图，如图 5-69 所示。

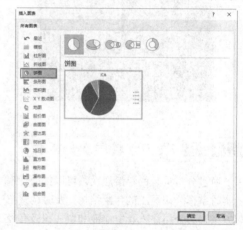

图 5-68

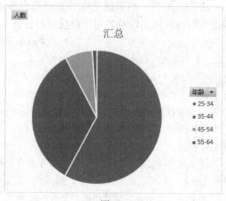

图 5-69

⑧ 选中图表，单击"图表元素"按钮，在弹出的菜单中选择"数据标签"→"更多选项"命令（见图 5-70），打开"设置数据标签格式"窗格。分别选中"类别名称"和"百分比"复选框，如图 5-71所示。

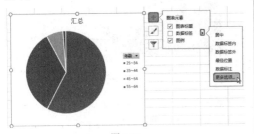

图 5-70

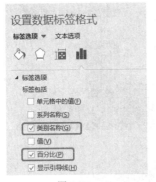

图 5-71

⑨ 单击"图表样式"按钮，在弹出的下拉列表中选择"样式 4"选项，即可一键套用图表样式，如图 5-72 所示。

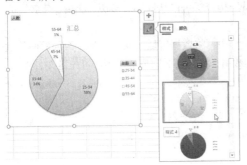

图 5-72

⑩ 在图表标题框中重新输入能反映主题的标题文字，从图表中可以看到企业员工的年龄 35 岁以下居多，如图 5-73 所示。

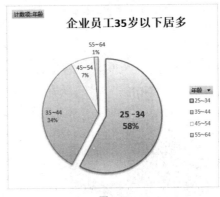

图 5-73

5.4.3 员工稳定性分析直方图

对工龄进行分段统计，可以分析公司员工的稳定性。而在人事信息表中，通过计算的工龄数据可以快速创建直方图直观显示各工龄段人数分布情况。

① 切换到"人事信息数据表"中，选中"工龄"列下的单元格区域，在"插入"选项卡的"图表"组中单击"插入统计图表"下拉按钮，在下拉列表中选择"直方图"选项（见图 5-74），即可在工作表中插入默认的直方图，如图 5-75 所示。注意，默认创建的直方图数据的分布区间是默认的，一般都需要根据实际情况重新设置。

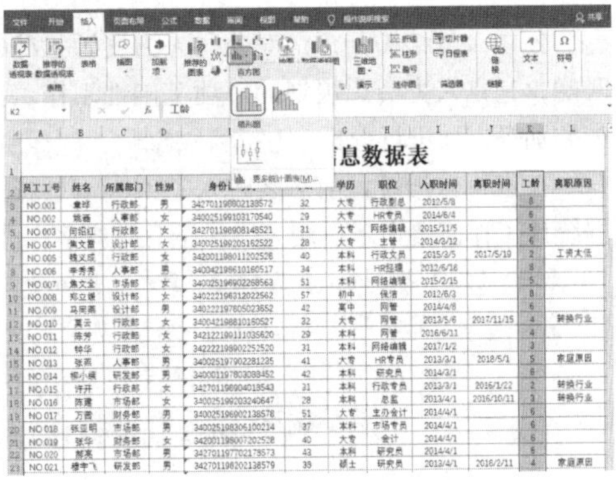

图 5-74

② 双击图表中的水平坐标轴，打开"设置坐标轴格式"窗格，选中"箱宽度"单选按钮，在右侧数值框中输入 3；选中"箱数"单选按钮，在右侧数值

框中输入 5，如图 5-76 所示。执行上述操作后，可以看到图表变为 5 个柱子，且工龄按 3 年分段，如图 5-77 所示。

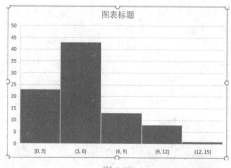

图 5-75

图 5-76

图 5-77

❸ 在图表中输入能直观反映图表主题的标题，并美化图表，最终效果如图 5-78 所示。从图表中可以直观看到工龄段在 3~6 年的员工最多。

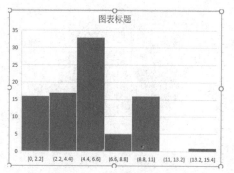

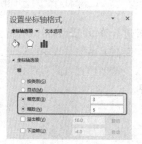

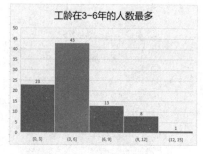

图 5-78

5.5 在职员工结构统计报表

公司人员结构分析是对公司人力资源状况的审查，用来检验人力资源配置与公司业务是否相匹配，它是人力资源规划的一项基础性工作。人员结构分析可以从性别、学历、年龄、工龄、人员类别等方面进行分析。

在进行数据统计前需要进入“人事信息数据表”中，将数据区域定义为名称，因为后面的数据统计工作需要大量引用“人事信息数据表”中的数据，为方便对数据的引用，可先定义名称。

❶ 创建工作表，在工作表标签上双击，重新输入名称为“在职人员结构统计”，输入标题和列标识，并进行字体、边框、底纹等设置，从而让表格更加易于阅读，如图 5-79 所示。

在职人员结构统计报表

部门	员工总数	性别		学历					年龄						工龄			
		男	女	硕士	本科	大专	高中	初中	25岁及以下	26-30岁	31-35岁	36-40岁	41-45岁	45岁以上	1年以下	1-3年	3-5年	5年以上
行政部																		
人事部																		
设计部																		
市场部																		
研发部																		
财务部																		
销售部																		
客服部																		
总计																		

人事信息数据表 在职人员结构统计

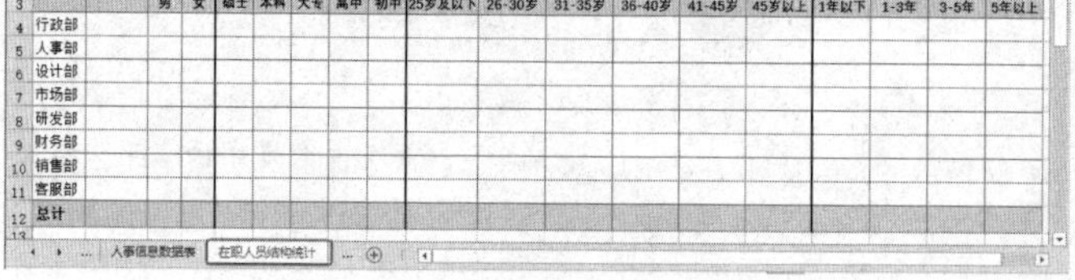

图 5-79

❷ 进入"人事信息数据表"中，选中 A2:L90 单元格区域，在"公式"选项卡的"定义的名称"组中单击"根据所选内容创建"按钮，如图 5-80 所示。

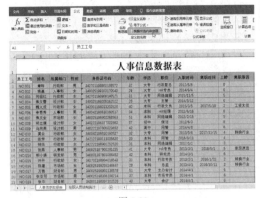

图 5-80

❸ 打开"根据所选内容创建名称"对话框，只选中"首行"复选框，如图 5-81 所示。单击"确定"按钮即可创建所有名称。打开"名称管理器"对话框，可以看到所有选中的列都以其列标识为名称被定义，这些名称在下面的章节中都将会被用于公式中，如图 5-82 所示。

图 5-81

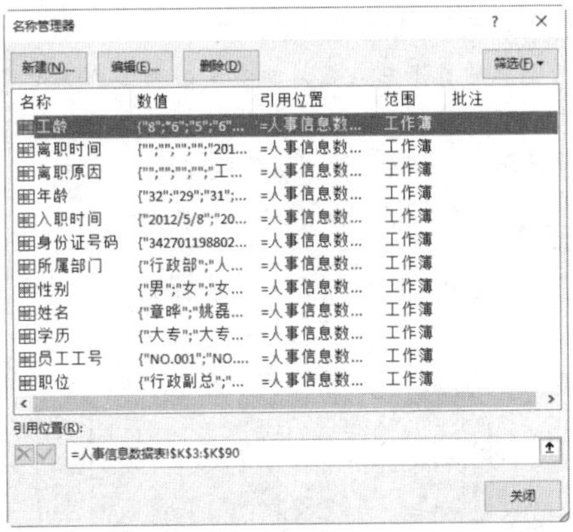

图 5-82

要统计各部门的员工总数，可以去除离职人员后，再按部门进行统计。如果要统计各部门指定性别的人数，则增加一个对性别进行判断的条件，具体公式设置及解析如下。

❶ 选中 B4 单元格，在编辑栏中输入公式：
=SUMPRODUCT((离职时间 ="")*(所属部门 =A4))
按 Enter 键，如图 5-83 所示。

鼠标指针指向 B4 单元格的右下角，拖曳黑色十字形向下填充此公式，快速得出各部门的员工总数，如图 5-84 所示。

图 5-83

图 5-84

❷ 选中 C4 单元格，在编辑栏中输入公式：
=SUMPRODUCT((离职时间 ="")*(所属部门 =$A4)*(性别 =C$3))
按 Enter 键，如图 5-85 所示。

图 5-85

③ 选中 D4 单元格，在编辑栏中输入公式：

=SUMPRODUCT((离职时间="")*(所属部门=$A4)*(性别=D$3))

按 Enter 键，如图 5-86 所示。

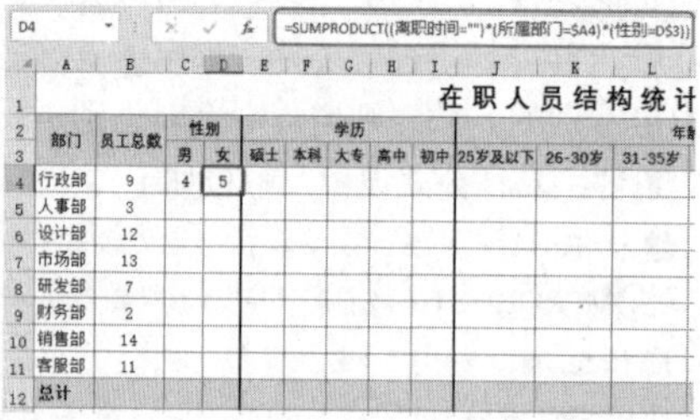

部门	员工总数	性别：男	性别：女	学历：硕士	本科	大专	高中	初中	年龄：25岁及以下	26-30岁	31-35岁
行政部	9	4	5								
人事部	3										
设计部	12										
市场部	13										
研发部	7										
财务部	2										
销售部	14										
客服部	11										
总计											

图 5-86

④ 同时选中 C4:D4 单元格区域，鼠标指向该区域右下角，向下拖曳复制此公式，快速得出各部门的男性和女性员工人数，如图 5-87 所示。

部门	员工总数	性别：男	性别：女	学历：硕士	本科	大专	高中	初中	年龄：25岁及以下	26-30岁	31-35岁	36-40岁
行政部	9	4	5									
人事部	3	1	2									
设计部	12	2	10									
市场部	13	7	6									
研发部	7	3	4									
财务部	2	1	1									
销售部	14	6	8									
客服部	11	7	4									
总计												

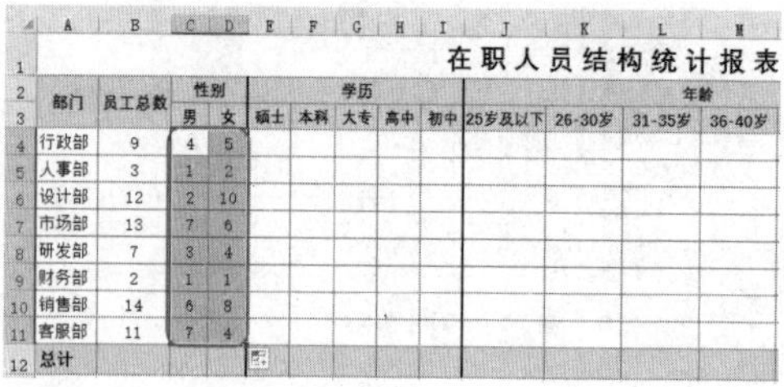

图 5-87

专家提示

完成这些统计主要是应用了 SUMPRODUCT 函数。SUMPRODUCT 函数是一个数学函数，其最基本的功能是对数组间对应的元素相乘，并返回乘积之和。

实际上 SUMPRODUCT 函数的功能非常强大，它可以进行多个条件的求和或计数处理，而且语法写起来比较容易理解，只要逐个写入条件，使用“*”相连接即可。

满足多条件的求和运算的语法可以写成如下形式：

=SUMPRODUCT ((条件 1 表达式) * (条件 2 表达式) * (条件 3 表达式) *……* (求和的区域))

满足多条件的计数运算的语法可以写成如下形式：

=SUMPRODUCT ((条件 1 表达式) * (条件 2 表达式) * (条件 3 表达式) *……

=SUMPRODUCT((离职时间="")*(所属部门=$A4)*(性别=C$3)) 公式解析如下：

第一个条件是“离职时间=""”（即保证不是已离职的记录），第二个条件是“所属部门=$A4”，第三个条件是“性别=C$3”，当同时满足这三个条件时就为一条满足条件的记录，有任意一个条件不满足则为不满足条件的记录。

5.5.2 统计各部门各学历人数

根据“人事信息数据表”中“学历”列的数据，可以设置公式统计各个学历的总人数。

❶ 选中 E4 单元格，在编辑栏中输入公式：

=SUMPRODUCT((离职时间="")*(所属部门=$A4)*(学历=E$3))

按 Enter 键，如图 5-88 所示。

部门	员工总数	性别：男	性别：女	学历：硕士	本科	大专	高中	初中	年龄：25岁及以下	26-30岁	31-35岁
行政部	9	4	5	0							
人事部	3	1	2								
设计部	12	2	10								
市场部	13	7	6								
研发部	7	3	4								
财务部	2	1	1								
销售部	14	6	8								
客服部	11	7	4								
总计											

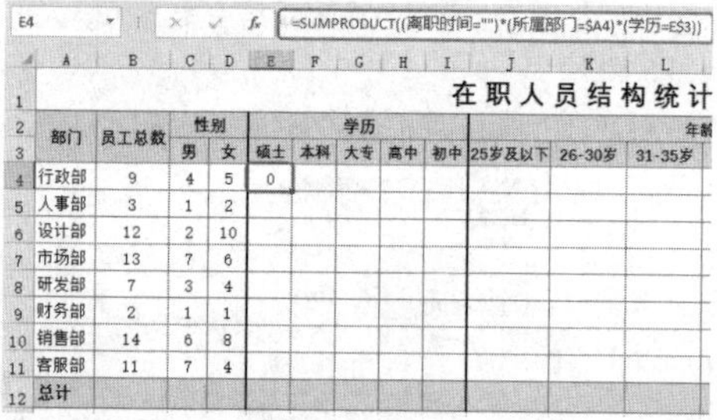

图 5-88

❷ 选中 E4 单元格，鼠标指针指向右下角，拖曳黑色十字形向下填充此公式，快速得出指定部门“硕士”学历的员工总人数，如图 5-89 所示。保持单元格选中状态再向右复制公式，依次得到其他各个部门各学历层次的人数合计，如图 5-90 所示。

部门	员工总数	性别：男	性别：女	学历：硕士	本科	大专	高中	初中
行政部	9	4	5	0				
人事部	3	1	2	0				
设计部	12	2	10	0				
市场部	13	7	6	0				
研发部	7	3	4	1				
财务部	2	1	1	0				
销售部	14	6	8	1				
客服部	11	7	4	0				
总计								

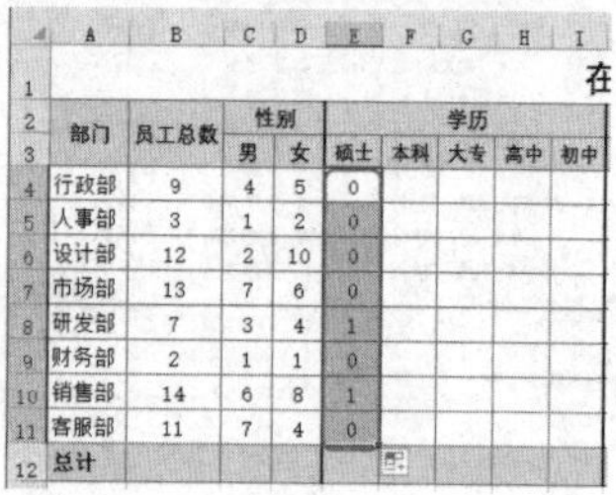

图 5-89

部门	员工总数	性别		学历				
		男	女	硕士	本科	大专	高中	初中
行政部	9	4	5	0	2	4	1	1
人事部	3	1	2	0	2	1	0	0
设计部	12	2	10	0	4	4	1	2
市场部	13	7	6	0	6	2	1	1
研发部	7	3	4	1	2	2	0	0
财务部	2	1	1	0	0	2	0	0
销售部	14	6	8	1	4	7	0	0
客服部	11	7	4	0	4	7	0	0
总计								

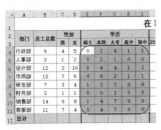

图 5-90

专家提示

完成对各个部门中各学历层次的人数统计也是使用 SUMPRODUCT 函数，在理解了 5.5.1 节中的公式后，这一节的公式可按相同方法去理解。

5.5.3 统计各部门各年龄段人数

根据不同的年龄段，可以使用 SUMPRODUCT 函数将指定部门符合指定年龄段的人数统计出来（不同的年龄段需要在公式中进行指定）。

A 选中 J4 单元格，在编辑栏中输入公式：

=SUMPRODUCT((所属部门 =$A4)*(离职时间 ="")*(年龄 <=25))

按 Enter 键，如图 5-91 所示。

J4 =SUMPRODUCT((所属部门=$A4)*(离职时间="")*(年龄<=25))

在职人员结构统计报表

部门	员工总数	性别		学历					年龄			
		男	女	硕士	本科	大专	高中	初中	25岁及以下	26-30岁	31-35岁	36-40岁
行政部	9	4	5	0	2	4	1	1	0			
人事部	3	1	2	0	2	1	0	0				
设计部	12	2	10	0	4	4	1	2				
市场部	13	7	6	0	6	2	1	1				
研发部	7	3	4	1	2	2	0	0				

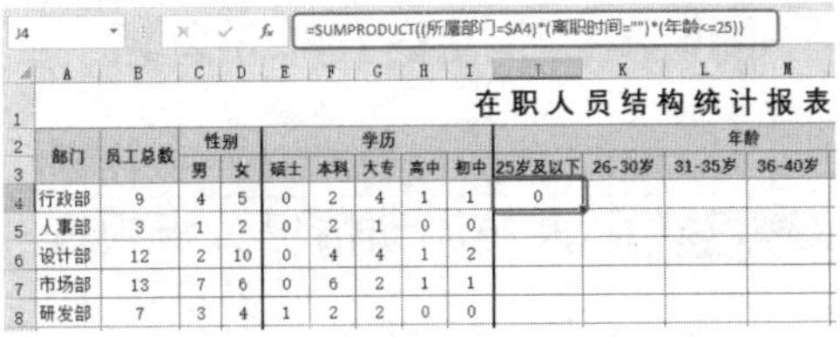

图 5-91

B 分别选中 K4、L4、M4、N4、O4 单元格并依次输入公式：

=SUMPRODUCT((所属部门 =$A4)*(离职时间 ="")*(年龄 >25)*(年龄 <=30))

=SUMPRODUCT((所属部门 =$A4)*(离职时间 ="")*(年龄 >30)*(年龄 <=35))

=SUMPRODUCT((所属部门 =$A4)*(离职时间 ="")*(年龄 >35)*(年龄 <=40))

=SUMPRODUCT((所属部门 =$A4)*(离职时间 ="")*(年龄 >40)*(年龄 <=45))

=SUMPRODUCT((所属部门 =$A4)*(离职时间 ="")*(年龄 >45))

得到“行政部”各年龄段的人数，如图 5-92 所示。

O4 =SUMPRODUCT((所属部门=$A4)*(离职时间="")*(年龄>45))

在职人员结构统计报表

部门	员工总数	性别		学历					年龄					
		男	女	硕士	本科	大专	高中	初中	25岁及以下	26-30岁	31-35岁	36-40岁	41-45岁	45岁以上
行政部	9	4	5	0	2	4	1	1	0	2	5	1	1	0
人事部	3	1	2	0	2	1	0	0						
设计部	12	2	10	0	4	4	1	2						
市场部	13	7	6	0	6	2	1	1						
研发部	7	3	4	1	2	2	0	0						
财务部	2	1	1	0	0	2	0	0						

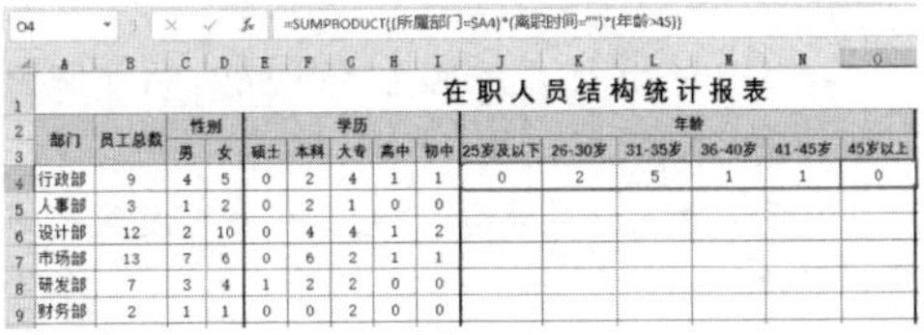

图 5-92

C 再选中 J4:O4 单元格区域，鼠标指向该区域右下角，拖曳黑色十字形向下填充此公式，快速得出其他部门各年龄段的员工总人数，如图 5-93 所示。

在职人员结构统计报表

部门	员工总数	性别		学历					年龄					
		男	女	硕士	本科	大专	高中	初中	25岁及以下	26-30岁	31-35岁	36-40岁	41-45岁	45岁以上
行政部	9	4	5	0	2	4	1	1	0	2	5	1	1	0
人事部	3	1	2	0	2	1	0	0	0	1	2	0	0	0
设计部	12	2	10	0	4	4	1	2	0	6	3	0	2	1
市场部	13	7	6	0	6	2	1	1	0	6	1	2	3	1
研发部	7	3	4	1	2	2	0	0	0	4	0	2	1	0
财务部	2	1	1	0	0	2	0	0	0	0	0	1	0	1
销售部	14	6	8	1	4	7	0	0	0	6	2	3	2	1
客服部	11	7	4	0	4	7	0	0	1	5	3	2	0	0
总计														

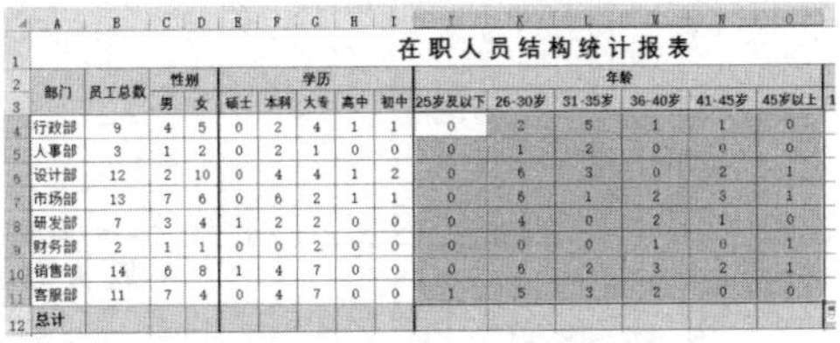

图 5-93

5.5.4 统计各部门各工龄段人数

根据不同的工龄段，可以使用 SUMPRODUCT 函数将指定部门符合指定工龄段的人数合计值统计出来（不同的工龄段需要在公式中进行指定）。

❶ 选中 P4 单元格，在编辑栏中输入公式：

=SUMPRODUCT((所属部门 =$A4)*(离职时间 ="")*(工龄 <=1))

按 Enter 键，统计出该部门指定工龄段的人数，如图 5-94 所示。

P4 =SUMPRODUCT((所属部门=$A4)*(离职时间="")*(工龄<=1))

在职人员结构统计报表

部门	员工总数	性别		学历					工龄			
		男	女	硕士	本科	大专	高中	初中	1年以下	1-3年	3-5年	5年以上
行政部	9	4	5	0	2	4	1	1	0			
人事部	3	1	2	0	2	1	0	0				
设计部	12	2	10	0	4	4	1	2				
市场部	13	7	6	0	6	2	1	1				
研发部	7	3	4	1	2	2	0	0				
财务部	2	1	1	0	0	2	0	0				

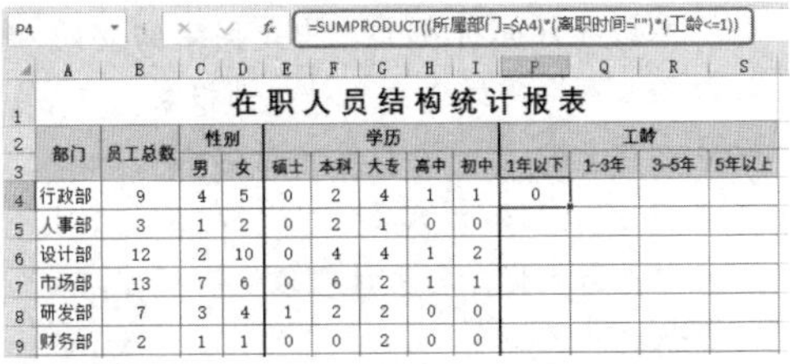

图 5-94

❷ 分别选中 Q4、R4、S4 单元格并依次输入公式：

=SUMPRODUCT((所属部门=$A4)*(离职时间="")*(工龄>1)*(工龄<=3))

=SUMPRODUCT((所属部门=$A4)*(离职时间="")*(工龄>3)*(工龄<=5))

=SUMPRODUCT((所属部门=$A4)*(离职时间="")*(工龄>5))

从而统计出“行政部”各工龄段的人数，如图 5-95 所示。

S4 =SUMPRODUCT((所属部门=$A4)*(离职时间="")*(工龄>5))

在职人员结构统计报表

部门	员工总数	性别		学历					工龄			
		男	女	硕士	本科	大专	高中	初中	1年以下	1-3年	3-5年	5年以上
行政部	9	4	5	0	2	4	1	1	0	3	3	3
人事部	3	1	2	0	2	1	0	0				
设计部	12	2	10	0	4	4	1	2				
市场部	13	7	6	0	6	2	1	1				
研发部	7	3	4	1	2	2	0	0				

图 5-95

❸ 再选中 P4:S4 单元格区域，鼠标指向该区域右下角，向下拖曳复制此公式，快速得出其他部门各工龄段的员工总人数，如图 5-96 所示。

在职人员结构统计报表

部门	员工总数	性别		学历					工龄			
		男	女	硕士	本科	大专	高中	初中	1年以下	1-3年	3-5年	5年以上
行政部	9	4	5	0	2	4	1	1	0	3	3	3
人事部	3	1	2	0	2	1	0	0	0	1	0	2
设计部	12	2	10	0	4	4	1	2	1	0	3	8
市场部	13	7	6	0	6	2	1	1	1	2	4	6
研发部	7	3	4	1	2	2	0	0	0	1	3	3
财务部	2	1	1	0	0	2	0	0	0	0	0	2
销售部	14	6	8	1	4	7	0	0	0	1	3	10
客服部	11	7	4	0	4	7	0	0	1	3	4	3
总计												

图 5-96

❹ 选中 B12 单元格，在编辑栏中输入公式：

=SUM(B4:B11)

按 Enter 键，然后将 B12 单元格的公式向右拖曳到 S12 单元格，从而进行各列的求和运算，完成整个报表的统计，如图 5-97 所示。

B12 =SUM(B4:B11)

在职人员结构统计报表

部门	员工总数	性别		学历					年龄						工龄			
		男	女	硕士	本科	大专	高中	初中	25岁及以下	26-30岁	31-35岁	36-40岁	41-45岁	45岁以上	1年以下	1-3年	3-5年	5年以上
行政部	9	4	5	0	2	4	1	1	0	2	5	1	1	0	0	3	3	3
人事部	3	1	2	0	2	1	0	0	0	1	2	0	0	0	0	1	0	2
设计部	12	2	10	0	4	4	1	2	0	6	3	0	2	1	1	0	3	8
市场部	13	7	6	0	6	2	1	1	0	6	1	2	3	1	1	2	4	6
研发部	7	3	4	1	2	2	0	0	0	4	0	2	1	0	0	1	3	3
财务部	2	1	1	0	0	2	0	0	0	0	0	1	0	1	0	0	0	2
销售部	14	6	8	1	4	7	0	0	0	6	2	3	2	1	0	1	3	10
客服部	11	7	4	0	4	7	0	0	1	5	3	2	0	0	1	3	4	3
总计	71	31	40	2	24	29	3	4	1	30	16	11	9	4	3	11	20	37

图 5-97

专家提示

对于专业的数据分析人员来说，经常需要进行的分析操作可以事先建立一套完善的统计表格，一次性的劳动以后表格可以重复使用。如在职、入职人员的学历、性别、年龄、工龄统计分析在工作中是固定需要的，可以像本章中一样建立多种统计报表，这些统计数据都来自“人事信息数据表”，如果有数据变动，那么只要在“人事信息数据表”中更新数据，各统计报表则可以实现自动更新统计。

5.5.5 人员流动情况分析报表

企业对人员流动情况进行分析是很有必要的，通过人员的流动性分析可以判断企业的人员是否稳定，企业的管理制度是否完善等。

由于篇幅限制，写作中提供的数据有限，本书中只是介绍建表方式与统计公式，在实际工作应用中无论有多少数据，只要按此方式来建立公式，统计结果都会自动呈现。

❶ 创建工作表，在工作表标签上双击，重新输入名称为“人员流动情况分析报表”，输入标题和列标识，并设置表格的格式，如图 5-98 所示。

部门	2013		2014		2015		2016		2017	
	离职	入职	离职	入职	离职	入职	离职	入职	离职	入职
行政部										
人事部										
设计部										
市场部										
研发部										
财务部										
销售部										
客服部										

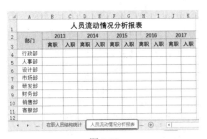

图 5-98

❷ 选中 B4 单元格，在编辑栏中输入公式：

=SUMPRODUCT((所属部门 =$A4)*(YEAR(离职时间)=2013))

按 Enter 键，得到 2013 年离职人数，如图 5-99 所示。

部门	2013		2014		2015		2016		2017	
	离职	入职	离职	入职	离职	入职	离职	入职	离职	入职
行政部	0									
人事部										
设计部										

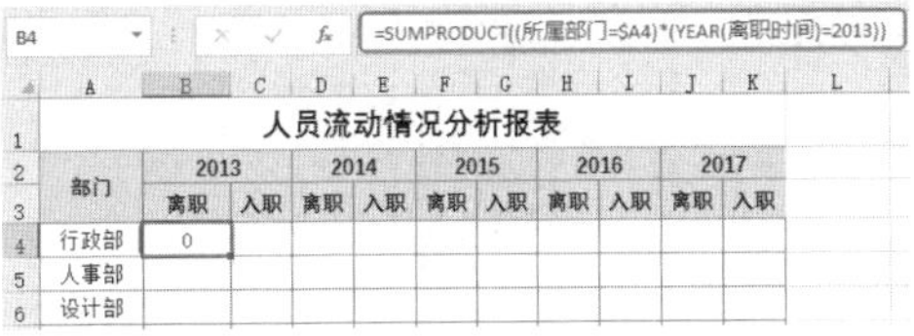

图 5-99

❸ 选中 C4 单元格，在编辑栏中输入公式：

=SUMPRODUCT((所属部门 =$A4)*(YEAR(入职时间)=2013))

按 Enter 键，得到 2013 年入职人数，如图 5-100 所示。

部门	2013		2014		2015		2016		2017	
	离职	入职	离职	入职	离职	入职	离职	入职	离职	入职
行政部	0	2								
人事部										
设计部										
市场部										

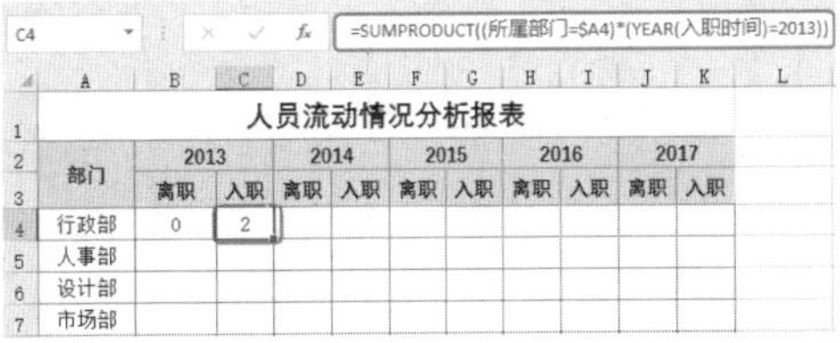

图 5-100

❹ 分别选中 D4、E4、F4、G4、H4、I4、J4、K4 单元格并依次输入公式：

=SUMPRODUCT((所属部门 =$A4)*(YEAR(离职时间)=2014))

=SUMPRODUCT((所属部门 =$A4)*(YEAR(入职时间)=2014))

=SUMPRODUCT((所属部门 =$A4)*(YEAR(离职时间)=2015))

=SUMPRODUCT((所属部门 =$A4)*(YEAR(入职时间)=2015))

=SUMPRODUCT((所属部门 =$A4)*(YEAR(离职时间)=2016))

=SUMPRODUCT((所属部门 =$A4)*(YEAR(入职时间)=2016))

=SUMPRODUCT((所属部门 =$A4)*(YEAR(离职时间)=2017))

=SUMPRODUCT((所属部门 =$A4)*(YEAR(入职时间)=2017))

按 Enter 键，依次得到“行政部”各年份的离职和入职人数，如图 5-101 所示。

部门	2013		2014		2015		2016		2017	
	离职	入职	离职	入职	离职	入职	离职	入职	离职	入职
行政部	0	2	0	1	0	2	1	2	3	1
人事部										
设计部										
市场部										
研发部										

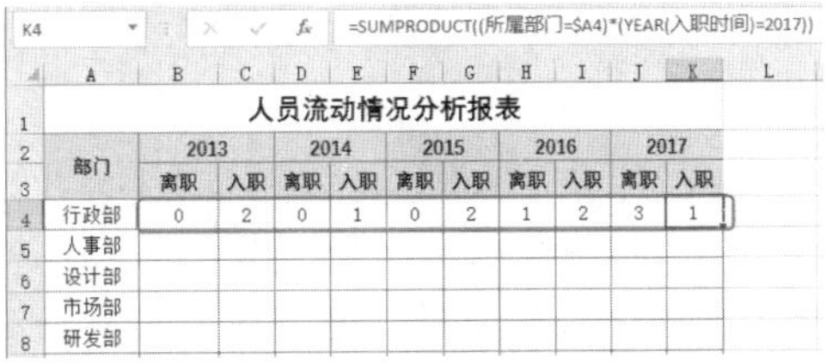

图 5-101

❺ 选中 B4:K4 单元格区域，鼠标指向该区域右下角，向下拖曳复制此公式，依次得出其他部门各年份的离职和入职人数，如图 5-102 所示。

部门	2013		2014		2015		2016		2017	
	离职	入职	离职	入职	离职	入职	离职	入职	离职	入职
行政部	0	2	0	1	0	2	1	2	3	1
人事部	0	1	0	1	0	0	1	0	0	0
设计部	0	0	0	3	0	2	0	1	1	0
市场部	0	1	0	3	0	3	1	1	0	0
研发部	0	1	0	3	0	1	0	2	0	0
财务部	0	0	0	2	0	0	0	0	0	0
销售部	0	2	0	6	1	3	0	0	5	1
客服部	0	0	0	0	0	3	0	1	0	1

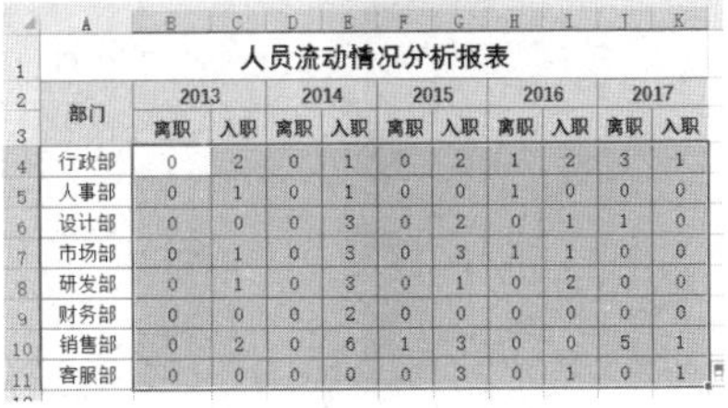

图 5-102

5.6 其他人事管理相关的表格

5.6.1 管理人才储备表

管理人才储备表清晰地记录了人才的个人基本情况以及所需参与的培训等信息。例表如

图 5-103 所示。

管理人才储备表							
姓　名	王蓉	性别	女	出生日期	1988年8月8日	籍贯	省县市
现任职务		服务年限		升调时间		担任本职年数	
工作绩效							
劣势或特点							
进职情况							
可升调为							
所需培训							
可升调为							
所需培训							

图 5-103

制作要点如下:

❶ 根据建表目的拟订表格包含的项目。

❷ 清晰记录人才的优势信息。

5.6.2 人事部门月报表

人事部门月报表用于简明扼要地记录本月中企业的人员招聘工作、出勤情况、流动情况及其他本月经办事项等,便于管理部门快速了解相关信息。例表如图 5-104 所示。

图 5-104

Excel 2019 表格制作范例大全(视频教学版)

公司人事变动与离职管理表格 —

企业在正常运作过程中经常会出现人事变动、人员新进及人员离职等情况。为保障这些数据的规范记录、有据可寻，需要建立相关的表格进行管理。本章主要讲解公司人事变动与离职管理表格。

☑ 人事变更常用表格

☑ 员工离职情况总结表

☑ 自动化到期提醒表

☑ 其他人事管理相关的表格

6.1 人事变更常用表格

人事变更是指单位或企业根据实际需要，调剂各岗位员工的余缺，将员工从原来的职位上调离，担任新的职位等。为了合理管理这些变更情况，一般需要根据实际情况建立人事变更表格。

6.1.1 人员调动申请表

若员工主动要求调动工作岗位，则首先需要员工本人填写人员调动申请表。

图 6-1 为建立的人员调动申请表范例。建立此表格依然是要根据当前工作的实际情况规划表格应该包含的元素，然后该合并的区域要进行合并。下面只针对此表讲两个知识点，即如何让合并居中后的单元格在录入文字时仍然显示在左上角，如何实现文字的竖向显示。

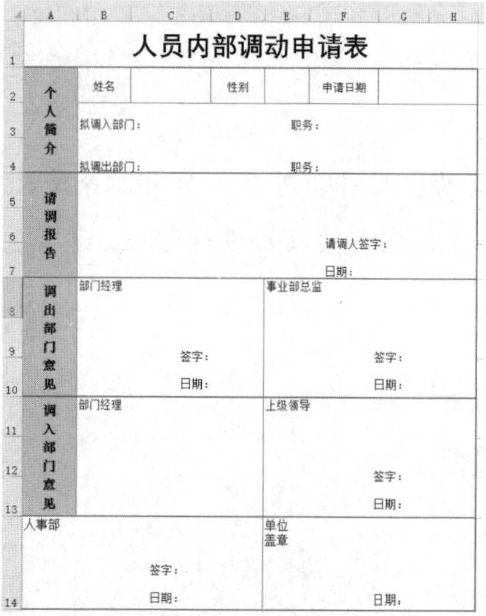

图 6-1

❶ 在执行合并居中这个操作后，将光标定位到单元格中，可以看到默认也是居中显示的，这时如果输入文字那么就会显示在这个位置，如图 6-2 所示。

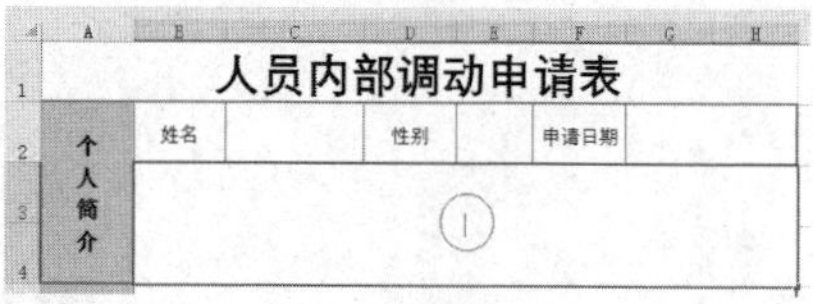

图 6-2

❷ 选中单元格（注意不是光标定位到单元格），在"开始"选项卡的"对齐方式"组中单击"顶端对齐"和"左对齐"两个按钮，如图 6-3 所示。

图 6-3

❸ 再次将光标定位到单元格中，这时可以看到光标在左上角位置闪烁（见图 6-4），直接输入文字即可在该位置闪烁，如图 6-5 所示。

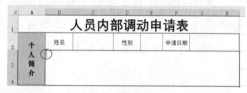

图 6-4

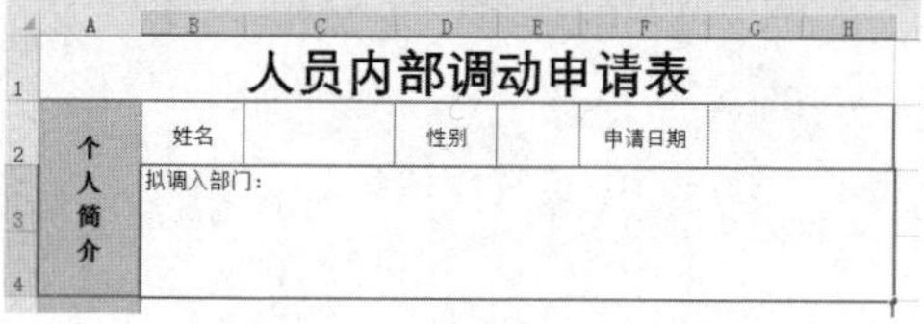

图 6-5

将文字输入单元格中默认都是横向显示的，但竖向显示有时也可以呈现出不一样的视觉效果。操作方法是很简单的。

选中目标单元格，注意不是光标定位到单元格，在"开始"选项卡的"对齐方式"组中单击"方向"下拉按钮，在弹出的下拉菜单中选择"竖排文字"命令即可，如图 6-6 所示。

Excel 2019 表格制作范例大全（视频教学版）

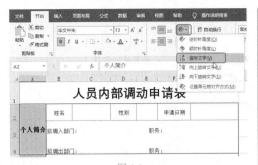

图 6-6

6.1.2　员工岗位异动表

在公司人事管理工作中，员工的岗位调动是一项重要的工作。根据员工升职、降职、平调等实际情况，可以建立员工岗位异动表管理人事调动。岗位异动需要由人事部门经理、接收岗位主管以及原先的岗位主管签字同意，并将填写好的岗位异动表和人事信息档案表一起保管。

图 6-7 所示为建立的员工岗位异动表范例。岗位异动表根据设计者思路不同会有少许差异，但一般都会包含如下基本元素，读者可根据自己企业的实际情况作出调整。

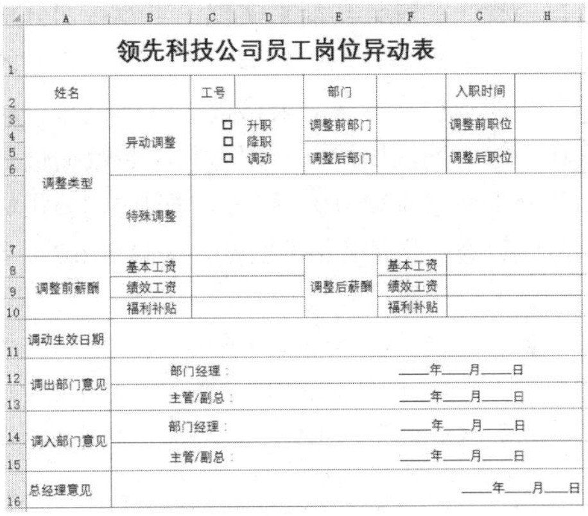

图 6-7

此表在创建时基本没有难度，下面只解析年月日填写区下画线的制作。

❶ 输入"年月日"文字，中间使用空格间隔开，如图 6-8 所示。

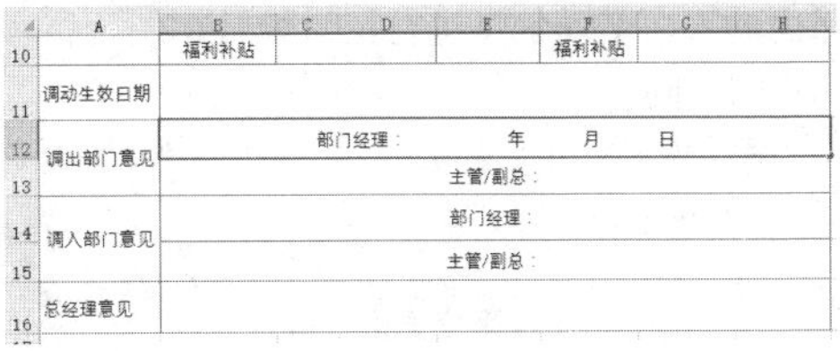

图 6-8

❷ 选中"年"前面的空格，在"开始"选项卡的"字体"组中单击"下画线"按钮，如图 6-9 所示。

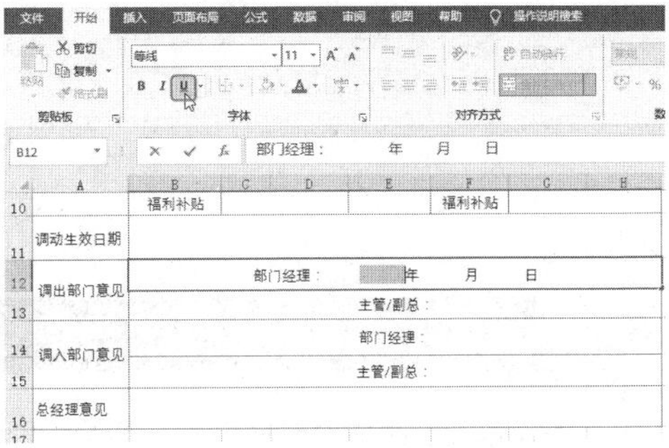

图 6-9

❸ 执行上述操作后，可以看到"年"前面显示出下画线，如图 6-10 所示。

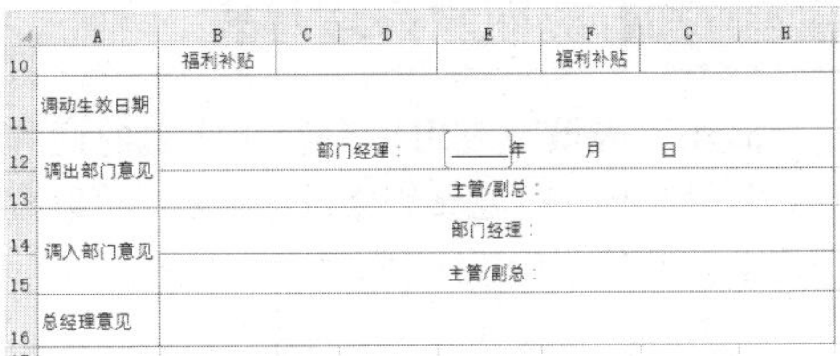

图 6-10

❹ 按相同的方法在"月"和"日"前都添加下画线，如图 6-11 所示。

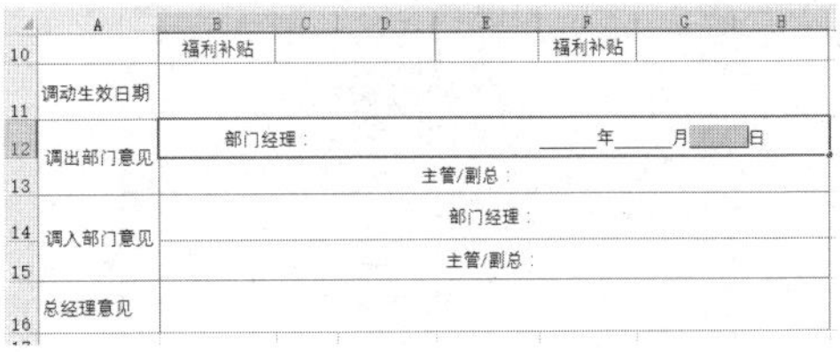

图 6-11

6.1.3　人事变更报告表

人事变更报告表用于将一个企业在一定时

间内的人事变动信息进行汇总统计，便于留存和资料查阅。

❶ 创建“人事变更报告单”表格，建立表格的标识，如图 6-12 所示。

人事变更报告单

年份 2020年

序号	姓名	人员工号	变动说明	资料变更	变更日期	备注

图 6-12

❷ 美化表格，并按实际情况将人员变动数据都记录到该表格中，如图 6-13 所示。

人事变更报告单

年份 2020年

序号	姓名	人员工号	变动说明	资料变更	变更日期	备注
001	王芬	YG033	调职	由前台调至公关部	2020/2/12	
002	刘心勇	YG009	升职	由大区经理升为培训讲师	2020/2/23	
003	汪大巍	YG025	试用转正	由试用期转为正式合同工	2020/3/1	
004	陈国华	YG022	调职	由行政助理调至销售内勤	2020/3/11	
005	方俊	YG005	调职	由后勤部调至技术部	2020/3/17	
006	邓校林	YG012	升职	由员工升为组长	2020/3/17	
007	王潇平	YG019	升职	由大区经理升为培训讲师	2020/3/28	
008	邹静	YG045	试用转正	由试用期转为正式合同工	2020/6/2	
009	王海燕	YG001	试用转正	由试用期转为正式合同工	2020/6/25	
010	张燕	YG020	薪资调整		2020/6/26	
011	江军雷	YG021	薪资调整		2020/8/5	
012	彭华	YG013	试用转正		2020/9/2	
013	赵玉菁	YG027	调职		2020/10/6	
014	汪丽萍	YG026	升职		2020/10/27	
015	王保萍	YG015	薪资调整		2020/11/5	
016	韩学平	YG007	降职		2020/11/12	
017	吴越	YG006	试用转正		2020/11/25	
018	方明明	YG024	降职		2020/12/14	

图 6-13

6.2 员工离职情况总结表

企业在正常运营过程中都会有离职情况发生，通过建立报表对离职原因、离职人员年龄层次、学历层次等进行系统分析，则可以发现企业在日常管理中的问题并针对性地完善公司制度和管理结构。

6.2.1 离职原因填写表

离职原因填写表用于对离职原因的调查（如图 6-14 所示），这张表格设计出来后可以打印出来，当有员工离职时则填写此表格。

离职原因填写表

部门：　姓名：　岗位：　离职时间：

原因类别	序号	具体原因	请勾选
个人因素	1	学习计划，比如学习深造	
	2	自己创业	
	3	健康原因	
	4	家庭原因	
	5	上下班交通耗时	
岗位因素	1	缺少提高技能的机会	
	2	缺少晋升的机会	
	3	工作与职业目标不符	
	4	工作乏味缺乏挑战性	
	5	技能和知识无法发挥	
直接管理因素	1	工作责任过重	
	2	工作过杂责任不清	
	3	上级缺少信任	
	4	缺乏上级信任，无决策权	
	5	公司缺少团队精神	
公司导向因素	1	缺乏商业诚信	
	2	与员工缺乏沟通	
	3	公司政策缺乏一致性	
	4	不愿创新和改变	
	5	公司不确定因素太多	
薪酬福利	1	薪酬低于行业平均水平	
	2	缺少奖励机制，如奖金、期权等	
	3	技能未能得到更好的回报	
	4	资历决定薪酬	
	5	公司存在收入分配不平等	

图 6-14

6.2.2 离职原因分析表

对离职情况分析的相关报表我们可以使用数据透视表的统计功能来实现。当然一切分析报表的生成离不开原始数据，因此对于企业的员工离职数据需要建立表格进行数据记录，那么在一段时期内则可以利用这些原始数据进行相关分析。图 6-15 所示为一段时期内的公司员工离职数据，这张表格的数据可来自于 6.2.1 节的“离职原因填写表”。

❶ 选中数据区域的任意单元格，在“插入”选项卡的“表格”组中单击“数据透视表”按钮（如图 6-16 所示），打开“创建数据透视表”对话框，保持默认选项不变，如图 6-17 所示。

❷ 单击“确定”按钮，即可在新工作表中创建数据透视表。在数据透视表字段列表中选中“具体原因”字段，拖曳至“行”区域中；再次选中“具体原因”字段，拖曳至“值”区域中，得到的统计结果如图 6-18 所示。

	A	B	C	D	E	F	G	H	I	J	K	L
1	员工工号	姓名	所属部门	性别	身份证号码	年龄	学历	职位	入职时间	离职时间	原因类别	具体原因
2	NO.005	魏义成	行政部	男	342001199011202528	30	本科	行政文员	2015/3/5	2018/5/19	个人因素	自己创业
3	NO.010	莫云	行政部	女	340042198810160527	32	大专	网管	2013/5/6	2018/11/15	公司导向因素	公司政策缺乏一致性
4	NO.013	张燕	人事部	男	340025197902281235	41	大专	HR专员	2013/3/1	2018/5/1	直接管理因素	工作过杂责任不清
5	NO.015	许开	行政部	男	342701198904018543	31	本科	行政文员	2013/3/1	2018/1/22	直接管理因素	工作过杂责任不清
6	NO.016	陈建	市场部	女	340025199203240647	28	本科	总监	2013/2/1	2018/10/11	直接管理因素	公司缺少团队精神
7	NO.021	穆宇飞	研发部	男	342701198202138579	38	硕士	研发员	2013/4/1	2018/2/11	岗位因素	缺少晋升的机会
8	NO.024	刘平	销售部	男	340025199502138548	25	本科	销售专员	2015/7/12	2018/4/21	薪酬福利	技能未能得到更好的回报
9	NO.025	韩学平	销售部	男	340025198908281235	31	本科	销售专员	2014/9/18	2018/12/20	公司导向因素	公司不确定因素太多
10	NO.031	包娟娟	销售部	女	340025198206100224	38	大专	销售专员	2014/2/5	2019/1/10	直接管理因素	工作与职业目标不符
11	NO.036	陈在全	销售部	女	342701198307138000	37	本科	销售专员	2014/3/12	2019/1/10	岗位因素	缺少晋升的机会
12	NO.038	程志远	设计部	女	340222199005065000	30	大专	设计专员	2014/3/12	2019/2/10	薪酬福利	资历决定薪酬
13	NO.045	刘勇	销售部	女	342222198602032366	30	大专	销售专员	2018/2/5	2019/9/15	公司导向因素	公司政策缺乏一致性
14	NO.049	汪滕	人事部	女	340123199005022256	30	大专	网络编辑	2015/10/1	2019/8/26	直接管理因素	公司缺少团队精神
15	NO.065	余攀	设计部	男	220100197103293568	49	本科	设计专员	2012/6/1	2019/12/22	薪酬福利	资历决定薪酬
16	NO.066	张宇宁	销售部	男	340528198309224434	37	中专	客服	2019/1/1	2019/2/22	直接管理因素	公司缺少团队精神
17	NO.061	张宇	销售部	女	320600199101271843	30	大专	销售专员	2014/8/1	2020/4/5	直接管理因素	上级缺少信任
18	NO.071	詹俊	市场部	男	130100199308172385	28	中专	销售专员	2017/1/1	2020/4/24	岗位因素	缺少培训学习机会
19	NO.076	程鹏飞	行政部	男	340102199002138990	30	本科	行政专员	2014/10/1	2020/6/5	直接管理因素	公司缺少团队精神
20	NO.085	魏娟	设计部	女	340528199106237624	30	初中	市场专员	2017/1/1	2020/6/5	直接管理因素	公司缺少团队精神
21	NO.088	陈家乐	客服部	男	520100199108302356	29	初中	研发员	2015/9/1	2020/6/20	直接管理因素	工作过杂责任不清
22												

图 6-15

图 6-16   图 6-17

图 6-18

❸ 在 "数据透视表工具 - 设计" 选项卡的 "布局" 组中单击 "报表布局" 按钮，在下拉菜单中选择 "以表格形式显示" 命令（如图 6-19 所示），接着将 B3 单元格中的字段名称更改为 "离职人数"，并为表格添加标题，如图 6-20 所示。

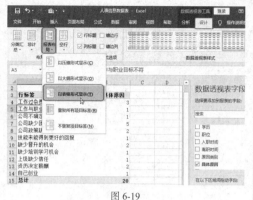

图 6-19

图 6-20

❹ 选中"离职人数"列的任意单元格，在"数据"选项卡的"排序和筛选"组中单击"升序"按钮，如图 6-21 所示。

图 6-21

❺ 选中数据区域任意单元格，在"插入"选项卡的"图表"组中单击"插入柱形图或条形图"按钮，在打开的下拉列表中单击"簇状条形图图表类型"，如图 6-22 所示。

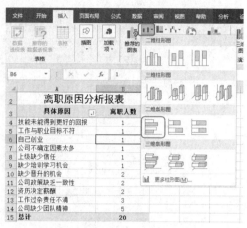

图 6-22

❻ 执行上述操作后，新建的图表如图 6-23 所示。

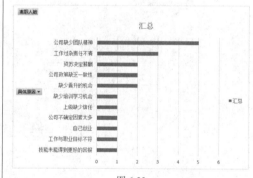

图 6-23

❼ 单击图表右上角的"图表样式"按钮，在列表中选择样式实现快速美化，如图 6-24 所示。

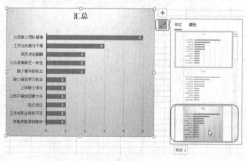

图 6-24

❽ 然后为图表添加标题，进行补充调整与美化，得到的图表如图 6-25 所示。

图 6-25

"离职员工学历分析报表",如图 6-27 所示。

图 6-27

❷ 在字段列表中将"具体原因"字段从"行"区域中拖出,再将"学历"字段拖入"行"区域中,得到的统计结果如图 6-28 所示。

图 6-28

❸ 重新给表格输入名称得到完整的表格,如图 6-29 所示。

知识扩展

可以对"原因类别"进行分析,这时则需要设置双行标签,将"原因类别"拖入"行"区域中,并放在"具体原因"的上方,这时可以看到数据透视表中增加了一个"原因类别"的统计分类,如图 6-26 所示。通过对一段时间内的数据分析,则可以找到造成员工离职的主要原因是什么。

图 6-26

6.2.3 离职员工学历分析报表

离职员工学历分析报表可以通过更改 6.2.2 节中数据透视表中的字段快速生成。

❶ 在"离职原因分析报表"的标签上单击,按 Ctrl 键不放,再按住鼠标左键向右拖曳,释放鼠标即可得到复制的工作表,并将复制得到的表格重命名为

学历	离职人数
硕士	1
本科	8
大专	6
高职	1
初中	2
中专	2
总计	20

离职员工学历分析报表

图 6-29

6.2.4 离职员工年龄段分析报表

离职员工年龄段分析报表可以通过更改 6.2.2 节数据透视表中的字段快速生成。

❶ 按 6.2.2 节相同的方法复制数据透视表，并将"学历"字段从"行"区域中拖出，再将"年龄"字段拖入"行"区域中，得到的统计结果如图 6-30 所示。

图 6-30

❷ 选中所有小于 30 岁的数据，在"数据透视表工具 - 分析"选项卡的"组合"组中单击"分组选择"按钮（见图 6-31），创建出一个自定义数组，如图 6-32 所示。

图 6-31

图 6-32

❸ 然后将组的名称更改为"30 岁以下"，注意修改名称时，选中单元格，然后在编辑栏中去修改，如图 6-33 所示。

图 6-33

❹ 选中 30 ~ 40 的数据，在"数据透视表工具 - 分析"选项卡的"组合"组中单击"分组选择"按钮，创建出一个自定义分组，然后将组的名称更改为"30~40 岁"。接着再按相同的方法将剩余的数据建立为第三个分组，命名为"40 岁以上"，如图 6-34 所示。

图 6-34

❺ 在"行"区域中将"年龄"字段拖出（见图 6-35），只保留"年龄 2"字段，即只保留分组后的字段。接着将数据透视表中"年龄 2"字段的名称更改为"年龄段"，报表如图 6-36 所示。

图 6-35

离职员工年龄分析报表	
年龄段	离职人数
30岁以下	4
30~40岁	14
40岁以上	2
总计	20

图 6-36

6.2.5 按年份统计离职人数

离职人数可以按年份统计，也可以通过更改数据透视表字段快速生成。

❶ 按 6.2.2 节相同的方法复制数据透视表，并将"年龄"字段从"行"区域中拖出，再将"离职时间"字段拖入"行"区域中，得到的统计结果如图 6-37所示。

图 6-37

❷ 也可以将"离职时间"字段拖入"列"区域中，将"具体原因"字段拖入"行"区域中，得到的统计结果如图 6-38 所示。

6.3 自动化到期提醒表

人事专员工作涉及范畴广，琐碎事物繁多，为避免忽略一些到期事件，可以配合函数与条件格式功能进行自动化到期提醒设计，如合同到期提醒、退休日期到期提醒等。

6.3.1 合同到期提醒

员工正式加入企业后，都会签订劳动合同，通常合同为期是 1 年，1 年之后根据需要续签劳

专家提示

从图 6-37 可以看到，当加入了"离职时间"字段后，会自动生成"年"和"季度"字段，这是程序根据日期数据的特性而自动生成的分组，要想得到这样的分组，注意建立数据透视表的数据源中的日期一定要是程序能识别的标准格式的日期，如果不是标准格式的日期，那么这个自动分组就不会生成。

图 6-38

❸ 在"列"区域中将"季度"和"离职时间"字段拖出，只保留"年"字段，最终报表如图 6-39所示。这个报表横向的总计列是对离职原因的统计，纵向的总计列是对各年度离职人数的统计，同时还能对各个年份中不同离职原因进行分析。

图 6-39

121

动合同，人力资源部门可以创建合同到期提醒，在合同快到期的时间段里准备新的合同。签订合同日期是原始基本数据，需要人事专员在签订合同时就予以记录，可以使用单表记录，如图6-40所示。在此表中可以建立公式达到到期自动提醒的目的。

	A	B	C	D	E
1	合同到期提醒表				
2	员工工号	姓名	所属部门	签订合同日期	合同到期日期
3	NL002	吴佳娜	人事部	2020/6/1	2021/6/1
4	NL004	项筱筱	行政部	2020/3/15	2021/3/15
5	NL006	刘琪	人事部	2020/6/16	2021/6/16
6	NL007	蔡晓燕	行政部	2020/1/10	2021/1/10
7	NL008	吴春华	行政部	2020/6/13	2021/6/13
8	NL003	柳重	行政部	2020/11/1	2021/11/1
9	NL011	简佳丽	行政部	2020/6/8	2021/6/8
10	NL012	李敏	行政部	2020/1/3	2021/1/3
11	NL013	彭宇	人事部	2020/4/15	2021/4/15
12	NL001	张跃进	行政部	2020/5/3	2021/5/3
13	NL014	赵扬	研发部	2020/3/10	2021/3/10
14	NL015	袁茵	行政部	2020/7/7	2021/7/7
15	NL016	周聘婷	人事部	2020/1/20	2021/1/20
16	NL017	张华强	财务部	2020/4/10	2021/4/10
17	NL018	刘源	财务部	2020/11/1	2021/11/1
18	NL019	陶菲	行政部	2020/2/11	2021/2/11
19	NL009	汪涛	行政部	2020/4/1	2021/4/1
20	NL005	宋佳佳	行政部	2020/1/4	2021/1/4
21	NL020	卢明宇	研发部	2020/1/5	2021/1/5
22	NL021	周松海	研发部	2020/2/12	2021/2/12
23	NL010	赵晓	行政部	2020/5/5	2021/5/5
24	NL026	左亮亮	销售部	2020/5/15	2021/5/15
26	NL024	张文婧	销售部	2020/7/11	2021/7/11

图6-40

❶选中F3单元格，在编辑栏输入公式：
=IF(E3-TODAY()<=0," 到期 ",E3-TODAY())
按Enter键，即可判断第1位员工合同是否到期，如果到期，则返回"到期"文字；如果未到期，则返回剩余天数，如图6-41所示。

图6-41

❷选中F3单元格，将光标定位到右下角，拖曳黑色十字形向下填充公式，即可判断所有员工合同到期情况，如图6-42所示。
❸选中F列的单元格区域，在"开始"选项卡的"样式"组中单击"条件格式"下拉按钮，选择"突出显示单元格规则"→"等于"命令，如图6-43所示。

	A	B	C	D	E	F
1	合同到期提醒					
2	员工工号	姓名	所属部门	签订合同日期	合同到期日期	合同到期提醒
3	NL002	吴佳娜	人事部	2020/6/1	2021/6/1	128
4	NL004	项筱筱	行政部	2020/3/15	2021/3/15	50
5	NL006	刘琪	人事部	2020/6/16	2021/6/16	143
6	NL007	蔡晓燕	行政部	2020/1/10	2021/1/10	到期
7	NL008	吴春华	行政部	2020/6/13	2021/6/13	140
8	NL003	柳重	行政部	2020/11/1	2021/11/1	281
9	NL011	简佳丽	行政部	2020/6/8	2021/6/8	135
10	NL012	李敏	行政部	2020/1/3	2021/1/3	到期
11	NL013	彭宇	人事部	2020/4/15	2021/4/15	81
12	NL001	张跃进	行政部	2020/5/3	2021/5/3	99
13	NL014	赵扬	研发部	2020/3/10	2021/3/10	45
14	NL015	袁茵	行政部	2020/7/7	2021/7/7	164
15	NL016	周聘婷	人事部	2020/1/20	2021/1/20	到期
16	NL017	张华强	财务部	2020/4/10	2021/4/10	76
17	NL018	刘源	财务部	2020/11/1	2021/11/1	281
18	NL019	陶菲	行政部	2020/2/11	2021/2/11	18
19	NL009	汪涛	行政部	2020/4/1	2021/4/1	67
20	NL005	宋佳佳	行政部	2020/1/4	2021/1/4	到期
21	NL020	卢明宇	研发部	2020/1/5	2021/1/5	到期
22	NL021	周松海	研发部	2020/2/12	2021/2/12	19
23	NL022	姜维	研发部	2020/1/21	2021/1/21	到期
24	NL010	赵晓	行政部	2020/5/5	2021/5/5	101

图6-42

专家提示

=IF(E3-TODAY()<=0," 到期 ",E3-TODAY())
公式解析如下：
表示如果E3单元格的日期减去当前日期小于或等于0，则返回"到期"文字，否则返回E3单元格日期与当前日期的差值。

图6-43

❹打开"等于"对话框，在"为等于以下值的单元格设置格式"文本框中输入"到期"，格式采用默认格式，如图6-44所示。

等于	? ×
为等于以下值的单元格设置格式：	
到期	设为 浅红填充色深红色文本
	确定 取消

图6-44

❺单击"确定"按钮返回到工作表中，此时可

以看到 F 列中"到期"单元格中内容都是以特殊格式突出显示，如图 6-45 所示。

合同到期提醒					
员工工号	姓名	所属部门	签订合同日期	合同到期日期	合同到期提醒
NL002	吴佳妮	人事部	2020/6/1	2021/6/1	128
NL004	项筱筱	行政部	2020/3/15	2021/3/15	50
NL006	刘琪	行政部	2020/6/16	2021/6/16	143
NL007	蔡晓燕	行政部	2020/1/10	2021/1/10	到期
NL008	吴春华	行政部	2020/6/13	2021/6/13	140
NL003	柳惠	行政部	2020/11/1	2021/11/1	281
NL011	简佳丽	行政部	2020/6/8	2021/6/8	135
NL012	李敏	行政部	2020/1/3	2021/1/3	到期
NL013	彭宇	人事部	2020/4/15	2021/4/15	81
NL001	张跃进	行政部	2020/5/3	2021/5/3	99
NL014	赵扬	研发部	2020/3/10	2021/3/10	45
NL015	袁茵	行政部	2020/7/7	2021/7/7	164
NL016	周姝婷	人事部	2020/1/21	2021/1/21	到期
NL017	张华强	财务部	2020/4/10	2021/4/10	76
NL018	刘源	财务部	2020/11/1	2021/11/1	281
NL019	陶菲	财务部	2020/2/11	2021/2/11	18
NL009	汪涛	行政部	2020/4/1	2021/4/1	67
NL005	宋佳佳	行政部	2020/1/4	2021/1/4	到期
NL020	卢明宇	行政部	2020/1/5	2021/1/5	到期
NL021	周松海	研发部	2020/2/12	2021/2/12	19
NL022	姜维	研发部	2020/1/21	2021/1/21	到期
NL010	赵晓	行政部	2020/5/10	2021/5/10	101
NL026	左亮亮	销售部	2020/5/15	2021/5/15	111

图 6-45

6.3.2 退休日期到期提醒

国家法定的企业职工退休年龄为男年满 60 周岁；女年满 55 周岁，女干部年满 55 周岁。如果企业有接近于退休年龄的员工，人力资源部门可以创建退休到期提醒，以及时为将要退休人员办理退休手续。计算退休日期与出生日期有关，因此基本数据可从"人事信息数据表"中获取，如图 6-46 所示为基本数据表。在此表中可以建立公式达到到期自动提醒的目的。

退休日期到期提醒表				
所属部门	姓名	性别	身份证号码	出生日期
行政部	张跃进	男	342701197102138572	1971-02-13
行政部	吴佳娜	女	340025198503170540	1985-03-17
行政部	柳惠	女	342701197908148521	1979-08-14
行政部	项筱筱	女	340025197905162522	1979-05-16
行政部	宋佳佳	女	342001198011202528	1980-11-20
人事部	刘琪	男	340042197610160517	1976-10-16
行政部	蔡晓燕	女	340025196902268563	1969-02-26
行政部	吴春华	女	342022196412022562	1964-12-02
行政部	汪涛	男	342022196805023652	1968-05-02
行政部	赵晓	女	340042198810160527	1988-10-16
行政部	简佳丽	女	342122199111035620	1991-11-03
行政部	李敏	女	342222198902252520	1989-02-25
人事部	彭宇	男	340025196001201235	1960-01-20
研发部	赵扬	男	340001196803088452	1968-03-08
行政部	袁茵	女	342701198904018543	1989-04-01
人事部	周姝婷	女	340025199203240647	1992-03-24
财务部	张华强	男	340025195902138578	1959-02-13
财务部	刘源	男	342701197606100214	1976-06-10
财务部	陶菲	女	342001198007202528	1980-07-20
研发部	卢明宇	男	342701197702178573	1977-02-17
研发部	周松海	男	342701198202138579	1982-02-13
研发部	姜维	女	342701198202148521	1982-02-14
销售部	柯嘉	女	342701197902138528	1979-02-13
销售部	张文婧	女	340025199502138548	1995-02-13

图 6-46

❶ 选中 F3 单元格，在编辑栏输入公式：
=EDATE(E3,12*((C3=" 男 ")*5+55))+1

按 Enter 键，即可判断第 1 位员工退休日期，如图 6-47 所示（默认返回的日期序列）。

图 6-47

❷ 选中 F3 单元格，在"开始"选项卡的"数字"选项组中单击"数字格式"下拉按钮，在下拉菜单中选择"短日期"命令（见图 6-48），此时日期序列转换为日期格式。

图 6-48

❸ 选中 F3 单元格，将光标定位到 F3 单元格右下角，拖曳黑色十字形向下填充公式，即可得到所有员工退休日期，如图 6-49 所示。

退休日期到期提醒表					
所属部门	姓名	性别	身份证号码	出生日期	退休日期到期提醒
行政部	张跃进	男	342701197102138572	1971-02-13	2031/2/14
人事部	吴佳娜	女	340025198503170540	1985-03-17	2040/3/18
行政部	柳惠	女	342701197906148521	1979-08-14	2034/8/15
行政部	项筱筱	女	340025197905162522	1979-05-16	2034/5/17
行政部	宋佳佳	女	342001198011202528	1980-11-20	2035/11/21
人事部	刘琪	男	340042197610160517	1976-10-16	2036/10/17
行政部	蔡晓燕	女	340025196902268563	1969-02-26	2024/2/27
行政部	吴春华	女	342022196412022562	1964-12-02	2019/12/3
行政部	汪涛	男	342022196805023652	1968-05-02	2028/5/3
行政部	赵晓	女	340042198810160527	1988-10-16	2043/10/17
行政部	简佳丽	女	342122199111035620	1991-11-03	2046/11/4
行政部	李敏	女	342222198902252520	1989-02-25	2044/2/26
人事部	彭宇	男	340025196001201235	1960-01-20	2020/1/21
研发部	赵扬	男	340001196803088452	1968-03-08	2028/3/9
行政部	袁茵	女	342701198904018543	1989-04-01	2044/4/2
人事部	周姝婷	女	340025199203240647	1992-03-24	2047/3/25
财务部	张华强	男	340025195902138578	1959-02-13	2019/2/14
财务部	刘源	男	342701197606100214	1976-06-10	2036/6/11
财务部	陶菲	女	342001198007202528	1980-07-20	2035/7/21
研发部	卢明宇	男	342701197702178573	1977-02-17	2037/2/18
研发部	周松海	男	342701198202138579	1982-02-13	2042/2/14

图 6-49

专家提示

> EDATE 函数用于返回表示某个日期的序列号，该日期与指定日期（参数 1 指定）相隔（之前或之后）指示的月份数（参数 2 指定）后的日期。
>
> =EDATE(E3,12*((C3=" 男 ")*5+55))+1
> 公式解析如下：
>
> 如果 C3 单元格显示为男性，则 "C3=" 男 ""返回 1，然后退休年龄为 "1*5+55"；如果 C3 单元格显示为女性，则 "C3=" 男 "" 返回 0，然后退休年龄为 "1*0+55"，乘以 12 的处理是将前面的返回的年龄转换为月份数。然后再使用 EDATE 函数返回与出生日期相隔指定月份数的日期值。

❹ 选中"退休日期到期提醒"下的单元格区域，在"开始"选项卡的"样式"组中单击"条件格式"下拉按钮，在弹出的下拉菜单中选择"新建规则"命令（见图 6-50），打开"新建格式规则"对话框。

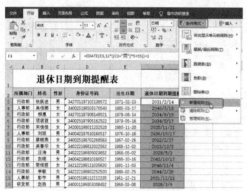

图 6-50

❺ 在"选择规则类型"栏下，选择"使用公式确定要设置格式的单元格"，然后在"为符合此公式的值设置格式"文本框中输入公式（见图 6-51）：

=YEAR(F3)<=YEAR(TODAY())+1

❻ 单击"格式"按钮，打开"设置单元格格式"对话框。选择"填充"选项卡，在"背景色"列表框中选择"绿色"，如图 6-52 所示。

❼ 单击"确定"按钮，返回"新建格式规则"对话框，再次单击"确定"按钮返回到工作表中，即可将 1 年内要退休的员工标记出来，如图 6-53 所示。

图 6-51

图 6-52

	A	B	C	D	E	F
1				退休日期到期提醒表		
2	所属部门	姓名	性别	身份证号码	出生日期	退休日期到期提醒
3	行政部	张跃进	男	342701197102138572	1971-02-13	2031/2/14
4	人事部	吴佳家	男	340025198503170540	1985-03-17	2040/3/18
5	行政部	栎惠	女	342701197908148521	1979-08-14	2034/8/15
6	行政部	项筱筱	女	340025197905162522	1979-05-16	2034/5/17
7	行政部	宋佳佳	女	342001198011202528	1980-11-20	2035/11/21
8	人事部	刘琰	男	340042197610160517	1976-10-16	2036/10/17
9	人事部	蔡晓燕	女	340025196702268563	1967-02-26	2022/2/27
10	行政部	吴春华	男	340222196812022562	1968-12-02	2023/12/3
11	行政部	汪涛	男	340222196805023652	1968-05-02	2028/5/3
12	行政部	赵晓	男	340042198810160527	1988-10-16	2043/10/17
13	行政部	简佳丽	女	342122199111035620	1991-11-03	2046/11/4
14	行政部	李敏	女	342222198902252520	1989-02-25	2044/2/26
15	人事部	彭宇	男	340025196112212235	1961-12-21	2021/12/22
16	研发部	赵扬	男	340001196803088452	1968-03-08	2028/3/9
17	行政部	袁茜	女	342701198904018543	1989-04-01	2044/4/2
18	人事部	周晴婷	女	340025196203240647	1992-03-24	2047/3/25
19	财务部	张华强	男	340025196202138578	1962-02-13	2022/2/14
20	财务部	刘源	男	340025197606100214	1976-06-10	2036/6/11
21	财务部	陶菲	女	342001198007202528	1980-07-20	2035/7/21
22	研发部	卢明宇	男	342701197702178573	1977-02-17	2037/2/18
23	研发部	周松海	男	342701196207198529	1962-07-19	2022/7/20
24	研发部	姜维	女	342701198202148521	1982-02-14	2037/2/15
25	销售部	柯蕊	女	342701197902138528	1979-02-13	2034/2/14
26	销售部	张文涛	男	340025199502138548	1995-02-13	2050/2/14
27	销售部	南月胜	男	340025196908281235	1969-08-28	2029/8/29

图 6-53

=YEAR(F3)<=YEAR(TODAY())+1 公式解析如下：

先提取 F3 单元格日期的年份，再提取当前日期的年份，比较二者大小，如果前者小于或等于后者年份加 1，则进行特殊标记。

6.4 其他人事管理相关的表格

6.4.1 人事变动记录表

人事变动记录表用于对员工的所有职位变动情况进行记录，一人一表，用于档案留存，列举范例如图 6-54 所示。

图 6-54

6.4.2 职级考核评定表

职级考核评定表是根据一年一度的员工考核成绩给出评定结果的。因此需要建立表格进行管理与判断。例如判定"考核成绩"大于 90 分以上的予以晋升，小于或等于 90 分的维持原先的职级。例表如图 6-55 所示。

制作要点如下：

❶ 建表时规范记录考核成绩。

❷ 使用公式"=IF(D2>90,"晋升 1 级","维持")"来返回考核结果。

职级考核评定表

员工编号	姓名	职级	考核成绩	考核结果
LX-22	苏瑾	客户主任A级	98	晋升1级
LX-23	龙富春	客户主任A级	90	维持
LX-29	李恩	客户经理B级	66	维持
LX-56	陈欣	客户经理B级	98	晋升1级
LX-28	李多多	客户主任B级	100	晋升1级
LX-56	崔聪霞	客户主任B级	98	晋升1级
LX-69	胡娇娇	客户主任B级	75	维持
LX-78	董晓迪	客户主任C级	90	维持
LX-89	张丽梅	客户经理A级	88	维持
LX-111	张俊	客户主任C级	98	晋升1级
LX-125	桂萍	客户主任C级	97	晋升1级
LX-128	古晨	客户经理A级	88	维持
LX-135	王先仁	客户主任B级	95	晋升1级
LX-137	童华	客户经理B级	95	晋升1级
LX-166	潘美持	客户主任B级	91	晋升1级
LX-167	李巍	客户经理C级	90	维持
LX-280	廖凯	客户主任C级	85	维持
LX-297	葛晶	客户经理C级	84	维持

图 6-55

6.4.3 劳动合同续签维护表

为了管理公司员工的劳动合同，可以创建劳动合同续签维护表，记录员工的基本信息、员工意愿和申请日期等。图 6-56 所示为建立的劳动合同续签维护表范例。

图 6-56

制作要点如下：

❶ 表格包含项目的规划。

❷ 在合并单元格中任意自动换行。

❸ 添加"□"特殊符号辅助修饰（在打印表格后此框可用于填表者的勾选）。

公司日常办公费用支出管理表格

企业日常办公中会产生众多费用，这些费用支出数据必须建立表格进行管理，在期末时需要对这些数据进行总结分析，因此会派生出很多统计分析报表，这是辅助企业做出预算、规划和决策的报表，因此在 Excel 中管理这些数据显得尤其重要。

☑ 企业部门借款单

☑ 日常费用支出明细表

☑ 按日常费用明细表建立统计报表

☑ 实际支出与预算比较表

☑ 其他日常办公费用支出管理相关的表格

7.1 ▶ 企业部门借款单

企业部门借款单的用途主要是证明是谁借款了、借款用途及批准人等信息，因此在借款前需要仔细填写借款单，图7-1所示为建立的例表。

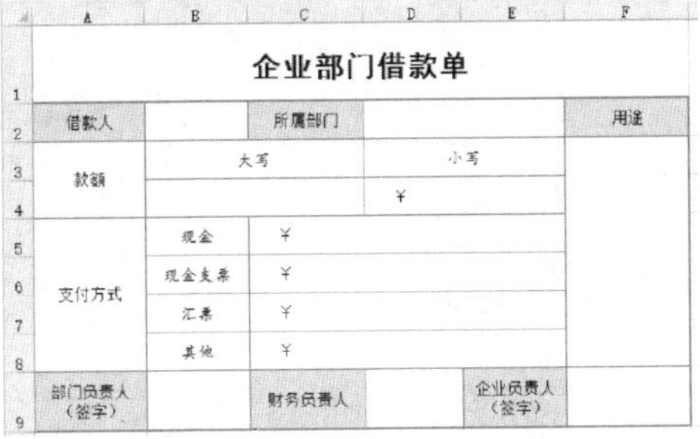

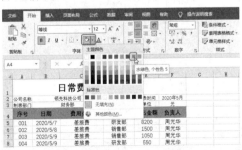

图 7-1

7.2 ▶ 日常费用支出明细表

日常费用支出明细表是企业中常用的一种财务表单，用于记录公司日常费用的明细数据。表格中应当包含费用支出部门、费用类别名称、费用支出总额等项目。根据日常费用支出明细表，可以延伸建立各费用类别支出统计表、各部门费用支出统计表等。

7.2.1 创建表格并设置边框底纹

创建表格前要根据企业的实际情况规划好费用支出表应包含哪些项目。另外，为了增强表格的可视化效果，还需要进行格式调整。

❶ 新建工作表，将其重命名为"日常费用统计表"。选中A4:F4单元格区域并输入列标识，在"开始"选项卡的"字体"组中单击"填充颜色"下拉按钮，在弹出的下拉列表中选择一种填充颜色，如图7-2所示。

图 7-2

❷ 选中表格数据区域，在"开始"选项卡的"字体"组中单击"所有框线"下拉按钮，在弹出的下拉列表中选择"所有框线"选项，如图7-3所示。

图 7-3

❸ 此时即可看到添加底纹的列标识区域，以及添加边框线的数据区域，如图7-4所示。

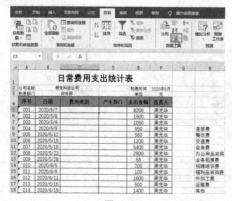

图 7-4

7.2.2 为表格设置数据验证

日常费用统计表中包括产生部门和费用类别，这两列数据都有几个选项可供选择，因此可以通过数据验证的设置，实现通过序列选择输入。费用类别一般包括"差旅费""餐饮费""交通费""会务费""办公用品采购"等，可以根据实际情况定义费用类别名称。

❶ 首先在表格的空白区域输入所有费用类别名称。

❷ 选中 C 列"费用类别"，在"数据"选项卡的"数据工具"组中单击"数据验证"下拉按钮，在弹出的下拉菜单中选择"数据验证"命令（见图 7-5），打开"数据验证"对话框。

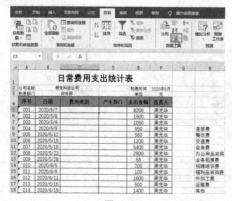

图 7-5

❸ 在"允许"下拉列表框中选择"序列"选项，然后单击"来源"文本框右侧的 ↑ 按钮，进入数据拾取状态，如图 7-6 所示。

图 7-6

❹ 拖曳鼠标选取表格中的 H8:H18 单元格区域，单击右侧的 ↑ 按钮（如图 7-7 所示），返回"数据验证"对话框，即可看到"来源"拾取的区域，如图 7-8 所示。

图 7-7

图 7-8

❺ 切换至"输入信息"选项卡，在"输入信息"文本框中输入"从下拉列表选择费用类别名称"（如图 7-9 所示），单击"确定"按钮，完成数据验证的设置。单击"费用类别"列任一单元格右侧的下拉按钮，即可在弹出的下拉列表中选择输入费用类别，如图 7-10 所示。

图 7-9

图 7-10

❻ 由于费用的产生部门是根据公司的实际部门来设定填写的，即只有固定的几个选项，因此可以按相同的方法设置"产生部门"列的可选择输入序列，如图 7-11 所示。

图 7-11

7.2.3 建立指定类别费用支出明细表

建立了"日常费用统计表"后，如果只想查看指定类别费用的支出明细，可以应用数据的"筛选"功能来建立明细表。本例中想筛选出费用类别为"差旅费"的所有支出记录，从而建立差旅费支出明细表。

❶ 选中 A4:F4 单元格，在"数据"选项卡的"排序和筛选"组中单击"筛选"按钮（如图 7-12 所示），即可为表格添加自动筛选按钮。

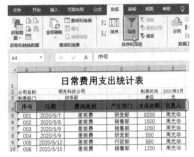

图 7-12

❷ 单击"费用类别"列右侧的筛选按钮，在弹出的下拉列表中取消选中"全选"复选框，再单独选中"差旅费"复选框即可，如图 7-13 所示。

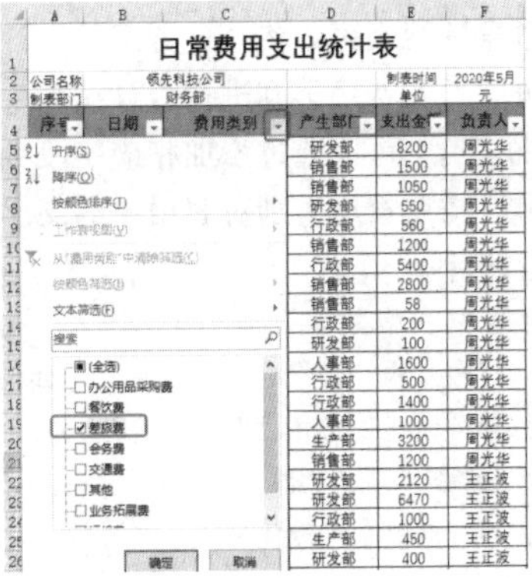

图 7-13

🖉 专家提示

由于工作表的 2、3 行都用于制作了表头，因此程序无法自动识别列标识。在这种情况下无论是进行筛选还是建立数据透视表的操作，必须准确选中数据区域，即选中列标识及以下数据后再去执行操作命令。

❸此时只会将"差旅费"的所有支出记录筛选出来显示。再选中所有筛选出的数据区域，按 Ctrl+C 组合键执行复制，如图 7-14 所示。

图 7-14

❹打开新工作表，单击 A2 单元格，按 Ctrl+V 组合键执行粘贴，然后为表格添加标题，如"差旅费支出明细表"，效果如图 7-15 所示。

	A	B	C	D	E	F
1			差旅费支出明细表			
2	序号	日期	费用类别	产生部门	支出金额	负责人
3	001	2020/5/7	差旅费	研发部	8200	周光华
4	002	2020/5/8	差旅费	销售部	1500	周光华
5	003	2020/5/9	差旅费	销售部	1050	周光华
6	004	2020/5/9	差旅费	研发部	550	周光华
7	005	2020/5/12	差旅费	行政部	560	周光华
8	006	2020/5/15	差旅费	销售部	1200	周光华
9	007	2020/5/18	差旅费	行政部	5400	周光华
10	013	2020/6/16	差旅费	行政部	500	周光华
11	018	2020/6/30	差旅费	研发部	2120	王正波
12	024	2020/7/16	差旅费	人事部	560	李艾
13	025	2020/7/20	差旅费	人事部	1200	李艾
14	028	2020/7/29	差旅费	销售部	58	李艾
15	034	2020/8/4	差旅费	行政部	750	李艾
16	036	2020/8/6	差旅费	销售部	50	王正波

图 7-15

7.3 ▶ 按日常费用明细表建立统计报表

根据 7.2 节中创建的"日常费用统计表"，可以使用"数据透视表"功能对企业这一时期的费用支出情况进行统计分析，如各费用类别支出汇总、各部门支出费用统计、各月费用支出统计等，从而建立出各种统计报表。

7.3.1 各费用类别支出统计报表

数据透视表可以将"日常费用统计表"中的数据按照各费用类别进行合计统计。插入数据透视表后，可以通过添加相应字段到指定列表区域，按照费用类别对表格中的支出金额进行汇总统计。

❶选中表格数据区域，在"插入"选项卡的"表格"组中单击"数据透视表"按钮（如图 7-16 所示），打开"创建数据透视表"对话框。

❷保持默认设置，单击"确定"按钮（如图 7-17 所示），即可创建数据透视表。

图 7-16

✎ 专家提示

如果表格的首行为列标识或第一行为标题，在建立数据透视表时只要选中表格区域的任意单元格，执行"数据透视表"命令时则会自动扩展整个数据区域作为数据透视表的数据源。但由于本例工作表的 2、3 行都用于制作表头，因此破坏了表格的连续性，程序无法自动识别数据区域。在这种情况下建立数据透视表则需要手动选择包含列标识在内的整个数据区域。

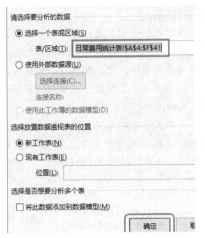

图 7-17

❸ 拖曳"费用类别"字段至"行"区域、拖曳"支出金额"字段至"值"区域，得到如图 7-18 所示数据透视表，可以看到各费用类别的支出金额合计。

图 7-18

❹ 在"数据透视表工具 - 设计"选项卡的"布局"组中单击"报表布局"下拉按钮，在打开的下拉菜单中选择"以大纲形式显示"命令（见图 7-19），让报表中列标识显示出来，如图 7-20 所示。

图 7-19

图 7-20

然后再为报表添加上标题，即可投入使用，如图 7-21 所示。

A		
各费用类别支出统		
费用类别 ▼	**求和项**	
差旅费		
交通费		
办公用品采购费		
餐饮费		
会务费		

图 7-21

知识扩展

在利用数据透视表功能建立统计报表后，如果报表需要移到其他位置或设备上使用，则可以将报表转换为普通表格，其操作如下所示。

❶ 全部选中完整表格，按 Ctrl+C 组合键复制。

❷ 选中报表要粘贴到的起始位置，按 Ctrl+V 组合键粘贴，接着单击右下角出现的"粘贴选项"按钮，在打开的下拉列表中选择"值"选项（见图 7-22）即可得到普通表格，如图 7-23 所示。

图 7-22

❸重新对表格进行格式设置即可。

费用类别	求和项:支出金额
差旅费	23698
交通费	1750
办公用品采购费	7200
餐饮费	1358
会务费	3900
其他	200
业务拓展费	7820
运输费	10500
总计	56426

图 7-23

7.3.2 各部门费用支出统计报表

数据透视表可以将"日常费用统计表"中的数据按照各部门进行合计统计。插入数据透视表后，可以通过添加相应字段到指定列表区域，按照部门对表格中的支出金额进行汇总统计。

❶沿用 7.3.1 节中的数据透视表，取消选中"费用类别"复选框。

❷再重新添加"产生部门"字段至"行"区域，添加"支出金额"字段至"值"区域，得到如图 7-24 所示数据透视表，可以看到各部门的支出金额合计。

图 7-24

然后为报表添加上标题，如图 7-25 所示。

	A	B
2	各部门费用支出统计报表	
3	产生部门	求和项:支出金额
4	行政部	9910
5	人事部	5710
6	生产部	3650
7	销售部	9116
8	研发部	28040
9	总计	56426

图 7-25

知识扩展

由于数据透视表是根据不同的字段设置就能得到不同的统计报表，如果针对一个源数据要进行多项分析，在建立一个数据透视表后，则可以在复制后通过重新设置字段而得到新的统计报表。

选中工作表标签，按住 Ctrl 键不放，按住鼠标左键拖曳（见图 7-26），释放鼠标即可复制工作表，如图 7-27 所示。

图 7-26

图 7-27

7.3.3 各部门各类别支出费用统计表

数据透视表可以将"日常费用统计表"中的数据按照各部门进行合计统计并且在各个部门下再显示明细支出项目。要实现这种统计报表，需要设置双行标签。

❶沿用 7.3.2 节中的数据透视表，保持原字段设

置不变，在字段列表中选中"费用类别"复选框，按住鼠标左键将其拖入"行"区域中，并放在"产生部门"字段的下方，得到如图7-28所示数据透视表，可以看到在"产生部门"字段下方有了细分项目。

图 7-28

❷ 然后为报表添加上标题，如图7-29所示。

	A	B	C
1	各部门各类别支出费用统计表		
3	产生部门	费用类别	求和项:支出金额
4	⊟行政部		9910
5		差旅费	7210
6		交通费	300
7		办公用品采购费	1400
8		会务费	1000
9	⊟人事部		5710
10		差旅费	1760
11		交通费	550
12		办公用品采购费	2600
13		运输费	800
14	⊟生产部		3650
15		办公用品采购费	3200
16		业务拓展费	450
17	⊟销售部		9116
18		差旅费	3858
19		餐饮费	1358
20		会务费	2800
21		其他	200
22		业务拓展费	900
23	⊟研发部		28040
24		差旅费	10870
25		交通费	900
26		会务费	100
27		业务拓展费	6470
28		运输费	9700
29	总计		56426

图 7-29

7.3.4 各月费用支出统计报表

数据透视表可以将"日常费用统计表"中的数据按照月份对支出金额进行统计。插入数据透视表后，可以通过添加相应字段到指定列表区域，按照月份对表格中的支出金额进行汇总统计。

❶ 沿用 7.3.1 节中的数据透视表，取消选中"费用类别"复选框。

❷ 添加"月"字段至"行"区域，添加"支出金额"字段至"值"区域，得到如图7-30所示数据透视表，可以看到各月的支出金额合计。

图 7-30

然后为报表添加上标题，如图7-31所示。

	A	B
2	各月费用支出统计报表	
3	月	求和项:支出金额
4	5月	21318
5	6月	11320
6	7月	19188
7	8月	4600
8	总计	56426

图 7-31

专家提示

如果有日期字段时，那么程序会根据日期字段的跨度自动产生分组字段，即如果日期是跨月的，那么会自动产生"月"字段；如果日期是跨年的，则会自动产生"年"和"月"字段，同时统计数据会自动进行分组统计。

7.3.5 各部门各月费用支出明细报表

建立各部门各月费用支出明细报表，可以建立一个二维表格，将"月"字段作为列标识，将"产生部门"字段作为行标识。

❶ 沿用 7.3.4 节中的数据透视表。

❷ 重新添加“产生部门”字段至“行”区域，添加“月”字段至“列”区域，添加“支出金额”字段至“值”区域，得到如图 7-32 所示数据透视表。可以看到统计结果是按部门对各月费用支出金额进行了统计。

求和项:支出金额	月				
产生部门	5月	6月	7月	8月	总计
行政部	5960	2100	1000	850	9910
人事部		2600	2310	800	5710
生产部		3200	450		3650
销售部	6608	1200	358	950	9116
研发部	8750	2220	15070	2000	28040
总计	21318	11320	19188	4600	56426

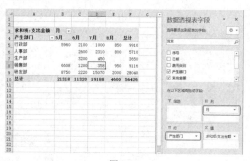

图 7-32

然后为报表添加上标题，如图 7-33 所示。

各部门各月费用支出统计报表					
求和项:支出金额	月				
产生部门	5月	6月	7月	8月	总计
行政部	5960	2100	1000	850	9910
人事部		2600	2310	800	5710
生产部		3200	450		3650
销售部	6608	1200	358	950	9116
研发部	8750	2220	15070	2000	28040
总计	21318	11320	19188	4600	56426

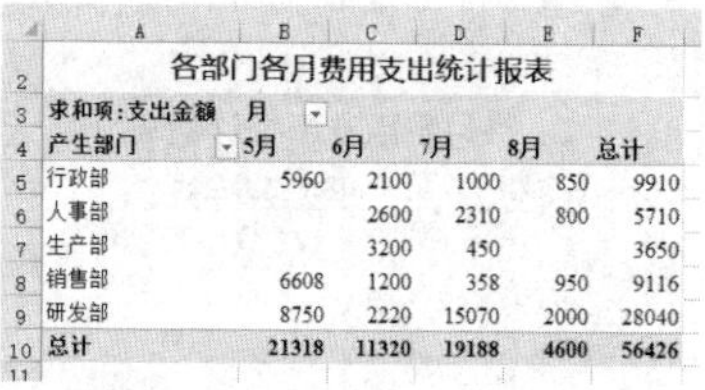

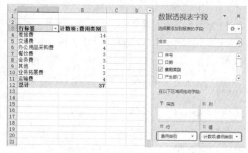

图 7-33

7.3.6 各类别费用支出的次数统计表

建立各类别费用支出的次数统计表时，需要使用计数的统计方式，具体操作方法如下。

❶ 沿用 7.3.1 节中的数据透视表。在“值”区域中拖出“支出金额”字段，然后再将“费用类别”字段拖入“值”区域中，得到的数据透视表如图 7-34 所示。

行标签	计数项:费用类别
差旅费	14
交通费	5
办公用品采购费	4
餐饮费	3
会务费	3
其他	1
业务拓展费	3
运输费	4
总计	37

图 7-34

❷ 选中 B3 单元格，在编辑栏中将字段名称更改为“支出次数”，如图 7-35 所示。然后再为表格添加上标题，得到的完整报表如图 7-36 所示。

行标签	支出次数
差旅费	14
交通费	5
办公用品采购费	4
餐饮费	3
会务费	3
其他	1
业务拓展费	3
运输费	4
总计	37

图 7-35

各类别费用支出的次数统计表	
费用类别	支出次数
差旅费	14
交通费	5
办公用品采购费	4
餐饮费	3
会务费	3
其他	1
业务拓展费	3
运输费	4
总计	37

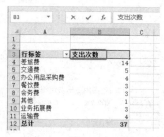

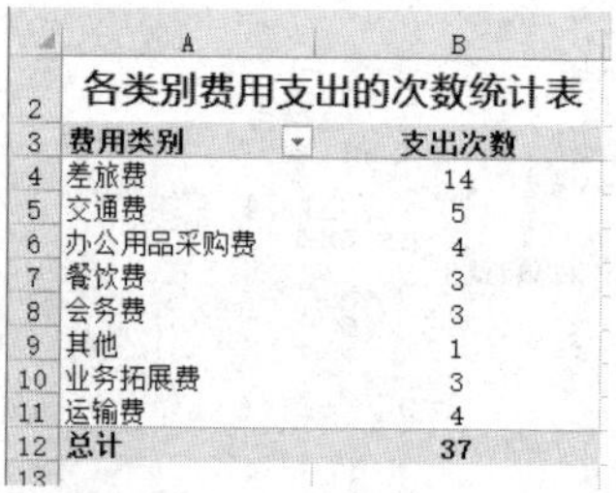

图 7-36

7.4 实际支出与预算比较表

企业一般会在期末或期初对各类别的日常支出费用进行预算，例如本例中建立的表格显示了全年各个月份对各类别费用的支出预算金额，本节中将建立表格统计各期中各类别费用实际支出额，并与各类别费用的预算金额进行比较分析，从而得出实际支出金额是否超出预算金额等相关结论。在本节中假设日常费用统计表是 1 月份的，现在建立 1 月份的实际支出与预算比较表。

7.4.1 建立全年费用预算表

全年费用预算表用于记录全年各个月份中各类别费用的预算支出金额。在后面的分析表中将使用此表中的数据来对比实际支出额。图7-37所示为各个月份中对各类别费用支出额的预算金额（本例中只以输入前两个月预算金额为例）。

全年费用预算表												
费用类别	1月	2月	3月	4月	5月	6月	7月	8月	9月	10月	11月	12月
差旅费	20000	10000	-	-	-	-	-	-	-	-	-	-
餐饮费	10000	10000	-	-	-	-	-	-	-	-	-	-
办公用品采购费	2000	5000	-	-	-	-	-	-	-	-	-	-
业务拓展费	15000	5000	-	-	-	-	-	-	-	-	-	-
会务费	6500	8500	-	-	-	-	-	-	-	-	-	-
招聘培训费	500	8000	-	-	-	-	-	-	-	-	-	-
通讯费	3500	4500	-	-	-	-	-	-	-	-	-	-
交通费	2500	2500	-	-	-	-	-	-	-	-	-	-
福利	10000	1500	-	-	-	-	-	-	-	-	-	-
外加工费	5500	5500	-	-	-	-	-	-	-	-	-	-
设备修理费	1000	6500	-	-	-	-	-	-	-	-	-	-
其他	3500	1500	-	-	-	-	-	-	-	-	-	-

图 7-37

7.4.2 建立实际费用与预算费用比较分析

把当前费用的实际支出数据都记录到"日常费用统计表"中之后，可以建立表格来分析比较本月的各个类别费用实际支出与预算金额。

❶创建"实际支出与预算比较表"，如图7-38所示。注意列标识包含求解标识与几项分析标识，这些需要事先规划好。

实际支出与预算比较表					
费用类别	实际	预算	占总支出额比%	预算-实际(差异)	差异率%
差旅费					
餐饮费					
办公用品采购费					
业务拓展费					
会务费					
招聘培训费					
通讯费					
交通费					
福利					
外加工费					
设备修理费					
其他					
总计					

日常费用统计表　全年费用预算表　实际支出与预算比较表

图 7-38

❷选中D列与F列需要显示百分比值的单元格区域，在"开始"选项卡的"数字"组中单击按钮（如图7-39所示），打开"设置单元格格式"对话框。在"分类"列表中选择"百分比"选项，并设置小数位为"2"，如图7-40所示。

实际支出与预算比较表					
费用类别	实际	预算	占总支出额比%	预算-实际(差异)	差异率%
差旅费					
餐饮费					
办公用品采购费					
业务拓展费					
会务费					
招聘培训费					
通讯费					
交通费					
福利					
外加工费					
设备修理费					
其他					
总计					

图 7-39

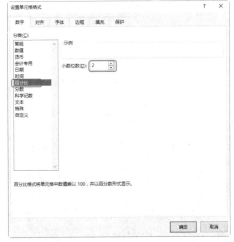

图 7-40

7.4.3 计算各分析指标

接下来统计各个类别费用实际支出额时需要使用"日常费用统计表"中相应单元格区域的数据，因此可以首先将要引用的单元格区域定义为名称，这样则可以简化公式的输入。

❶切换到"日常费用统计表"工作表中，选中"费用类别"列的单元格区域，在名称编辑框中定义其名称为"费用类别"，如图7-41所示。选中"支出金额"列的单元格区域，在名称编辑框中定义其名称为"支出金额"，如图7-42所示。

图 7-41

图 7-42

❷ 选中 B3 单元格，在编辑栏中输入公式：

=SUMIF(费用类别 ,A3, 支出金额)

按 Enter 键，即可统计出"差旅费"的实际支出金额，如图 7-43 所示。

图 7-43

专家提示

=SUMIF(费用类别 ,A3, 支出金额) 公式解析如下：

在"费用类别"单元格区域中判断费用类别是否为"差旅费"，如果是则把对应在"支出金额"这一列上的值相加，最终得到的是所有差旅费的合计金额。

❸ 选中 C3 单元格，在编辑栏中输入公式：

=VLOOKUP(A3, 全年费用预算表 !$A$2: $M$14, 2,FALSE)

按 Enter 键，即可从"全年费用预算表"中返回 1 月份"差旅费"的预算金额，如图 7-44 所示。

图 7-44

专家提示

=VLOOKUP(A3, 全年费用预算表 !$A$2: $M$14,2,FALSE) 公式解析如下：

在"全年费用预算表 !$A$2:$M$14"单元格区域的首列中寻找与 A3 单元格中相同的费用类别，找到后返回对应在第 2 列中的值，即对应的 1 月份的预算金额。

❹ 选中 B3:C3 单元格区域，将光标定位到该单元格区域右下角，当出现黑色十字形时，按住鼠标左键向下拖曳至第 14 行，即可快速返回各个类别费用的实际支出金额与预算金额，如图 7-45 所示。

图 7-45

Excel 2019 表格制作范例大全（视频教学版）

❺ 选中 B15 单元格，在编辑栏中输入公式：

=SUM(B3:B15)

按 Enter 键，即可计算出实际支出金额的总计值，复制 B15 单元格的公式到 C15 单元格，计算出预算金额的合计值，如图 7-46 所示。

B15 =SUM(B3:B14)

实际支出与预算比较表					
费用类别	实际	预算	占总支出额比%	预算-实际(差异)	差异率%
差旅费	23698	20000			
餐饮费	4088	10000			
办公用品采购费	1883	2000			
业务拓展费	7820	15000			
会务费	3900	6500			
招聘培训费	0	500			
通讯费	0	3500			
交通费	1750	2500			
福利	11980	10000			
外加工费	0	5500			
设备修理费	0	1000			
其他	1022	3500			
总计	56141	80000			

图 7-46

❻ 选中 D3 单元格，在编辑栏中输入公式：

=IF(OR(B3=0,$B$15=0)," 无 ",B3/$B$15)

按 Enter 键，即可计算出“差旅费”占总支出额的比率（默认返回值为小数，可将单元格的格式设置为百分比），如图 7-47 所示。

D3 =IF(OR(B3=0,$B$15=0),"无",B3/$B$15)

实际支出与预算比较表					
费用类别	实际	预算	占总支出额比%	预算-实际(差异)	差异率%
差旅费	23698	20000	42.21%		
餐饮费	4088	10000			
办公用品采购费	1883	2000			
业务拓展费	7820	15000			
会务费	3900	6500			

图 7-47

❼ 选中 E3 单元格，在编辑栏中输入公式：

=C3-B3

按 Enter 键，即可计算出“差旅费”预算与实际差异额，如图 7-48 所示。

E3 =C3-B3

实际支出与预算比较表					
费用类别	实际	预算	占总支出额比%	预算-实际(差异)	差异率%
差旅费	23698	20000	42.21%	-3698	
餐饮费	4088	10000			
办公用品采购费	1883	2000			
业务拓展费	7820	15000			
会务费	3900	6500			

图 7-48

❽ 选中 F3 单元格，在编辑栏中输入公式：

=IF(OR(B3=0,C3=0)," 无 ",E3/C3)

按 Enter 键，即可计算出预算与实际差异率（默认返回值为小数，可将单元格的格式设置为百分比），如图 7-49 所示。

F3 =IF(OR(B3=0,C3=0),"无",E3/C3)

实际支出与预算比较表					
费用类别	实际	预算	占总支出额比%	预算-实际(差异)	差异率%
差旅费	23698	20000	42.21%	-3698	-18.49%
餐饮费	4088	10000			
办公用品采购费	1883	2000			
业务拓展费	7820	15000			
会务费	3900	6500			

图 7-49

❾ 选中 D3:F3 单元格区域，将光标定位到该单元格区域右下角，当出现黑色十字形时（见图 7-50），按住鼠标左键向下拖曳复制公式，即可快速返回各个类别费用支出额占总支出额的比、预算与实际的差异额、差异率，如图 7-51 所示。

实际支出与预算比较表					
费用类别	实际	预算	占总支出额比%	预算-实际(差异)	差异率%
差旅费	23698	20000	42.21%	-3698	-18.49%
餐饮费	4088	10000			
办公用品采购费	1883	2000			
业务拓展费	7820	15000			
会务费	3900	6500			

图 7-50

实际支出与预算比较表					
费用类别	实际	预算	占总支出额比%	预算-实际(差异)	差异率%
差旅费	23698	20000	42.21%	-3698	-18.49%
餐饮费	4088	10000	7.28%	5912	59.12%
办公用品采购费	1883	2000	3.35%	117	5.85%
业务拓展费	7820	15000	13.93%	7180	47.87%
会务费	3900	6500	6.95%	2600	40.00%
招聘培训费	0	500	无	500	无
通讯费	0	3500	无	3500	无
交通费	1750	2500	3.12%	750	30.00%
福利	11980	10000	21.34%	-1980	-19.80%
外加工费	0	5500	无	5500	无
设备修理费	0	1000	无	1000	无
其他	1022	3500	1.82%	2478	70.80%
总计	56141	80000	100.00%	23859	29.82%

图 7-51

知识扩展

其他月份的实际支出与预算比较表的建立方法都是类似的，例如建立 2 月份的实际支出与预算比较表，首先需要将“日常费用统计表”中的记录更改为 2 月份的数据；其次，“预算”列中的公式要更改为“=VLOOKUP(A3, 全年费用预算表 !$A$2:$M$14,3,FALSE)”（因为这时要返回的是 2 月份的预算金额，所以是对应在“全年费用预算表”的第 3 列）。

另外，因为每个月的支出条目数量可能

各不相同，因此在"日常费用统计表"中定义名称的单元格区域是需要根据情况更改的。在"公式"选项卡的"定义的名称"组中单击"名称管理器"按钮，如图7-52所示。

图7-52

打开"名称管理器"对话框，选中名称，单击"编辑"按钮（见图7-53），打开"编辑名称"对话框，可以在"引用位置"处重新修改引用的区域，如图7-54所示。

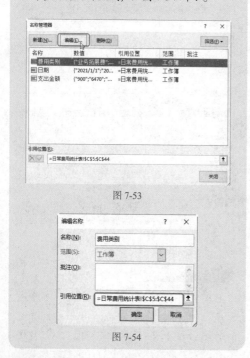

图7-53

图7-54

7.4.4 筛选查看超支项目

要实现查看哪些类别的费用出现了超支情况，可以利用筛选的功能来查看。

❶ 在"实际支出与预算比较表"中选中数据区域中的任意一个单元格，在"数据"选项卡的"排序

和筛选"组中单击"筛选"按钮，如图7-55所示。

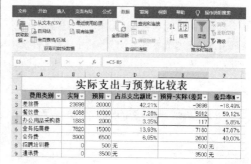

图7-55

❷ 单击"预算-实际（差异）"右侧的下拉按钮，在筛选菜单中选择"数字筛选"命令，在弹出的子菜单中选择"小于"命令（见图7-56），打开"自定义自动筛选方式"对话框，设置"小于"的值为"0"，如图7-57所示。

图7-56

图7-57

❸ 单击"确定"按钮筛选出的就是超支的项目，如图7-58所示。

图7-58

7.5.1 管理费用明细表

管理费用明细表用于显示企业全年的管理费用，例表如图 7-59 所示。

管理费用明细表			
编制单位：	日期：		单位：元
项　目	本月实际数	本月计划	减少 (-) 减超出 (+) 数
1.工资	155840	125840	¥ 30,000.00
2.职工福利费	35640	35020	¥ 620.00
3.折旧费	7820	10020	¥ -2,200.00
4.办公费	5020	5020	¥ －
5.差旅费	4220	5020	¥ -800.00
6.保险费	5232	5620	¥ -388.00
7.工会经费	1220	1220	¥ －
8.业务招待费	8772.5	8020	¥ 752.50
9.低值易耗品摊销	720	520	¥ 200.00
10.物料消耗	20	220	¥ -200.00
11.递延资产摊销	0	0	¥ －
12.车船使用税	0	0	¥ －
13.房产税	58294	55020	¥ 3,274.00
14.印花税	55894	55020	¥ 874.00
15.其他	803.5	1020	¥ -216.50
合　计		¥ 307,580.00	¥ 31,916.00

图 7-59

制作要点如下：

❶ 设置会计专用数字格式。

❷ 按数值正负值属性设置条件格式。

7.5.2 公司日常运营费用预算表

根据不同企业需求，有时需要制作公司日常运营费用预算表，按月填写，年末可进行总结统计，从而合理控制每月费用支出，例表如图 7-60 所示。

公司日常运营费用预算表				
单位：元		月份：		
科目名称	详细项目	预算支出	实际支出	备注
房租、水、电、清洁费	房租			
	物业费			
	水费			
	电费			
	空调费			
	保洁费			
通讯费	固定电话			
	移动话费			
网络费	网络使用费			
	服务器托管费及网站制作			
	邮箱费			
办公费	办公用品			
	名片制作费			
	登记、注册、年检、签证			
	办公室日用品			
	消耗材料			
维护费	电脑维护费			
	设备维修费			
交通费	打车费			
	汽油费			
	维修费、保养费			
	停车、洗车、车位费			
	过路费			
	租车费			
	车辆保险费			
公关费	礼品费			
	业务招待费			

图 7-60

制作要点如下：

❶ 规划表格项目，可根据实际情况增减条目。

❷ 一月一表，下月的表格可在创建新工作表后直接复制使用。

第 8 章

公司员工出差安排与费用报销 管理表格

企业在安排员工出差时会产生相应的表格，例如出差前需要填写申请表以做存档、差旅费用支出报销需要填写表格、出差次数的统计等也需要建立表格。本章主要介绍公司员工出差安排与费用报销管理相关的表格。

- ☑ 员工出差申请表
- ☑ 差旅费用支出申请表
- ☑ 员工出差次数（天数）统计表
- ☑ 费用报销流程图
- ☑ 差旅费报销单
- ☑ 业务招待费用报销明细表
- ☑ 其他员工出差与费用报销管理相关的表格

8.1 员工出差申请表

员工在安排出差前应提前写好出差申请表，然后写差旅费借支单，一起交给其部门主管签字确认，然后提交财务经理审批。

图 8-1 所示为建立的员工出差申请表范例。此表格应该包含申请人、部门、出差路线、交通工具、出差时间等基本信息，同时也应包含差旅费借支情况的填写及领导的审批签字。

图 8-1

在创建此表时要注意两种填写线的制作。

8.1.1 设置单元格的部分框线修饰表格

单元格的框线并非是选中哪一块区域就一定在该区域设置全部的外边框与内边框，也可以只应用部分框线来达到修饰表格的目的。如图 8-2 所示，B2 与 D2 单元格中就显示了下框线，塑造了一种填写线条。这种设置操作参见下面步骤。

图 8-2

选中 B2 单元格，在"开始"选项卡的"数字"组中单击 按钮，打开"设置单元格格式"对话框，选择"边框"选项卡，设置想使用线条的样式与颜色，然后在右侧单击应用下画线的按钮（见图 8-3），这样即可实现为选中的区域应用底部线条。同理，如果想将线条应用于其他位置，就单击相应的按钮。

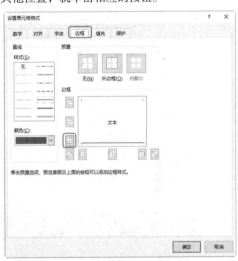

图 8-3

8.1.2 建立下画线填写区

本表格中建立了线条填写区，可以按如下操作方法设置。

❶ 输入文字，当有需要填写的文字时，先按键盘上的空格键将间距空出来，如图 8-4 所示中画红框的区域中都预留了空格。

❷ 选中空格，在"开始"选项卡的"字体"组中，单击"字体颜色"下拉按钮，设置好下画线的颜色，接着单击"下画线"按钮，如图 8-5 所示。

图 8-4

图 8-5

❸ 执行上述操作后,可以看到"年"前面显示

出下画线,如图 8-6 所示。

图 8-6

❹ 按相同的方法在其他想添加下画线的位置都添加下画线,如图 8-7 所示。

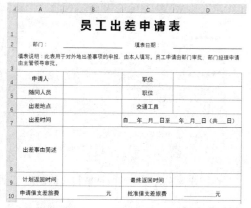

图 8-7

8.2 差旅费用支出申请表

费用预支申请表是企业中常用的一种财务单据,它是费用预支前所要填写的一种表单。根据不同的费用类型可分为差旅费预支申请表、培训费预支申请表等。根据企业性质不同,或个人设计思路不同,差旅费预支申请表在框架结构上也会稍有不同,但一般都会包括出差信息、出差目的以及各项出差费用明细列表等。如图 8-8 所示为建立的差旅费用支出申请表范例。

图 8-8

8.2.1 设置填表提醒

表格创建过程中需要对表格进行格式调整，此过程在前面的章节中已多次讲解，此处省略。下面通过数据验证功能实现填表提醒功能。差旅费预支申请表中的预支总额数据都是根据公式自动计算的，为了防止他人误填金额，可以使用数据验证功能设置文字提示。

❶ 选中 B12 和 E21 单元格，在"数据"选项卡的"数据工具"组中单击"数据验证"下拉按钮（见图 8-9），打开"数据验证"对话框。

图 8-9

❷ 在"输入信息"选项卡下，根据实际情况输入提示信息文字即可，如图 8-10 所示。

❸ 单击"确定"按钮返回表格，此时当选中 B12 单元格时，其下方显示提示文字，如图 8-11 所示。

图 8-10

图 8-11

8.2.2 设置数值显示为会计专用格式

本例中需要为表格中填写金额的单元格设置会计专用格式。在设计财务报表时，经常需要使用会计专用数字格式。

❶ 选中 B12 单元格和 E15:E21 单元格区域，在"开始"选项卡的"数字"组中单击"数字格式"下拉按钮，在弹出的下拉菜单中选择"会计专用"命令，如图 8-12 所示。

图 8-12

❷ 此时在这些单元格内输入数字时，会自动转换为会计专用数字格式，效果如图 8-13 所示。

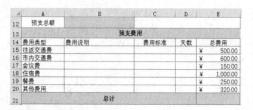

	A	B	C	D	E
12	预支总额				
13	预支费用				
14	费用类型	费用说明	费用标准	天数	总费用
15	往返交通费				¥ 500.00
16	市内交通费				¥ 600.00
17	会议费				¥ 150.00
18	住宿费				¥ 1,000.00
19	餐费				¥ 250.00
20	其他费用				¥ 320.00
21	总计				

图 8-13

8.2.3 预支申请费用合计计算

在差旅费预支申请表中，可以使用SUM函数对各项预支费用进行求和运算，得到总预支费用。

❶ 选中E21单元格，在编辑栏中输入公式：

=SUM(E15:E20)

按Enter键，即可得到合计金额（由于没有填写各项费用所以返回0），如图8-14所示。

❷ 选中B12单元格，在编辑栏中输入公式：

=E21

按Enter键，即可得到预支总额，如图8-15所示。

图 8-14

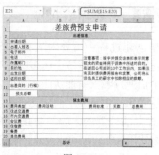

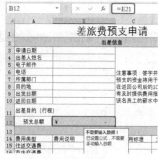

图 8-15

8.3 员工出差次数(天数)统计表

员工的出差天数及一段时间内的出差次数、出差总天数等都需要建表管理。在建立数据准确完善的单表后，可以使用合并计算的功能得到出差总次数和出差总天数的统计表。

8.3.1 单表统计表

对于每月的出差记录，可以建立明细表进行记录。例如图8-16所示为某企业11月份的出差明细记录，图8-17所示为某企业12月份的出差明细记录。

	A	B	C	D	E
1	员工姓名	出差日期	目的地	出差天数	部门核签
2	王伟	11月1日	合肥	2	核实
3	周倩倩	11月2日	上海	3	核实
4	方茜	11月8日	北京	4	核实
5	李思伟	11月9日	南京	2	核实
6	王玉怀	11月15日	苏州	1	核实
7	许彤彤	11月16日	常州	3	核实
8	王燕飞	11月23日	镇江	6	核实
9	方茜	11月27日	九江	3	核实
10	王伟	11月28日	芜湖	2	核实

图 8-16

	A	B	C	D	E
1	员工姓名	出差日期	目的地	出差天数	部门核签
2	周梅	12月1日	南昌	2	核实
3	周倩倩	12月6日	上海	3	核实
4	方茜	12月7日	北京	4	核实
5	汪洋慧	12月14日	南京	2	核实
6	夏守梅	12月15日	北京	1	核实
7	许彤彤	12月20日	常州	3	核实
8	方茜	12月25日	连云港	4	核实
9	李燕	12月26日	镇江	6	核实
10	陈晨	12月29日	九江	3	核实
11	汪洋慧	12月30日	芜湖	2	核实
12	杨亚	12月31日	安庆	2	核实

图 8-17

8.3.2 一段时间内出差总次数统计表

在一段时间内（如一个季度）如果需要

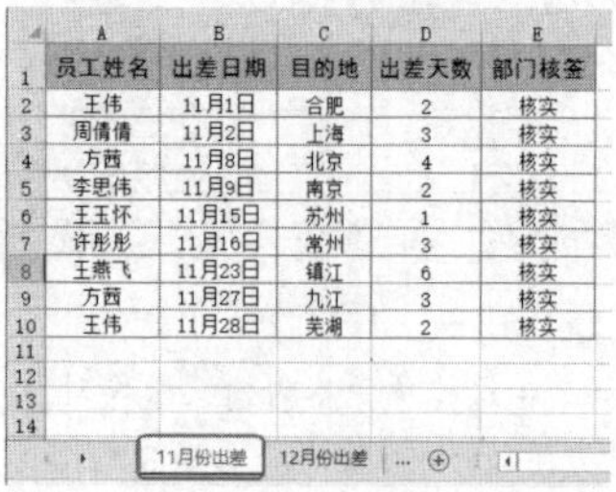

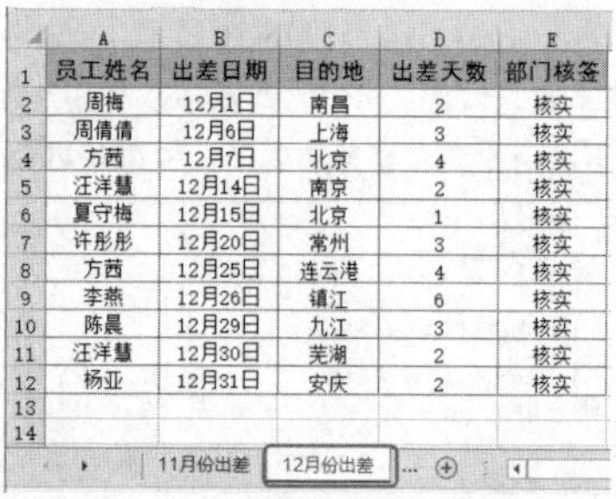

对每位有出差记录的员工的出差总次数进行统计，可以使用合并计算功能来建立统计表。

❶ 新建一张工作表用于统计汇总数据（如图 8-18 所示），选择存放统计结果的首个单元格，并打开"合并计算"对话框。在"函数"下拉列表中选择"计数"选项（这是关键设置），如图 8-19 所示。

图 8-18

图 8-19

❷ 选择函数后，单击"引用位置"文本框右侧的 ↑ 按钮（见图 8-20），切换到"11 月份出差"工作表中选择数据区域，如图 8-21 所示。

图 8-20

图 8-21

❸ 选择后再单击拾取器按钮返回"合并计算"对话框，单击"添加"按钮即可将引用位置添加至列表中，如图 8-22 所示。

图 8-22

❹ 再用同样的方法引用"12 月份出差"工作表中的数据区域，并选中下面的"最左列"复选框，如图 8-23 所示。

图 8-23

❺ 单击"确定"按钮，得到的统计结果如图 8-24 所示。

❻ B 列得到的统计结果默认为日期格式，选中

单元格区域，在"开始"选项卡的"数字"组重新设置数据的格式为"常规"即可得到正确的结果，如图8-25所示。

图 8-24

图 8-25

📝 专家提示

在进行合并计算时有两个关键点：

一是对合并计算时想进行哪方面的计算进行设定。要进行哪方面的统计就选择相应的函数。要进行求和合并计算使用 SUM 函数；进行计数合并计算使用 COUNT 函数；进行求平均值合并计算使用 AVERAGE 函数。

二是对参与运算的数据源的设定。如果在汇总表中已经建立了列标识，则在选择参与运算的数据区域时就不要包含列标识了，并且不要选择"首行"复选框；如果没有建立列标识，则在选择参与运算的数据区域时要包含列标识，并且要选择"首行"复选框。

8.3.3 一段时间内出差总天数统计表

沿用上面的实例，还可以合并计算出每位员工的出差总天数，从而建立本期各员工出差总天数统计表。

❶ 创建新工作表，只输入表格标题，列标识不输入，如图8-26所示。

图 8-26

❷ 打开"合并计算"对话框，选择函数为"求和"（见图8-27），单击"引用位置"文本框右侧的拾取器按钮到工作表中选择参与运算的数据区域，注意这个区域包含列标识，如图8-28所示。

图 8-27

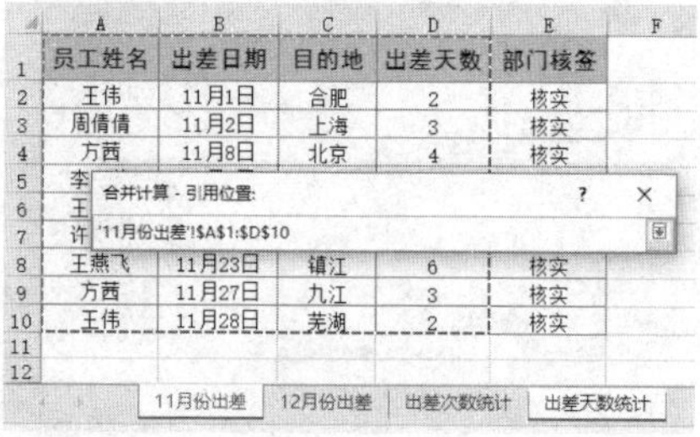

图 8-28

❸ 按相同的方法依次添加所有引用位置，并选中"首行"和"最左列"复选框，如图8-29所示。

图 8-29

❹ 单击"确定"按钮，得到的统计结果如图8-30所示。

❺ 对表格进行重新整理，删除无用数据，保留有价值的统计结果，统计表如图8-31所示。

图 8-30　　　　　图 8-31

8.4 ▶ 费用报销流程图

设计出费用报销流程图可以让整个费用报销的流程一目了然，因此设计一份精美的费用报销流程图也是必要的。本节以建立差旅费报销流程图为例进行介绍，图8-32所示为建立完成的流程图效果图。

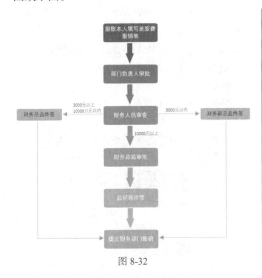

图 8-32

8.4.1 插入 SmartArt 图形

在 Excel 中有插入 SmartArt 图形的功能，可以使用此功能辅助建立差旅费报销流程图。

❶ 创建一个新工作表，在"插入"选项卡的"插图"组中单击"SmartArt"按钮（见图8-33），打开"选择 SmartArt 图形"对话框。

❷ 在左侧选择"流程"类别，在右侧选择"垂直流程"选项，如图8-34所示。单击"确定"按钮即可创建默认的图形，如图8-35所示。

图 8-33

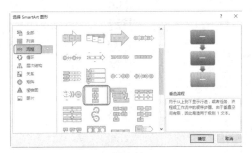

图 8-34

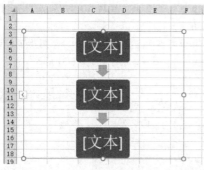

图 8-35

❸ 当默认创建的图形的形状个数不够时需要添加形状。选中 SmartArt 图，在 "SmartArt 工具 - 设计"选项卡的 "创建图形"组中单击 "添加形状"下拉按钮（见图 8-36），单击一次就增加一个，需要添加几个图形，就单击几次，如图 8-37 所示。

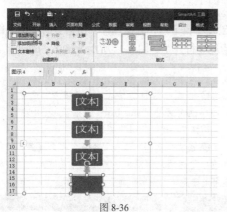

图 8-36

图 8-37

❹ 将鼠标指针指向图形外边框的右下角，按住鼠标左键向外拉可调整整个图形的大小，如图 8-38 所示。

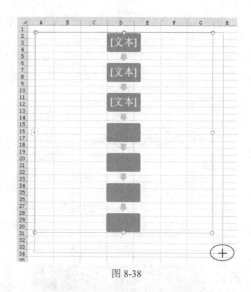

图 8-38

8.4.2 按设计思路编辑 SmartArt 图形

在创建默认的 SmartArt 图形后，一般都需要根据设计思路进行补充编辑与设置。由于本例的设计思路，默认图形是无法满足的，因此我们进行如下的编辑操作。

❶ 在当前图形中按设计思路输入文字。

❷ 选中 SmartArt 图形，右击，在弹出的快捷菜单中选择 "转换为形状"命令（见图 8-39），接着再右击转换后的图形，在弹出的快捷菜单中选择 "组合" - "取消组合"命令，如图 8-40 所示。

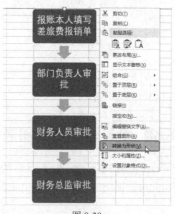

图 8-39

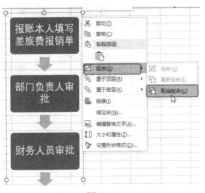

图 8-40

③ 执行上述操作后，图形就转换为多个可以任意自由编辑的图形，如图 8-41 所示。可以一次性重新编辑箭头，如图 8-42 所示；也可以一次性编辑文字框，如图 8-43 所示。

知识扩展

对于添加的图形，上面没有"文本"字样，要在其中输入文字，需要通过快捷菜单中的命令实现。

在图形上右击，在弹出的快捷菜单中选择"编辑文字"命令，如图 8-44 所示。执行此命令后，图形中会出现闪动的光标，定位即可编辑文字。

图 8-44

④ 按设计思路补充图形、线条等，如图 8-45 所示。

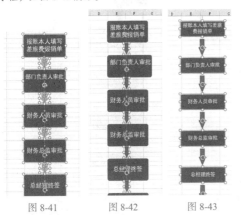

图 8-41   图 8-42   图 8-43

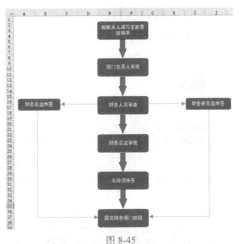

图 8-45

⑤ 在"插入"选项卡的"文本"组中单击"文本框"下拉按钮，在弹出的下拉菜单中选择"绘制横排文本框"命令（见图 8-46），此时光标变为十字形，在需要的位置绘制文本框，并输入文字，如图 8-46 所示。

⑥ 由于默认的文本框是黑色线条与白色填充，为了让文本框更好地融入图形，因此可以通过设置让文本框显示为无边框与无填充状态。选中文本框，在"绘图工具 - 格式"选项卡的"形状样式"组中单击"形状轮廓"按钮，在弹出的菜单中选择"无轮廓"命令，如图 8-47 所示。接着单击"形状填充"下拉按钮，在弹出的下拉菜单中选择"无填充"命令，如图 8-48 所示。

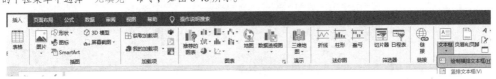

图 8-46

149

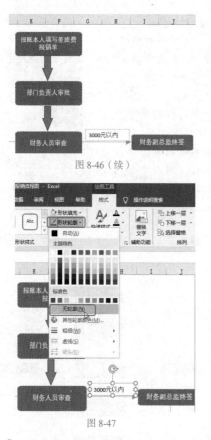

图 8-46（续）

图 8-47

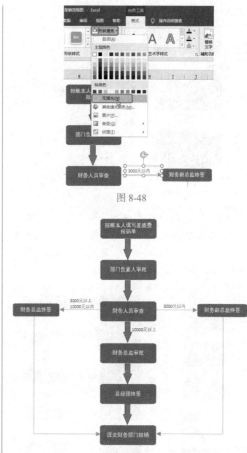

图 8-48

图 8-49

❼将处理好的文本框复制到其他位置，修改文字即可使用，如图 8-49 所示。

8.5 差旅费报销单

"差旅费报销单"是企业中常用的一种财务单据，是用于差旅费用报销前对各项明细数据进行记录的表单。根据企业性质或个人设计思路不同，其框架结构也会稍有不同，但一般都会包括报销项目、金额，以及提供相应的原始单据等。如图 8-50 所示为建立的差旅费报销单范例。

图 8-50

8.5.1 创建差旅费报销单

创建差旅费报销单表格前要根据自己企业的实际情况规划好差旅费报销单应包含的项目，可以在稿纸上对表格进行粗略规划。表格创建过程中需要对表格进行格式调整，标题下画线效果是财务报表中一种常用的应用格式。另外还有特殊区域的底纹色、竖排文字效果等。

❶ 新建工作表，将其重命名为"差旅费报销单"，选中A1单元格并输入标题文字，在"开始"选项卡的"字体"组中单击 ⌐ 按钮，打开"设置单元格格式"对话框。依次设置标题的字体、字形、字号，单击"下画线"右侧的下拉按钮，在弹出的下拉列表中选择"会计用单下画线"如图8-51所示。

图8-51

❷ 单击"确定"按钮即可看到标题的下画线效果，如图8-52所示。

图8-52

❸ 将拟定好的项目输入到表格中，然后对需要合并的单元格区域进行合并，表格的基本框架如图8-53所示。

图8-53

❹ 按住Ctrl键不放，依次选中要设置底纹的单元格或单元格区域，在"开始"选项卡的"字体"组中单击"填充颜色"下拉按钮，在其下拉列表中选择填充色，如图8-54所示。

图8-54

❺ 选中M2:M14单元格区域，先进行"合并后居中"处理，然后输入文字"附单据 张"，保持选中状态，在"开始"选项卡的"对齐方式"组中单击"方向"下拉按钮，在弹出的下拉菜单中选择"竖排文字"命令（如图8-55所示），即可实现文字的竖排显示，如图8-56所示。

图8-55

图 8-56

8.5.2 设置填表提醒

通过设置数据验证可以实现对单元格中输入的数据从内容到范围进行限制，或设置选中时就显示输入提醒。因为制作完成的差旅费报销单是需要分布到各个部门投入使用的，因此通过数据验证功能实现选中单元格时给出输入提示是非常必要的。

❶ 选中 A5:A11 和 C5:C11 单元格区域，在"数据"选项卡的"数据工具"组中单击"数据验证"下拉按钮（如图 8-57 所示），打开"数据验证"对话框。

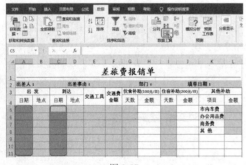

图 8-57

❷ 在"设置"选项卡下，单击"允许"右侧的下拉按钮，在弹出的下拉列表中选择"日期"选项，在"数据"下拉列表中选择"介于"选项，设置"开始日期"与"结束日期"，如图 8-58 所示。

❸ 选择"输入信息"选项卡，选中"选定单元格时显示输入信息"复选框，在"输入信息"文本框中输入"请规范填写。示例 2020/3/5"，如图 8-59 所示。

152

图 8-58

图 8-59

❹ 选择"出错警告"选项卡，选中"输入无效数据时显示出错警告"复选框，在"样式"下拉列表中选择"警告"选项，并在"错误信息"文本框中输入"请规范填写。示例 2020/3/5"，如图 8-60 所示。

图 8-60

⑤单击"确定"按钮，完成数据验证。返回工作表中，选中设置了数据验证的单元格，会立刻出现提醒，如图8-61所示。

图8-61

⑥按住Ctrl键，依次选中不连续的F12、H12、J12、L12、F14和J14单元格，在"数据"选项卡的"数据工具"组中单击"数据验证"下拉按钮（如图8-62所示），打开"数据验证"对话框。

图8-62

⑦选择"输入信息"选项卡，在"输入信息"文本框中输入"无须填写，公式自动计算"，如图8-63所示。

图8-63

⑧单击"确定"按钮，完成数据验证。返回工作表中，选中H12单元格，即出现输入提醒，如图8-64所示。

图8-64

8.5.3 报销金额自动求和计算

差旅费报销单中的金额计算包括两项，一是根据伙食补助的天数与住宿补助的天数计算补助金额，二是计算各项合计金额及总合计金额。它们都可以使用SUM函数来建立公式。

①选中H5单元格，在编辑栏中输入公式：
=G5*100

按Enter键，即可根据伙食补助的天数计算补助金额，如图8-65所示。

图8-65

②选中J5单元格，在编辑栏中输入公式：
=I5*200

按Enter键，即可根据住宿补助的天数计算补助金额，如图8-66所示。

③选中F12单元格，建立求和公式为=SUM(H5:F11)，如图8-67所示；选中H12单元格，建立求和公式为=SUM(H5:H11)，如图8-68所示；选中J12单元格，建立求和公式为=SUM(J5:J11)，

153

如图 8-69 所示；选中 L12 单元格，建立求和公式为 =SUM(L5:L11)，如图 8-70 所示。

图 8-66

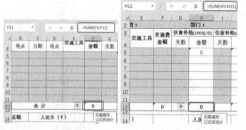

图 8-67　　　　　图 8-68

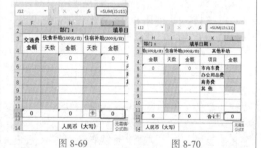

图 8-69　　　　　图 8-70

❹ 选中 F14 单元格，建立求和公式为 =F12+H12+J12+L12，建立计算报销总额的公式，如图 8-71 所示。当填入数据时，所有有公式的单元格会自动计算。

图 8-71

8.5.4 实现大写金额的自动填写

在完成金额的计算后往往需要向单据中填写大写金额，而在 Excel 中可以通过单元格格式的设置实现大写金额的自动填写。

❶ 选中 J14 单元格，在编辑栏中输入公式：=F14，如图 8-72 所示。

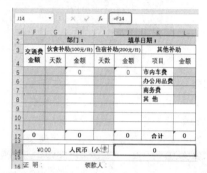

图 8-72

❷ 按 Enter 键得到结果，在"开始"选项卡的"数字"组中单击 按钮（见图 8-73），打开"设置单元格格式"对话框。

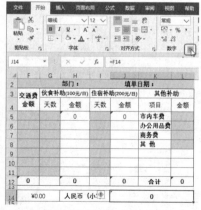

图 8-73

❸ 在"分类"列表框中选择"特殊"选项，在"类型"列表框中选择"中文大写数字"选项，如图 8-74 所示。

❹ 单击"确定"按钮，返回工作表中，即可看到原先的数字 0 变成了中文大写数字"零"，如图 8-75 所示。

图 8-74

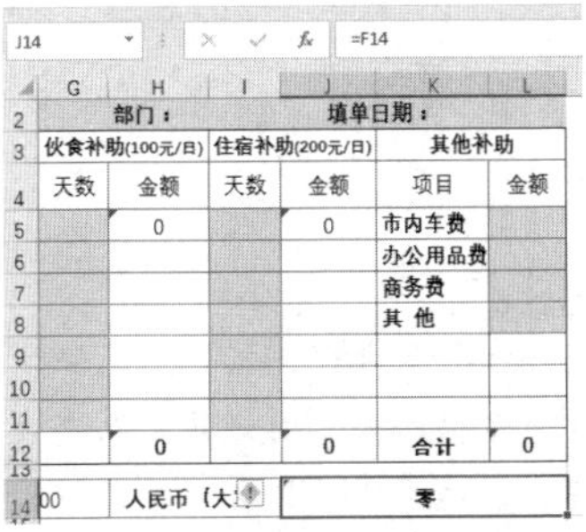

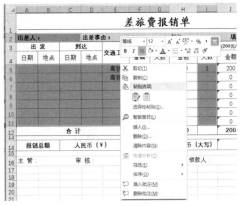

图 8-75

⑤ 在单元格中输入数值验证，如图 8-76 所示。

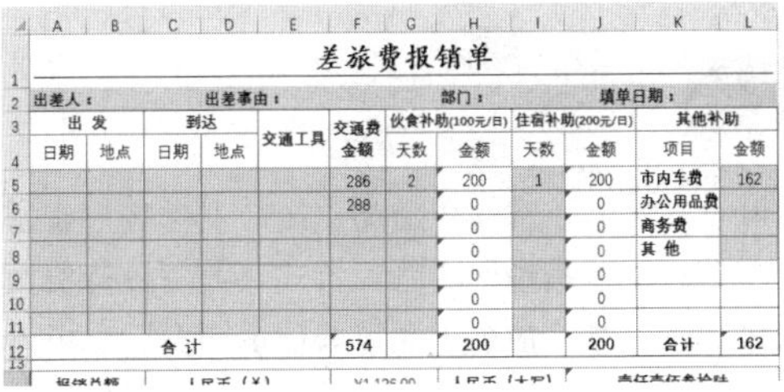

图 8-76

外的其他单元格区域都不能被编辑，也不能被选择。可以利用"保护工作表"功能实现这种效果。

① 按住 Ctrl 键，依次拖曳选取灰色单元格区域（灰色是需要填写的区域），然后右击，在弹出的快捷菜单中选择"设置单元格格式"命令（见图 8-77），打开"设置单元格格式"对话框。

图 8-77

② 选择"保护"选项卡，取消选中"锁定"复选框，如图 8-78 所示。

图 8-78

③ 单击"确定"按钮，回到工作表中，在"审阅"选项卡的"保护"组中单击"保护工作表"按钮（见图 8-79），打开"保护工作表"对话框。

④ 在"取消工作表保护时使用的密码"文本框

8.5.5 设置表格除填写区域外其他区域不可编辑

通过本节操作想要实现的效果：只有表格中灰色的需要填写的区域允许编辑，除此之

155

中输入密码，然后在下面的列表框中只保持"选定解除锁定的单元格"这个复选框被选中，其他都不选中，如图8-80所示。

图 8-79

图 8-80

❺ 单击"确定"按钮，打开"确认密码"对话框，在"重新输入密码"文本框中再次输入一遍密码。单击"确定"按钮，完成操作。此时返回工作表中，可以看到在灰色区域这一块单元格区域是可编辑状态，如图8-81所示；而其他任意区域都不能进行

编辑，连选择都无法做到，如图8-82所示。

差旅费报销单

交通费金额	伙食补助(100元/日)		住宿补助(200元/日)		其他补助	
	天数	金额	天数	金额	项目	金额
286	2	200	1	200	市内车费	200
288		0		0	办公用品费	
		0		0	商务费	
		0		0	其 他	
		0		0		
		0		0		

图 8-81

销单

助(100元/日)	住宿补助(200元/日)		其他补助		附单
	天数	金额	项目	金额	
200	1	200	市内车费	200	
		0	办公用品费		
		0	商务费		
		0	其 他		

图 8-82

专家提示

此项操作的原理是工作表的保护只对锁定了的单元格有效。因此首先取消对整张表的锁定，然后设置只锁定需要保护的部分单元格区域，最后再执行保护工作表的操作，其保护操作只对这一部分单元格有效。

8.6 业务招待费用报销明细表

业务招待费用包括餐饮费、住宿费、食品、茶叶、礼品、正常娱乐活动支出、安排客户旅游产生的费用支出等。业务招待费的支出实行"预先申请，据实报销"的管理方式。业务招待费发生前要先提出申请，待相关部门审核通过后方可安排招待，紧急情况下经口头请示同意后也可进行业务招待，但事后要履行审批手续，否则财务部门不予报销。图8-83所示为建立的业务招待费用报销明细表范例。

图 8-83

此表只要拟定好应包含的项目，建立起来比较简单，如果表格作为电子表格使用，那么也可以建立求解报销总金额的公式。

❶ 选中 J9 单元格，在编辑栏中输入公式：

=SUM(J5:J8)

按 Enter 键，得出结果如图 8-84 所示。

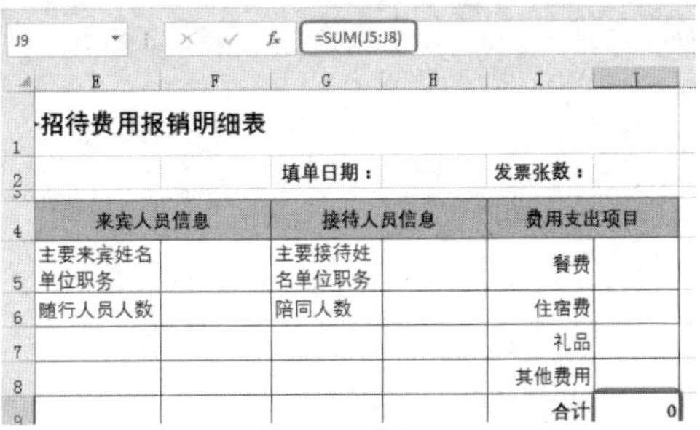

图 8-84

❷ 选中显示金额数据的单元格区域，在“开始”选项卡的“数字”组中单击“数字格式”下拉按钮，在弹出的下拉菜单中选择“会计专用”命令，即可为选定的单元格区域设置会计专用格式，如图 8-85 所示。

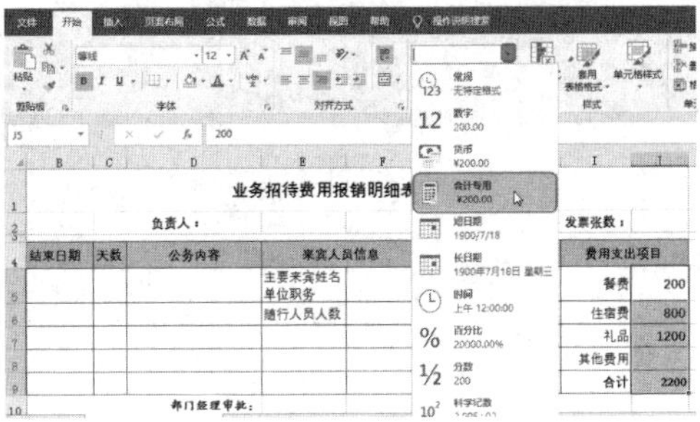

图 8-85

8.7 其他员工出差与费用报销管理相关的表格

8.7.1 会议费用支出报销单

会议费用支出报销单用于对举办会议产生的相关费用报销的填写，例表如图 8-86 所示。

会议费用支出报销单			
填表日期：			
姓名		部门	
会议名称		会议类型	
参加人数		预支费用	
会议时间	自：	至：	
会议地点			
费用类型	明细	金额	备注
场地租用费			
会议资料费			
人员费	接待人员		
	管理人员		
	其他		
设备费	购置费		
	安装维护费		
	其他		
其他费用			
金额合计			

图 8-86

制作要点如下：

❶ 规划表格应包含的项目，可根据实际情况增减条目。

❷ 建立表格框架并合理设置底纹色。

8.7.2 费用报销明细表

费用报销明细表用于对一些小件支出明细的记录，可以在一段时间填写明细表并报销一次，例表如图 8-87 所示。

费用报销明细表		
申请人：		
日期	开支内容	金额
合计		
审批人		
财务核对		
直接主管		
总经理核准		
收款人		

图 8-87

制作要点如下：

❶ 规划表格应包含的项目，可根据实际情况增减条目。

❷ 建立表格框架。

第9章

公司员工福利与奖惩管理表格

员工的福利政策与奖惩制度可以影响企业对员工的吸引力，因为福利可以满足员工对安全与保障的需求，为员工营造一个良好的工作氛围，使员工在现有的就业环境下获得安全与保障，鼓励员工长期为企业服务并增强企业的凝聚力，以促进企业的发展。在此过程中有一些常用表格是必须要应用的。

- ☑ 员工社会保险登记表
- ☑ 参加社会保险人员申报表
- ☑ 社保缴费统计表
- ☑ 住房公积金贷款等额本息还款计算模型
- ☑ 福利待遇随工龄变化图
- ☑ 其他员工福利与奖惩相关的表格

9.1 ▶ 员工社会保险登记表

很多企业根据国家规定，会为员工购买五险一金。企业一般都需要建立员工社会保险登记表，用以统计本企业员工的社保缴纳情况，对于已停保的新进员工还需要重新为其办理缴纳手续。如图 9-1 所示为建立的员工社会保险登记表。

图 9-1

9.1.1 选择填写投保状态

此表格在创建过程中，多部分数据是需要手工填写的，"投保状态"列可以通过数据验证功能实现下拉列表选择输入。

❶ 选中 A3:A20 单元格区域，在"数据"选项卡的"数据工具"组中单击"数据验证"下拉按钮，如图 9-2 所示。

❷ 打开"数据验证"对话框，设置"允许"条件为"序列"，设置"来源"为"投保中,已停保"（注意项目间要使用半角逗号间隔），如图 9-3 所示。

图 9-3

❸ 设置完成后，单击"确定"按钮，在填写"投保状态"时就可以从下拉列表中选择，如图 9-4 所示。

图 9-4

9.1.2 设置公式计算缴费月数

表格中的"已缴月数"列需要通过"起保时间"与"停保时间"计算得到，这时需要使用几个函数配合来建立公式。

❶ 在表格中选中 G3 单元格，在编辑栏中输入公式：

=IF(F3="",DATEDIF(E3,TODAY(),"M"),DATEDIF(E3,F3,"M"))

按 Enter 键，即可返回第一位员工的社会保险的已缴月数，如图 9-5 所示。

图 9-2

G3 | fx | =IF(F3="",DATEDIF(E3,TODAY(),"M"),DATEDIF(E3,F3,"M"))

员工社会保险登记表

社会保险序号	姓名	身份证号码	投保状态	起保时间	停保时间	已缴月数
325623345	龀林燕	51102719821020****	已停保	2015/11/1	2019/1/20	38
1856758404	王琪	34260119880203****	投保中	2012/11/1		
569875431	于青青	52102119900211****	投保中	2014/4/1		
658745601	蔡静	41102719881005****	已停保	2010/5/1	2018/11/20	
	陈媛					
	略高泽					
	岳庆浩					
	廖晓					

图 9-5

✎ **专家提示**

DATEDIF 函数用于计算两个日期值间隔的年数、月数、日数。

= DATEDIF(❶ 起始日期,❷ 终止日期,❸ 返回值类型)

第三个参数决定了返回值的类型，如果指定为 "Y"，则表示返回两个日期值间隔的整年数；如果指定为 "M"，则表示返回两个日期值间隔的整月数；如果指定为 "D"，则表示返回两个日期值间隔的天数。

=IF(F3="",DATEDIF(E3,TODAY(),"M"),DATEDIF(E3,F3,"M")) 公式解析如下：

首先判断 F3 单元格是否为空，如果为空则执行 "DATEDIF(E3,TODAY(),"M")"，表示未停保的则计算当前日期与 E3 单元格中起保时间相差的月份数；如果不为空则执行 "DATEDIF(E3,F3,"M")"，表示停保的则计算 F3 单元格中停保时间与 E3 单元格中起保时间相差的月份数。DATEDIF 函数中使用参数 "M"，表示计算两个日期相差的月份数。

❷ 选中 G3 单元格，拖曳右下角的填充柄向下复制公式，可批量计算出其他员工的已缴月数，如图 9-6 所示。

员工社会保险登记表

社会保险序号	姓名	身份证号码	投保状态	起保时间	停保时间	已缴月数
325623345	龀林燕	51102719821020****	已停保	2015/11/1	2019/1/20	38
1856758404	王琪	34260119880203****	投保中	2012/11/1		100
569875431	于青青	52102119900211****	投保中	2014/4/1		83
658745601	蔡静	41102719881005****	已停保	2010/5/1	2018/11/20	102
	陈媛					
	略高泽					
	岳庆浩					

图 9-6

9.2 ▶ 参加社会保险人员申报表

参加社会保险人员申报表的内容可以从 "员工社会保险登记表" 中筛选得到，即筛选出 "投保状态" 为 "已停保" 的记录，单独形成表格，重新进行申报。

9.2.1 筛选 "已停保" 的记录

在 Excel 中可以使用筛选功能快速筛选出满足条件的记录，在本节中要筛选出 "已停保" 的记录。

❶ 切换到 "员工社会保险登记表" 中，选中表格中任意单元格，在 "数据" 选项卡的 "排序和筛选" 组

中单击"筛选"按钮（如图9-7所示），此时选中区域的列标识都会添加筛选按钮。

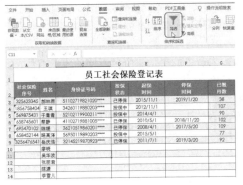

图 9-7

❷ 单击"投保状态"列标识右侧筛选按钮，在下拉列表中选中"已停保"复选框，如图9-8所示。

图 9-8

❸ 单击"确定"按钮即可筛选本企业中当前已停保的员工记录，如图9-9所示。

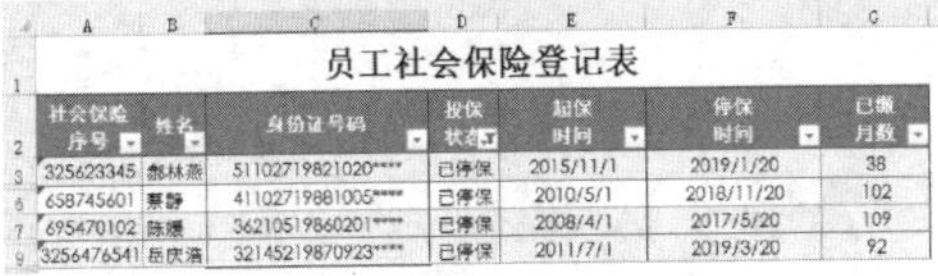

图 9-9

9.2.2 生成参加社会保险人员申报表

将在"员工社会保险登记表"中筛选得到的"已停保"的记录复制到新工作表中并加以整理即可生成"参加社会保险人员申报表"。

❶ 选中 9.2.1 节中筛选得到的数据，按 Ctrl+C 组合键复制，如图 9-10 所示。

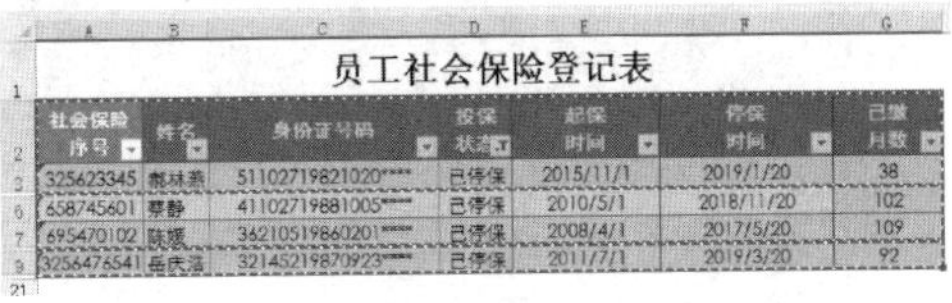

图 9-10

❷ 在创建的新工作表中，按 Ctrl+V 组合键粘贴，如图 9-11 所示。

图 9-11

❸ 对表格进行补充编辑形成完整的"参加社会保险人员申报表"，如图9-12所示。

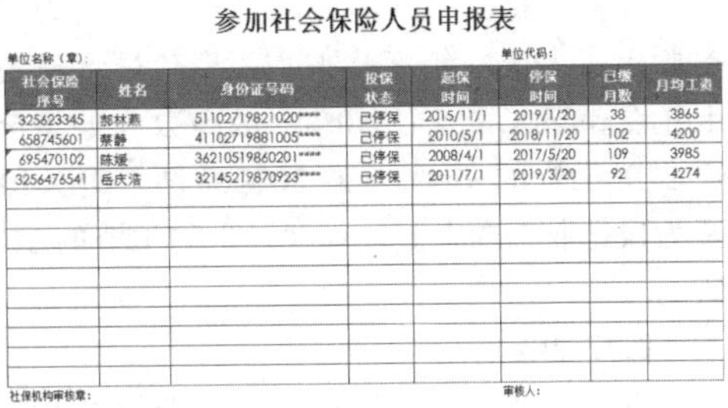

图 9-12

9.3 社保缴费统计表

企业为员工缴纳社会保险的费用需要每月都进行扣缴，因此企业需要对所有员工的社保缴费数据进行统计。

9.3.1 创建社保缴费统计表

由于员工工作性质、所属职位不同，所以并不是所有员工的缴费基数都一样，因此首先要创建表格，并根据实际情况向表格中输入员工的平均工资及不同的缴费基数。有了这些基本数据后，才可以进行代扣代缴费用与公司缴费金额的统计。

创建社保缴费统计表，根据实际情况向表格中输入员工的平均工资及不同的缴费基数，如图 9-13 所示。

姓名	部门	工资	缴费基数	代扣代缴				公司缴费						总缴费金额
				养老保险	医疗保险	失业保险	代缴合计	养老保险	医疗保险	失业保险	工伤保险	生育保险	合计	
蔡静	财务部(总监)	5000	3500											
岳庆浩	财务部	4200	2520											
林洁	财务部	4200	2520											
郝林燕	行政部(总监)	5000	3500											
陈嫒	行政部	3800	2280											
踏高泽	行政部	3800	2280											
陈潇	后勤部	3500	2100											
邓兰兰	后勤部	3500	2100											
罗羽	后勤部	3500	2100											
廖晓	技术部	6500	4550											
吴华波	技术部	6500	4550											
张丽君	技术部	6500	4550											
陈嫒	客户部	8000	6400											
李雪儿	客户部	8000	6400											
张点点	客户部	8000	6400											
王密	客户部	8000	6400											
吕芬芬	客户部	8000	6400											
陈山	客户部	8000	6400											

图 9-13

9.3.2 计算代扣代缴金额与公司缴费金额

在缴纳社会保险时，根据国家的政策规定，其分类和缴纳的比例如下所示。

养老保险：

由企业和员工共同缴纳，企业缴费为根据职工本人上一年度月平均工资（最低数为上年全市职工工资的 40%，最高数为上年全市职工工资的 300%）的 20% 缴纳。个人缴费为根据职工本人上一年度月平均工资的 8% 缴纳。

医疗保险：

由企业和员工共同缴纳，企业缴纳 8%，个人缴纳 2%。

失业保险：

由企业和员工共同缴纳，企业缴纳 2%，个人缴纳 1%。

工伤保险：

由企业缴纳，企业缴纳 0.5%。

生育保险：

由企业缴纳，企业缴纳 0.8%。

❶ 在表格中选中 E4 单元格，在编辑栏中输入公式：

=D4*8%

按 Enter 键，计算出的是养老保险的个人缴费金额（为企业代扣代缴），如图 9-14 所示。

图 9-14

❷ 在表格中选中 F4 单元格，在编辑栏中输入公式：

=D4*2%

按 Enter 键，计算出的是医疗保险的个人缴费金额（为公司代扣代缴），如图 9-15 所示。

图 9-15

❸ 在表格中选中 G4 单元格，在编辑栏中输入公式：

=D4*1%

按 Enter 键，计算出的是失业保险的个人缴费金额（为公司代扣代缴），如图 9-16 所示。

图 9-16

❹ 在表格中选中 H4 单元格，在编辑栏中输入公式：

=SUM(E4:G4)

按 Enter 键，计算出的是代扣代缴的合计金额，如图 9-17 所示。

图 9-17

❺ 根据上面规定的缴费比例，可以按相同的方法依次建立公式，依次计算出各个险种的公司缴费金额，如图 9-18 所示。

图 9-18

❻ 在表格中选中 O4 单元格，在编辑栏中输入公式：

=H4+N4

按 Enter 键，计算出的是总缴费金额，如图 9-19 所示。

图 9-19

❼ 选中 E4:O4 单元格区域，拖曳右下角的填充柄向下复制公式（见图 9-20），可批量计算出其他员工所有缴费数据，如图 9-21 所示。

社保缴费统计表

姓名	部门	工资	缴费基数	代扣代缴				公司缴费						总缴费金额
				养老保险	医疗保险	失业保险	代缴合计	养老保险	医疗保险	失业保险	工伤保险	生育保险	合计	
蔡静	财务部(总监)	5000	3500	280	70	35	385	700	280	70	17.5	28	1095.5	1480.5
岳庆浩	财务部	4200	2520											
林洁	财务部	4200	2520											
郝林燕	行政部(总监)	5000	3500											
陈娜	行政部	3800	2280											
路高泽	行政部	3800	2280											
陈潇	后勤部	3500	2100											
邓兰兰	后勤部	3500	2100											
罗羽	后勤部	3500	2100											
廖晓	技术部	6500	4550											
吴华波	技术部	6500	4550											
张丽君	技术部	6500	4550											
陈娜	客户部	8000	6400											
李雪儿	客户部	8000	6400											
张点点	客户部	8000	6400											
王密	客户部	8000	6400											
吕芬芬	客户部	8000	6400											
陈山	客户部	8000	6400											

图 9-20

社保缴费统计表

姓名	部门	工资	缴费基数	代扣代缴				公司缴费						总缴费金额
				养老保险	医疗保险	失业保险	代缴合计	养老保险	医疗保险	失业保险	工伤保险	生育保险	合计	
蔡静	财务部(总监)	5000	3500	280	70	35	385	700	280	70	17.5	28	1095.5	1480.5
岳庆浩	财务部	4200	2520	201.6	50.4	25.2	277.2	504	201.6	50.4	12.6	20.16	788.76	1065.96
林洁	财务部	4200	2520	201.6	50.4	25.2	277.2	504	201.6	50.4	12.6	20.16	788.76	1065.96
郝林燕	行政部(总监)	5000	3500	280	70	35	385	700	280	70	17.5	28	1095.5	1480.5
陈娜	行政部	3800	2280	182.4	45.6	22.8	250.8	456	182.4	45.6	11.4	18.24	713.64	964.44
路高泽	行政部	3800	2280	182.4	45.6	22.8	250.8	456	182.4	45.6	11.4	18.24	713.64	964.44
陈潇	后勤部	3500	2100	168	42	21	231	420	168	42	10.5	16.8	657.3	888.3
邓兰兰	后勤部	3500	2100	168	42	21	231	420	168	42	10.5	16.8	657.3	888.3
罗羽	后勤部	3500	2100	168	42	21	231	420	168	42	10.5	16.8	657.3	888.3
廖晓	技术部	6500	4550	364	91	45.5	500.5	910	364	91	22.75	36.4	1424.15	1924.65
吴华波	技术部	6500	4550	364	91	45.5	500.5	910	364	91	22.75	36.4	1424.15	1924.65
张丽君	技术部	6500	4550	364	91	45.5	500.5	910	364	91	22.75	36.4	1424.15	1924.65
陈娜	客户部	8000	6400	512	128	64	704	1280	512	128	32	51.2	2003.2	2707.2
李雪儿	客户部	8000	6400	512	128	64	704	1280	512	128	32	51.2	2003.2	2707.2
张点点	客户部	8000	6400	512	128	64	704	1280	512	128	32	51.2	2003.2	2707.2
王密	客户部	8000	6400	512	128	64	704	1280	512	128	32	51.2	2003.2	2707.2
吕芬芬	客户部	8000	6400	512	128	64	704	1280	512	128	32	51.2	2003.2	2707.2
陈山	客户部	8000	6400	512	128	64	704	1280	512	128	32	51.2	2003.2	2707.2

图 9-21

9.4 住房公积金贷款等额本息还款计算模型

　　企业员工的可贷款额度与借款人的月工资总额、借款人所在单位住房公积金月缴存额及还贷能力系数等多个因素有关，因此每位员工的可贷款额度不一定相同，同时其还款年限选择也会有所不同，因此在 Excel 中可以建立一个模型用于根据不同的年利率、还款年限、贷款总额来快速计算月还款额。要创建这个模型主要依据数据验证功能与 PMT 函数。

📝专家提示

　　PMT 函数是一个财务函数，基于固定利率及等额分期付款方式，返回贷款的每期付款额。下面先看一下此函数的参数。

　　PMT(rate,nper,pv,fv,type)

　　rate：表示贷款利率。

　　nper：表示该项贷款的付款总数。

　　pv：表示现值，即本金。

　　fv：表示未来值，即最后一次付款后希望得到的现金余额。

　　type：表示指定各期的付款时间是在期初，还是期末。若是 0，则为期末；若是 1，则为期初。

9.4.1 创建计算模型

❶ 建立等额本息方式还款的计算模型，由于计算模型需要自由选择贷款年利率、贷款年限、贷款总金额，因此可以先在旁边的空白位置输入辅助数据，如图 9-22 所示。

图 9-22

❷ 选中 A3 单元格，在"数据"选项卡的"数据工具"组中单击"数据验证"下拉按钮，如图 9-23 所示。打开"数据验证"对话框，设置"允许"条件为"序列"，单击"来源"右侧的↑按钮（见图 9-24），回到表格中选择 E2:E6 单元格区域的辅助数据，如图 9-25 所示。

❸ 完成序列的建立后，选中 A3 单元格，右侧会出现下拉按钮，单击可以选择不同的贷款年利率，如图 9-26 所示。

图 9-23

图 9-24

图 9-25

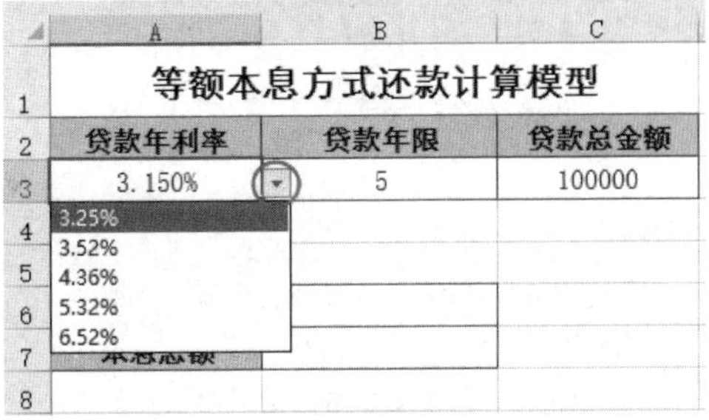

图 9-26

❹ 按相同的方法为 B3 单元格设置序列（序列的来源为 F2:F21 单元格区域），设置完成后可以通过下拉按钮选择不同的贷款年限（见图 9-27）；为 C3 单元格设置序列（序列的来源为 G2:G21 单元格区域）。设置完成后可以通过下拉按钮选择不同的贷款总金额，如图 9-28 所示。

图 9-27

图 9-28

❺ 选中 B6 单元格，在编辑栏中输入公式：
=PMT(A3/12,B3*12,C3)

按 Enter 键，即可建立每月偿还额的计算公式，如图 9-29 所示。

B6		× ✓ fx	=PMT(A3/12,B3*12,C3)

	A	B	C
1	等额本息方式还款计算模型		
2	贷款年利率	贷款年限	贷款总金额
3	3.150%	5	100000
4			
5			
6	每月偿还额	¥-1,803.54	
7	本息总额		

图 9-29

❻ 选中 B7 单元格，在编辑栏中输入公式：
=B6*(B3*12)

按 Enter 键，即可建立本息总额的计算公式，如图 9-30 所示。

B7		× ✓ fx	=B6*(B3*12)

	A	B	C
1	等额本息方式还款计算模型		
2	贷款年利率	贷款年限	贷款总金额
3	3.150%	5	100000
4			
5			
6	每月偿还额	¥-1,803.54	
7	本息总额	¥-108,212.56	

图 9-30

166

9.4.2 应用计算模型

在完成上述公式的建立后，可通过任意选择不同的贷款年利率（见图 9-31），任意选择不同的贷款年限（见图 9-32），任意选择不同的贷款总金额（见图 9-33），此时每月偿还额与本息总额都会自动进行计算，如图 9-34 所示。

	A	B	C
1	等额本息方式还款计算模型		
2	贷款年利率	贷款年限	贷款总金额
3	3.150%	5	100000
4	3.25%		
5	3.52%		
6	4.36%		
7	5.32%		
	6.52%		

图 9-31

	A	B	C
1	等额本息方式还款计算模型		
2	贷款年利率	贷款年限	贷款总金额
3	3.520%	5	100000
4		5	
5		6	
6	每月偿还额	7	
7	本息总额	8	
8		10	
9		11	
		12	

图 9-32

	A	B	C
1	等额本息方式还款计算模型		
2	贷款年利率	贷款年限	贷款总金额
3	3.520%	10	100000
4			100000
5			150000
6	每月偿还额	¥-989.80	200000
7	本息总额	¥-118,775.50	250000
8			300000
			350000
			400000
			450000

图 9-33

	A	B	C
1	等额本息方式还款计算模型		
2	贷款年利率	贷款年限	贷款总金额
3	3.520%	10	150000
4			
5			
6	每月偿还额	¥-1,484.69	
7	本息总额	¥-178,163.25	

图 9-34

9.5 福利待遇随工龄变化图

企业为减小员工流失率，一般都会在工资基础上增设工龄工资制度。工龄工资不受企业效益影响，即员工的福利待遇将随着工龄的增加而逐步提高，可以用如图 9-35 所示的图表来表现这种制度的特点。

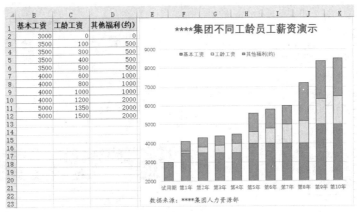

图 9-35

9.5.1 选择合适的图表类型

Microsoft Excel 支持各种各样的图表，作为使用者肯定是要选择对自己的分析最有意义的图表类型来展示数据结果，而不同的图表类型其分析的重点也有所不同，如柱形图常用于数据比较、饼图常用于展示局部占总体的比例、折线图用于展示数据变化趋势等。本例中将使用堆积柱形图，既可以查看到随着年份增长各个系列值的变化，同时也可以查看到各个年份中几种薪资总和的变化情况。

❶ 在本例的数据表中，选中 A2:C8 单元格区域，在"插入"选项卡的"图表"组中单击"插入柱形图和

条形图"下拉按钮，弹出下拉菜单，如图 9-36 所示。

❷ 单击"百分比堆积柱形图"图表类型，即可新建图表，如图 9-37 所示。

图 9-36

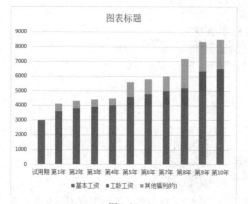

图 9-37

选项卡的"形状样式"组中单击"形状填充"下拉按钮，从下拉列表中可以重新选择填充颜色，如图 9-40 所示。接着单击"形状轮廓"下拉按钮，从下拉列表中可以通过选择颜色为形状添加线条（默认形状没有边框线条），如图 9-41 所示。

❸在图表的柱形上双击，打开"设置数据系列格式"右侧窗格，将"间隙宽度"处的值更改为"70%"（见图 9-38），可见图表中减小了间隙，增大了柱子的宽度，如图 9-39 所示。

图 9-38

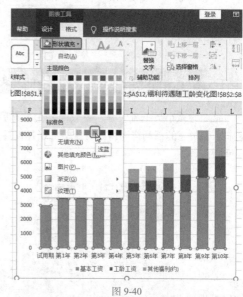

图 9-40

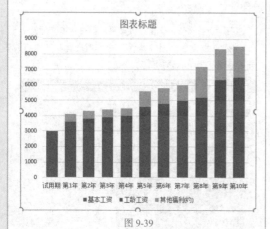

图 9-39

❹选中图表中的系列，在"图表工具-格式"

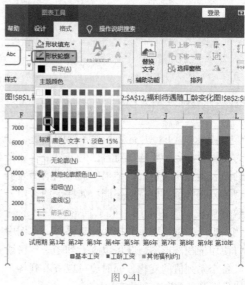

图 9-41

❺按相同的方法可以为其他系列设置填充色、设置边框线条，设置后的图表如图 9-42 所示。

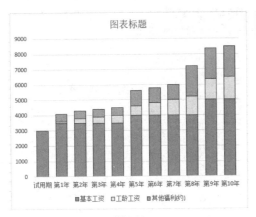

图 9-42

9.5.2　添加图表标题及辅助文字

默认创建的图表有时包含标题框，在完善图表时需要将该图表的表达主题总结成文字填入。同时专业的图表往往会为图表添加一些脚注信息，用来添加数据来源、补充说明等。因此如果将这些细节表达得更加全面，则更能提升图表的专业性及信息的可靠度。要添加脚注信息需要手绘文本框。

❶ 将光标定位到"图表标题"框中，进入文字编辑状态，重新编辑标题，并且在"开始"选项卡"字体"组中重新设置字体、字号等，从而美化标题，如图 9-43 所示。

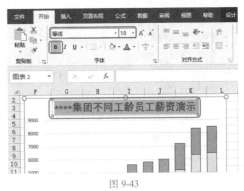

图 9-43

❷ 在"插入"选项卡的"文本"组中单击"文本框"下拉按钮，选择"绘制横排文本框"命令，如图 9-44 所示。

图 9-44

❸ 在图表右下角的位置拖曳绘制文本框，释放鼠标即可定位在文本框中，输入脚注文字，如图 9-45 所示。在输入后可以在"字体"组中重新选择合适的字体与字号。

图 9-45

知识扩展

图表中的对象可以根据实际排版情况调整其位置，例如本例中就根据实际情况调整了图例的位置。鼠标指针指向对象边缘，当出现黑色四向箭头时（见图 9-46），按住鼠标左键拖曳即可调整。

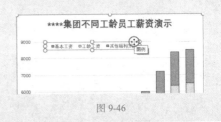

图 9-46

9.6 其他员工福利与奖惩管理相关的表格

9.6.1 员工福利发放明细表

员工福利发放明细表每月需要使用，用于对员工福利金额的领取记录。一般会使用如图 9-47 所示的表格样式。

图 9-47

制作要点如下：

❶ 规划表格应包含的项目，可根据实际情况增减条目。

❷ 表格可通过更改月份每月重复使用。

9.6.2 员工医疗费用报销明细表

员工医疗费用报销也是企业一项福利政策，可以在月末统计每位员工的医疗费用报销情况。例表如图 9-48 所示。

制作要点如下：

❶ 规划表格应包含的项目，可根据实际情况增减条目。

❷ 可根据职级设置报销比例，例如本例使用了公式"=IF(D3="1 级 ",F3*0.8,IF(D3="2 级 ",F3*0.7,IF

(D3="3 级 ",F3*0.6,F3*0.5)))"来计算报销金额。

月末员工医疗费用报销统计表

员工编号	员工姓名	性别	所属部门	月工资额（元）	医疗费用总额（元）	医疗费用报销额（元）
JL_0001	朱子进	男	研发部	5200	￥100.00	￥100.00
JL_0002	赵庆龙	女	人事部	3600	￥280.00	￥196.00
JL_0003	李华健	男	办公室	4200	￥5,000.00	￥4,000.00
JL_0004	聂志敏	男	企划部	4000	￥1,500.00	￥1,050.00
JL_0005	郭美玲	女	广告部	3600	￥200.00	￥120.00
JL_0006	曹正松	男	广告部	4200	￥300.00	￥240.00
JL_0007	杨依娜	男	人事部	3600	￥168.50	￥117.95
JL_0008	张长江	女	办公室	4200	￥180.50	￥144.40
JL_0009	吴东梅	女	人事部	3600	￥6,000.00	￥4,200.00
JL_0010	王雪丽	男	广告部	3500	￥1,000.00	￥600.00
JL_0011	黄引康	男	客服部	3200	￥200.00	￥120.00
JL_0012	张馨蕾	男	销售部	3000	￥260.00	￥156.00
JL_0013	李平杨	女	销售部	3000	￥200.00	￥120.00
JL_0014	罗家强	女	销售部	3000	￥500.00	￥300.00
JL_0015	龚金海	女	企划部	4000	￥80.00	￥56.00
JL_0016	丁治国	男	人事部	3600	￥200.00	￥140.00
JL_0017	徐华荣	男	企划部	4000	￥180.00	￥126.00
JL_0018	李 柳	男	销售部	3000	￥508.50	￥305.10

图 9-48

9.6.3 员工奖惩登记表

奖惩是企业根据事先制定好的奖惩制度评判员工行为的一种手段。通过这种手段获取的员工奖惩信息一般记录在员工奖惩登记表中，例表如图 9-49 所示。

员工奖惩登记表

年度

职工编号	姓名	奖惩事项	统计					
			警告	记过	大过	嘉奖	记功	大功
ZG01011	王晓晓	绩效优秀						
ZG01012	韦剑阳	绩效迟到频	1					
ZG01013	张韵	旷道3次		1				
ZG01014	钱佳一	迟到6次	1					
ZG01015	张媛	绩效优秀					1	
ZG01016	李明浩	绩效优秀						1
ZG01017	周伯通	绩效未到频		1				
ZG01018	李勇	技术突破				1		
ZG01019	吴法春	旷道5次			1			
ZG01020	魏丽丽	绩效2次未到频						
ZG01021	章小蕾	提前擅离				1		
ZG01022	李莉	旷工3次			1			

图 9-49

制作要点如下：

规划表格应包含的项目。

第 10 章

公司员工薪资管理表格

月末员工工资的核算是财务部门每月必须要展开的工作。工资核算时要逐一计算多项明细数据，如固定基本工资、各项补贴、加班工资、销售奖金、满勤奖等，显然这些数据都需要通过表格来进行管理。通过生成的工资表数据可以进行多角度的分析工作，例如查看高低工资、部门工资合计统计比较、部门工资平均值比较等。

☑ 基本工资管理表

☑ 个人所得税核算表

☑ 月工资核算表

☑ 建立工资条

☑ 月工资统计分析报表

☑ 其他薪资管理相关的表格

10.1 ▶ 基本工资管理表

基本工资表用来统计每一位员工的基本信息、基本工资，另外还需要包含入职时间数据，因为根据入职时间可对工龄工资进行计算，并且随着工龄的变化，工龄工资会自动重新核算。

10.1.1 计算工龄

要实现根据工龄能自动显示出工龄工资，则首先需要对工龄进行计算，这需要借助于几个日期函数来建立公式。

❶ 新建工作表，并将其命名为"基本工资表"，输入表头、列标识，先建立工号、姓名、部门、基本工资这几项基本数据，如图10-1所示。

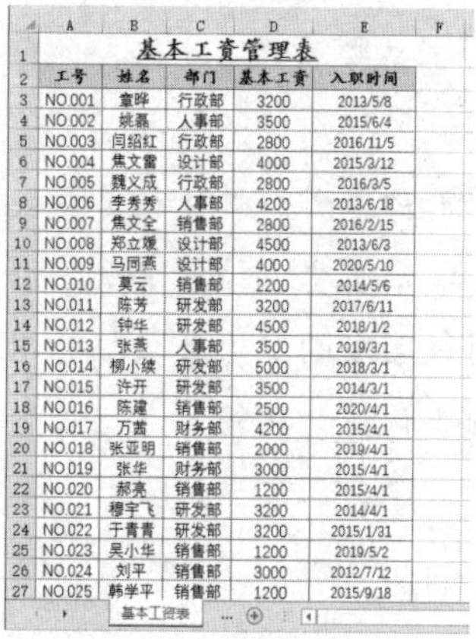

图 10-1

❷ 添加"入职时间""工龄""工龄工资"几项列标识（"入职时间"数据从人事或行政部门获取），如图10-2所示。

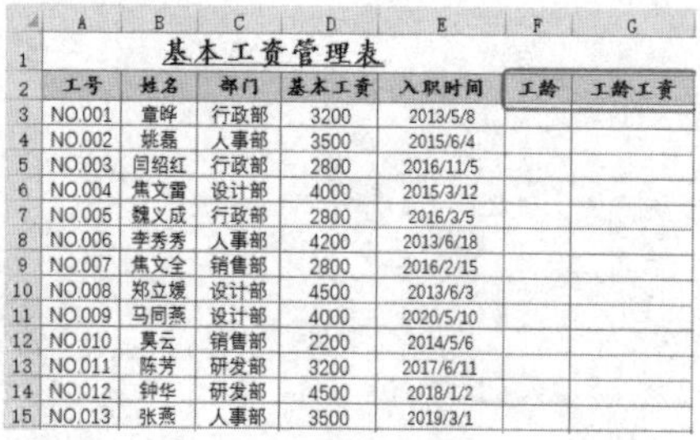

图 10-2

❸ 选中F3单元格，输入公式：

=YEAR(TODAY())-YEAR(E3)

按 Enter 键，即可计算出第一位员工的工龄，如图 10-3 所示。

图 10-3

专家提示

YEAR 函数用于返回给定日期值中的年份值，TODAY 函数用于返回当前日期。

=YEAR(TODAY())-YEAR(E3) 公式解析如下：

表示先提取当前日期中的年份，再提取 E3 单元格中入职时间中的年份，二者的差值即为工龄。注意，由于日期函数在计算时，其计算结果默认为日期值，需要更改单元格的格式才能正确显示出工龄。

❹ 选中 F3 单元格，在"开始"选项卡的"数字"组中单击"数字格式"下拉按钮，在打开的下拉菜单中选择"常规"命令即可正确显示工龄，如图 10-4 所示。

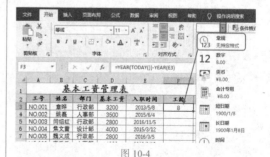

图 10-4

❺ 选中 F3 单元格，拖曳右下角的填充柄向下填充公式，批量计算其他员工的工龄，效果如图 10-5 所示。

工号	姓名	部门	基本工资	入职时间	工龄	工龄工资
			基本工资管理表			
NO.001	童晔	行政部	3200	2013/5/8	8	
NO.002	姚磊	人事部	3500	2015/6/4	6	
NO.003	闫绍红	行政部	2800	2016/11/5	5	
NO.004	焦文雷	设计部	4000	2015/3/12	6	
NO.005	魏义成	行政部	2800	2016/3/5	5	
NO.006	李秀秀	人事部	4200	2013/6/18	8	
NO.007	焦文全	销售部	2800	2016/2/15	5	
NO.008	郑立媛	设计部	4500	2013/6/3	8	
NO.009	马同燕	设计部	4000	2020/5/10	1	
NO.010	莫云	销售部	2200	2014/5/6	7	
NO.011	陈芳	研发部	3200	2017/6/11	4	
NO.012	钟华	研发部	4500	2018/1/2	3	
NO.013	张燕	人事部	3500	2019/3/1	2	
NO.014	柳小续	研发部	5000	2016/3/1	5	
NO.015	许开	研发部	3500	2014/3/1	7	
NO.016	陈建	销售部	2500	2020/4/1	1	

图 10-5

10.1.2 计算工龄工资

在完成了工龄的计算后，则可以接着建立计算工龄工资的公式。本例中规定：1 年以内的员工，工龄工资为 0 元，1~3 年的工龄工资为每月 50 元，3~5 年的工龄工资为每月 100 元，5 年以上的工龄工资为每月 200 元。

❶ 选中 G3 单元格，在编辑栏中输入：

=IF(F3<=1,0,IF(F3<=3,(F3-1)*50,IF(F3<=5,(F3-1)*100,(F3-1)* 200)))

按 Enter 键，即可计算出第 1 位员工的工龄工资，如图 10-6 所示。

图 10-6

❷ 选中 G3 单元格，拖曳右下角的填充柄向下填充公式，批量计算其他员工的工龄工资，如图 10-7 所示。

图 10-7

专家提示

=IF(F3<=1,0,IF(F3<=3,(F3-1)*50,IF(F3<=5,(F3-1)*100,(F3-1)*200))) 公式解析如下：

这个公式是一个 IF 函数多层嵌套的例子，第一个条件判断 F3 中值是否小于或等于 1，如果是，则返回 0；如果不是，则进入下一层 IF 判断。接着判断 F3 是否小于或等于 3，如果是，则返回 "(F3-1)*50"，即工龄工资等于工龄减一乘以 50；如果不是，则进入下一层 IF 判断……

知识扩展

在 Excel 2019 版本中新增了 IFS 函数，本例中的这个 IF 函数多层嵌套的公式也可以使用 IFS 函数来写，可以将公式写为（如图 10-8 所示）如下形式。

=IFS(F3<=1,0,F3<=3,(F3-1)*50,F3<=5,(F3-1)*100,F3>5,(F3-1)*200)

图 10-8

在 10.2 节中还会再介绍 IFS 函数。若当前使用的是 Excel 2019 版本，可以注意学习此函数的用法。

10.2 个人所得税核算表

个人所得税是根据应发工资扣除起征点后进行核算的，而应发工资是包括多个方面的，如基本工资、工龄工资、销售奖金、加班工资、满勤奖等。因此在计算出应发合计后，再进行个人所得税的计算。由于个人所得税的计算涉及税率的计算、速算扣除数的计算等，所以一般我们会建一张表格专门管理个人所得税。

10.2.1 计算待缴费金额

个人所得税的缴费有规定的起征点，未达起征点的不缴税，达到起征点按阶梯式的比例缴费，因此首先要根据实际工资计算出待缴费金额。

个人所得税的缴费相关规则如下。

- 起征点为 5000 元。
- 税率及速算扣除数如表 10-1 所示（本表是按月统计不同纳税所得额）。

表10-1

应缴税所得额（元）	税率（%）	速算扣除数（元）
不超过3000	3	0
3001～12000	10	210
12001～25000	20	1410
25001～35000	25	2660
35001～55000	30	4410
55001～80000	35	7160
超过80000	45	15160

❶ 新建工作表，将其重命名为"所得税计算表"，在表格中建立相应列标识，并建立工号、姓名、部门等基本数据，假设应发工资已经统计出来，如图 10-9 所示。

图 10-9

❷ 选中 E3 单元格，在编辑栏中输入公式：
=IF(D3<5000,0,D3-5000)

按 Enter 键，可计算出应缴税所得额，如图 10-10 所示。

图 10-10

❸ 选中 E3 单元格，拖曳右下角的填充柄向下填充公式，批量计算其他员工的应缴税所得额，如图 10-11 所示。从公式返回结果可以看到，当应发工资小于 5000 元时，是不缴税的。

图 10-11

10.2.2 计算税率、速算扣除数、应缴所得税

在计算应缴所得税时需要考虑两个因素，即税率、速算扣除数，此时可以通过建立公式实现根据应缴税所得额来自动判断，然后再求解出应缴所得税。

❶ 选中 F3 单元格，在编辑栏中输入公式：
=IFS(E3<=3000,0.03,E3<=12000,0.1,E3<=25000,0.2,E3<=35000,0.25,E3<= 55000,0.3,E3<=80000,0.35,E3>80000,0.45)

Excel 2019 表格制作范例大全（视频教学版）

按 Enter 键，即可根据应缴税所得额判断出其税率，如图 10-12 所示。

F3 =IFS(E3<=3000,0.03,E3<=12000,0.1,E3<=25000,0.2,E3<=35000,0.25,E3<= 55000,0.3,E3<=80000,0.35,E3>80000,0.45)

个人所得税计算表

工号	姓名	部门	应发工资	应缴税所得额	税率	速算扣除数	应缴所得税
NO.001	章晔	行政部	3600	0	0.03		
NO.002	姚磊	人事部	4100	0			
NO.003	闫绍红	行政部	3260	0			
NO.004	焦文雷	设计部	7170	2170			
NO.005	魏义成	行政部	3140	0			
NO.006	李秀秀	人事部	4380	0			
NO.007	焦文全	销售部	11333	6333			
NO.008	郑立媛	设计部	4825	0			
NO.009	马同燕	设计部	6155	1155			
NO.010	莫云	销售部	12997	7997			

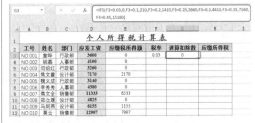

图 10-12

专家提示

IFS 函数是 Excel 2019 新增的函数，用于检查是否满足一个或多个条件，且是否返回与第一个 TRUE 条件对应的值。IFS 函数允许测试最多 127 个不同的条件，可以免去 IF 函数的过多嵌套。其语法可以简单地理解为如下形式。

=IFS(❶ 条件 1，❷ 结果 1，❸ [条件 2]，❹ [结果 2]，…[条件 127]，[结果 127])

如果当前使用的还是 Excel 2019 以下的版本，也可以将公式写为 IF 函数。

=IF(E3<=3000,0.03,IF(E3<=12000,0.1,IF(E3<=25000,0.2,IF(E3<=35000,0.25, IF(E3<=55000,0.3,IF(E3<=80000,0.35,0.45))))))

B 选中 G3 单元格，在编辑栏中输入公式：

=IFS(F3=0.03,0,F3=0.1,210,F3=0.2,1410,F3=0.25,2660,F3=0.3,4410,F3=0.35,7160,F3=0.45,15160)

按 Enter 键，即可计算出速算扣除数，如图 10-13 所示。

❸ 选中 H3 单元格，在编辑栏中输入公式：

=E3*F3-G3

按 Enter 键，即可计算出应缴所得税，如图 10-14 所示。

G3 =IFS(F3=0.03,0,F3=0.1,210,F3=0.2,1410,F3=0.25,2660,F3=0.3,4410,F3=0.35,7160,F3=0.45,15160)

个人所得税计算表

工号	姓名	部门	应发工资	应缴税所得额	税率	速算扣除数	应缴所得税
NO.001	章晔	行政部	3600	0	0.03	0	
NO.002	姚磊	人事部	4100	0			
NO.003	闫绍红	行政部	3260	0			
NO.004	焦文雷	设计部	7170	2170			
NO.005	魏义成	行政部	3140	0			
NO.006	李秀秀	人事部	4380	0			
NO.007	焦文全	销售部	11333	6333			
NO.008	郑立媛	设计部	4825	0			
NO.009	马同燕	设计部	6155	1155			
NO.010	莫云	销售部	12997	7997			

图 10-13

H3 =E3*F3-G3

个人所得税计算表

工号	姓名	部门	应发工资	应缴税所得额	税率	速算扣除数	应缴所得税
NO.001	章晔	行政部	3600	0	0.03	0	0
NO.002	姚磊	人事部	4100	0			
NO.003	闫绍红	行政部	3260	0			
NO.004	焦文雷	设计部	7170	2170			
NO.005	魏义成	行政部	3140	0			
NO.006	李秀秀	人事部	4380	0			
NO.007	焦文全	销售部	11333	6333			

图 10-14

❹ 选中 F3:H3 单元格区域，拖曳右下角的填充柄，向下填充公式批量计算其他员工的税率、速算扣除数和应缴所得税，如图 10-15 所示。

个人所得税计算表

工号	姓名	部门	应发工资	应缴税所得额	税率	速算扣除数	应缴所得税
NO.001	章晔	行政部	3600	0	0.03	0	0
NO.002	姚磊	人事部	4100	0	0.03	0	0
NO.003	闫绍红	行政部	3260	0	0.03	0	0
NO.004	焦文雷	设计部	7170	2170	0.03	0	65.1
NO.005	魏义成	行政部	3140	0	0.03	0	0
NO.006	李秀秀	人事部	4380	0	0.03	0	0
NO.007	焦文全	销售部	11333	6333	0.1	210	423.3
NO.008	郑立媛	设计部	4825	0	0.03	0	0
NO.009	马同燕	设计部	6155	1155	0.03	0	34.65
NO.010	莫云	销售部	12997	7997	0.1	210	589.7
NO.011	陈芳	研发部	3460	0	0.03	0	0
NO.012	钟华	研发部	3870	0	0.03	0	0
NO.013	张燕	人事部	4020	0	0.03	0	0
NO.014	柳小续	研发部	5100	100	0.03	0	3
NO.015	许开	研发部	4165	0	0.03	0	0
NO.016	陈建	销售部	8349	3349	0.1	210	124.9
NO.017	万茜	财务部	4330	0	0.03	0	0
NO.018	张亚明	销售部	10173	5173	0.1	210	307.3
NO.019	张华	财务部	3725	0	0.03	0	0
NO.020	郝亮	销售部	8300	3300	0.1	210	120
NO.021	穆宇飞	研发部	3780	0	0.03	0	0
NO.022	于青青	研发部	3340	0	0.03	0	0
NO.023	吴小华	销售部	2280	0	0.03	0	0
NO.024	刘平	销售部	14505	9505	0.1	210	740.5

图 10-15

10.3 月工资核算表

建立员工月度工资表时，首先需要将各项与工资相关的数据关联到当前工作簿中，或复制到当前工作表中，然后再进行相关的加减核算。

10.3.1 从“基本工资表”中获取基本工资、工龄工资

员工的基本信息、基本工资、工龄工资都可以通过建立公式从“基本工资表”中获取，这样做的好处就是让表格间建立关联性，当基本工资有调整、工龄工资随着工龄而变化时，工资核算表中会自动同步更新。

❶ 员工月度工资表中将对每位员工工资的各个明细项进行核算。因此首先要合理规划此表应包含的元素。新建工作表，将其重命名为“员工月度工资表”，输入拟订好的列标识，如图 10-16 所示。

4月份工资统计表

工号	姓名	部门	基本工资	工龄工资	绩效奖金	加班工资	满勤奖	考勤扣款	代扣代缴	应发工资	个人所得税	实发工资

基本工资表 | 所得税计算表 | 员工月度工资表

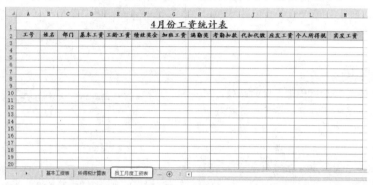

图 10-16

❷ 选中 A3 单元格，在编辑栏中输入公式：

= 基本工资表 !A3

按 Enter 键，并向右复制公式到 D3 单元格，即可返回第一位职员的工号、姓名、部门、基本工资，如图 10-17 所示。

A3 =基本工资表!A3

4月份工

工号	姓名	部门	基本工资	工龄工资	绩效奖金	加班工资
NO.001	章晔	行政部	3200			

图 10-17

❸ 选中 E3 单元格，在编辑栏中输入公式：

=VLOOKUP(A3, 基本工资表 !$A:$G,7,FALSE)

按 Enter 键，即可返回第一位职员的工龄工资，如图 10-18 所示。

E3 =VLOOKUP(A3,基本工资表!$A:$G,7,FALSE)

4月份工资统计

工号	姓名	部门	基本工资	工龄工资	绩效奖金	加班工资	满勤奖
NO.001	章晔	行政部	3200	1400			
NO.002							
NO.003							
NO.004							
NO.005							
NO.006							

图 10-18

❹ 选中 A3:E3 单元格区域，向下拖曳右下角的填充柄，实现从“基本工资表”中得到所有员工的基本数据、基本工资、工龄工资，如图 10-19 所示。

4月份工资统计表

工号	姓名	部门	基本工资	工龄工资	绩效奖金	加班工资	满勤奖	考勤扣款
NO.001	章晔	行政部	3200	1400				
NO.002	姚磊	人事部	3500	1000				
NO.003	闫绍红	行政部	2800	400				
NO.004	焦文雷	设计部	4000	1000				
NO.005	魏义成	行政部	2800	400				
NO.006	李秀秀	人事部	4200	1400				
NO.007	焦文全	销售部	2800	400				
NO.008	郑立媛	设计部	4500	1400				
NO.009	马同燕	设计部	4000	0				
NO.010	莫云	销售部	2200	1200				
NO.011	陈芳	研发部	3200	300				
NO.012	钟华	研发部	4500	100				
NO.013	张燕	人事部	3500	50				
NO.014	柳小续	研发部	5000	100				
NO.015	许开	研发部	3500	1200				
NO.016	陈建	销售部	2500	0				
NO.017	万茜	财务部	4200	1000				
NO.018	张亚明	销售部	2000	50				
NO.019	张华	财务部	3000	1000				
NO.020	郝亮	销售部	1200	1000				
NO.021	穆宇飞	研发部	3200	1200				

图 10-19

10.3.2 计算实发工资

实发工资包括应发工资与应扣工资两个部分，应分别进行核算，然后再将应发工资总额减去应扣工资总额得到实发工资。

对于应发部门的绩效奖金、加班工资、满

勤奖、考勤扣款几个项目在前面的章节中我们已建立了相应的表格，在进行工资核算时，可以依据当月的实际情况将数据填入到工资统计表中来。对于保险的代扣代缴部分，假设公司统一以平均工资的 60% 缴纳，其个人的缴纳部分如下。

养老保险个人缴纳部分：（基本工资 + 工龄工资）×10%；

医疗保险个人缴纳部分：（基本工资 + 工龄工资）×2%；

失业保险个人缴纳部分：（基本工资 + 工龄工资）×8%。

❶ 选中 J3 单元格，在编辑栏中输入公式：

=IF(E3=0,0,(D3+E3)*60%*0.08+(D3+E3)*60%*0.02+(D3+E3)*60%*0.1)

按 Enter 键，即可返回第一位职员应交保险的代扣代缴，如图 10-20 所示。

J3 =IF(E3=0,0,(D3+E3)*60%*0.08+(D3+E3)*60%*0.02+(D3+E3)*60%*0.1)

4月份工资统计表

工号	姓名	部门	基本工资	工龄工资	绩效奖金	加班工资	满勤奖	考勤扣款	代扣代缴	应发工资
NO.001	章晔	行政部	3200	1400		200	0	280	552	
NO.002	姚磊	人事部	3500	1000		200	300	0		
NO.003	闫绍红	行政部	2800	400		400	300	0		
NO.004	焦文雷	设计部	4000	1000		360	0	190		
NO.005	魏义成	行政部	2800	400		280	300	0		

图 10-20

❷ 选中 K3 单元格，在编辑栏中输入公式：

=SUM(D3:H3)-SUM(I3:J3)

按 Enter 键，即可返回第一位职员应发工资，如图 10-21 所示。

K3 =SUM(D3:H3)-SUM(I3:J3)

4月份工资统计表

工号	姓名	部门	基本工资	工龄工资	绩效奖金	加班工资	满勤奖	考勤扣款	代扣代缴	应发工资	个人所得税
NO.001	章晔	行政部	3200	1400		200	0	280	552	3968	
NO.002	姚磊	人事部	3500	1000		200	300	0			
NO.003	闫绍红	行政部	2800	400		400	300	0			
NO.004	焦文雷	设计部	4000	1000		360	0	190			
NO.005	魏义成	行政部	2800	400		280	300	0			

图 10-21

❸ 选中 L3 单元格，在编辑栏中输入公式：

=VLOOKUP(A3, 所得税计算表 !$A:$H,8,FALSE)

按 Enter 键，即可返回第一位职员的个人所得税，如图 10-22 所示。

L3 =VLOOKUP(A3,所得税计算表!$A:$H,8,FALSE)

4月份工资统计表

工号	姓名	部门	基本工资	工龄工资	绩效奖金	加班工资	满勤奖	考勤扣款	代扣代缴	应发工资	个人所得税
NO.001	章晔	行政部	3200	1400		200	0	280	552	3968	0
NO.002	姚磊	人事部	3500	1000		200	300	0			
NO.003	闫绍红	行政部	2800	400		400	300	0			
NO.004	焦文雷	设计部	4000	1000		360	0	190			
NO.005	魏义成	行政部	2800	400		280	300	0			

图 10-22

❹ 选中 M3 单元格，在编辑栏中输入公式：

=K3-L3

按 Enter 键，即可返回第一位员工的实发工资，如图 10-23 所示。

图 10-23

❺ 选中 J3:M3 单元格区域，拖曳右下角的填充柄，批量返回其他员工的代扣代缴、应发工资、个人所得税与实发工资，如图 10-24 所示。

图 10-24

❻ 让"所得税计算表"中的应发工资额同步"员工月度工资表"中的应发工资额，这么做的好处是，每个月建立员工月度工资表时，根据不同的应发工资额，个人所得税都能自动重新核算。因此切换到"所得税计算表"中，选中 D3 单元格，在编辑栏中输入公式：

＝员工月度工资表!K3

然后通过拖曳右下角的填充柄向下复制公式，从而更新"所得税计算表"中的应发工资，相应的应缴所得税也自动更新，如图 10-25 所示。

图 10-25

知识扩展

对于绩效奖金、加班工资、满勤奖、考勤扣款这些项目也可以复制到工资核算的工作簿中来，并匹配到"员工月度工资表"中，但由于这些项目并非每位员工都会包含（如绩效奖金并非每位员工都有记录、加班工资也并非每位员工都有记录），因此需要使用 VLOOKUP 函数进行匹配。

例如本月的绩效奖金计算表如图 10-26 所示，首先将表格复制到工资核算所在的工作簿中。

	A	B	C	D
1	员工绩效奖金计算表			
2	工号	姓名	销售业绩	绩效奖金
3	NO.007	焦文全	100600	8048
4	NO.010	莫云	125900	10072
5	NO.016	陈建	70800	5664
6	NO.018	张亚明	90600	7248
7	NO.020	郝亮	75000	6000
8	NO.023	吴小华	18500	555
9	NO.024	刘平	135000	10800
10	NO.025	韩学平	34000	1700
11	NO.026	张成	25900	1295
12	NO.027	邓宏	103000	8240
13	NO.028	杨娜	18000	540
14	NO.029	邓超超	48800	2440
15	NO.031	包娟娟	45800	2290

图 10-26

切换到"员工月度工资表"中，选中 F3 单元格，在编辑栏中输入公式：

=IFERROR(VLOOKUP(A3,员工绩效奖金计算表 !$A$2:$D$15,4,FALSE),"")，如图 10-27 所示。

图 10-27

然后向下复制公式，当某位员工有绩效奖金时就会匹配到，如果没有，则返回空值，如图 10-28 所示。

图 10-28

专家提示

通过建立表格间的相互链接，所达到的效果类似于一个小型的管理系统，即当更新一些必填数据后，与它关联的数据也能达到自动更新。例如本例中如果员工的基本工资做了调整，那么"员工月度工资表"中的数据也会做出自动更新，而不需要人工修改、核对，人工操作不仅效率低，还很容易出错。

10.4 建立工资条

工资核算完成后一般都需要生成工资条。工资条是员工领取工资的一个详单，便于员工详细了解本月应发工资明细与应扣工资明细。

在生成员工工资条的时候，要注意以下方面。

- 工资条利用公式返回，保障其重复使用性与拓展性。
- 打印时页面一般需要重新设置。

10.4.1 将工资表全表建立为名称

由于在建立工资条的公式中要不断引用"员工月度工资表"中的数据，所以可以将该表格的数据区域定义为名称，以方便公式的引用。

❶ 在建立完成的"员工月度工资表"后，选中从第二行开始的包含列标识的数据编辑区域，在名称编辑框中定义其名称为"工资表"，按 Enter 键，即可完成名称的定义，如图 10-29 所示。

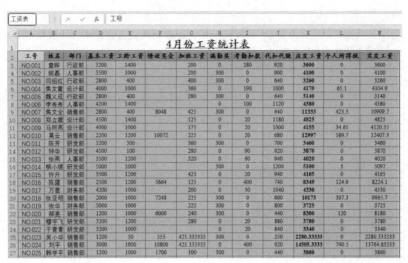

工号	姓名	部门	基本工资	工龄工资	绩效奖金	加班工资	满勤奖	考勤扣款	代扣代缴	应发工资	个人所得税	实发工资
NO.001	章晔	行政部	3200	1400		200	0	280	920	3600	0	3600
NO.002	姚磊	人事部	3500	1000		200	300		900	4100	0	4100
NO.003	闫绍红	行政部	2800	400		400	300		640	3260	0	3260
NO.004	焦文富	设计部	4000	1000		360		190	1000	4170	65.1	4104.9
NO.005	魏文成	行政部	2800	400		280	300		640	3140	0	3140
NO.006	李秀秀	人事部	4200	1400			0	100	1120	4380	0	4380
NO.007	焦文全	销售部	2800	400	8048	425	300	0	640	11333	423.3	10909.7
NO.008	郑立媛	设计部	4500	1400		125		20	1180	4825	0	4825
NO.009	马阔燕	设计部	4000	1000		175		20	1000	4155	34.65	4120.35
NO.010	莫云	销售部	2200	1200	10072	225		20	680	12997	589.7	12407.3
NO.011	陈芳	研发部	3200	300		360	300		700	3460	0	3460
NO.012	钟华	研发部	4500	100		280		90	920	3870	0	3870
NO.013	张燕	人事部	3500	1200		320		60	940	4020	0	4020
NO.014	柳小续	研发部	5000	1000			300	0	1200	5100	3	5097
NO.015	许开	研发部	3500	1200		425		20	940	4165	0	4165
NO.016	陈建	销售部	2500	1200	5664	125		400	740	8349	124.9	8224.1
NO.017	万蕾	财务部	4200	1000		200		30	1040	4330	0	4330
NO.018	张亚明	销售部	2000	1000	7248	225	300		600	10173	307.3	9865.7
NO.019	张华	财务部	3000	1000		225	300		800	3725	0	3725
NO.020	郝亮	销售部	1200	1000	6000	240	300		440	8300	120	8180
NO.021	穆宇飞	销售部	3200	1200		280		20	880	3780	0	3780
NO.022	于青青	研发部	3200	1200				20	1040	3340	0	3340
NO.023	吴小华	销售部	1200	50	555	425.333333	300		250	2280.333333	0	2280.333333
NO.024	刘平	销售部	3000	1600	10800	425.333333		400	920	14505.3333	740.5	13764.83333
NO.025	韩学平	销售部	1200	1000	1700	100	300		440	3860	0	3860

图 10-29

10.4.2　建立生成工资条的公式

之所以能生成工资条，是得力于公式的创建，因此公式的创建是很关键的，主要使用的是 VLOOKUP 函数。

❶ 新建工作表并重命名为"工资条"，建立的表格如图 10-30 所示。

图 10-30

❷ 选中 B3 单元格，在编辑栏中输入公式：
=VLOOKUP(A3,工资表,2,FALSE)

按 Enter 键，即可返回第一位员工的姓名，如图 10-31 所示。

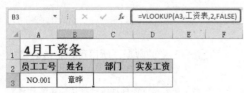

图 10-31

❸ 选中 C3 单元格，在编辑栏中输入公式：
=VLOOKUP(A3,工资表,3,FALSE)

按 Enter 键，即可返回第一位员工的部门，如图 10-32 所示。

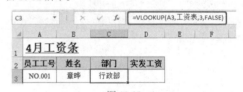

图 10-32

❹ 选中 D3 单元格，在编辑栏中输入公式：
=VLOOKUP(A3,工资表,13,FALSE)

按 Enter 键，即可返回第一位员工的实发工资，如图 10-33 所示。

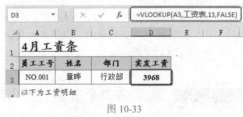

图 10-33

❺ 选中 A6 单元格，在编辑栏中输入公式：
=VLOOKUP($A3,工资表,COLUMN(D1),FALSE)

按 Enter 键，即可返回第一位员工的基本工资，如图 10-34 所示。

図 10-34

⑥ 选中 A6 单元格，将光标定位到该单元格右下角，出现黑色十字形时按住鼠标左键向右拖曳至 I6 单元格，释放鼠标即可一次性返回第一位员工的各项工资明细，如图 10-35 所示。

图 10-35

🖋 专家提示

COLUMN 函数返回给定单元格的列号，如果没有参数，则返回公式所在单元格的列号。

=VLOOKUP($A3,工资表,COLUMN (D1),FALSE) 公式解析如下：

因为 D 列是单元格区域中的第 4 列，COLUMN(D1) 返回值为 4，而"基本工资"正处于"工资表"（之前定义的名称）单元格区域的第 4 列中。之所以这样设置，是为了接下来复制公式的方便，当复制 A6 单元格的公式到 B6 单元格中时，公式更改为"=VLOOKUP($A3,工资表，COLUMN(E1),FALSE)"，COLUMN(E1) 返回值为 5，而"工龄工资"正处于"工资表"单元格区域的第 5 列中，以此类推。如果不采用这种办法来设置公式，则需要依次手动更改 VLOOKUP 函数的第 3 个参数，即指定要返回哪一列上的值。

当生成了第一位员工的工资条后，则可以利用填充的办法来快速生成每位员工的工资条。

选中 A2:I7 单元格区域，将光标定位到该单元格区域右下角，当其变为黑色十字形时，如图 10-36 所示，按住鼠标左键向下拖曳，释放鼠标即可得到每位员工的工资条，如图 10-37 所示（拖曳到什么位置释放鼠标要根据当前员工的人数来决定，即在通过填充得到所有员工的工资条后释放鼠标）。

图 10-36

🖋 专家提示

在选择填充源时要多选择一个空白行，这样是为了实现在填充后每一个工资条下方都有一个空白行，方便打印后对工资条的裁剪。

图 10-37

10.5 ▶ 月工资统计分析报表

在月末建立了"员工月度工资表"后，根据核算后的工资数据可以建立各类报表实现数据统计分析。例如，按部门汇总统计工资总额、部分平均工资比较、工资分布区间统计等。图10-38所示为某月的工资数据，下面以此数据为例创建统计分析报表。

工号	姓名	部门	基本工资	工龄工资	绩效奖金	加班工资	满勤奖	考勤扣款	代扣代缴	应发工资	个人所得税	实发工资
					4月份工资统计表							
NO.001	童晔	行政部	3200	1400		200	0	280	552	3968	0	3968
NO.002	姚磊	人事部	3500	1000		200	300	0	540	4460	0	4460
NO.003	闫绍红	行政部	2800	400		400	300	0	384	3516	0	3516
NO.004	焦文雷	设计部	4000	1000		360	0	190	600	4570	0	4570
NO.005	魏义成	行政部	2800	400		280	300	0	384	3396	0	3396
NO.006	李秀秀	人事部	4200	1400			0	100	672	4828	0	4828
NO.007	焦文全	销售部	2800	400	8048	425	300	0	384	11589	448.9	11140.1
NO.008	郑立媛	设计部	4500	1400		125	0	20	708	5297	8.91	5288.09
NO.009	马同燕	设计部	4000	0		175	0	20	0	4155	0	4155
NO.010	莫云	销售部	2200	1200	10072	225	0	20	408	13269	616.9	12652.1
NO.011	陈芳	研发部	3200	300		360	300	0	420	3740	0	3740
NO.012	钟华	研发部	4500	100		280	0	90	552	4238	0	4238
NO.013	张燕	人事部	3500	50		320	0	60	426	3384	0	3384
NO.014	柳小续	研发部	5000	100			300	0	612	4788	0	4788
NO.015	许开	研发部	3500	1200			0	20	564	4541	0	4541
NO.016	陈建	销售部	2500	0	5664	125	0	400	0	7889	86.67	7802.33
NO.017	万茜	财务部	4200	1000		200	0	30	624	4746	0	4746
NO.018	张亚明	销售部	2000	50	7248	225	300	0	246	9577	247.7	9329.3
NO.019	张华	财务部	4000	0		225	300	0	480	4045	0	4045
NO.020	郝亮	销售部	1200	1000	6000	240	300	0	264	8476	137.6	8338.4
NO.021	穆宇飞	研发部	3200	1200		280	0	20	528	4132	0	4132
NO.022	于青青	研发部	3200	1000			0	20	504	3676	0	3676
NO.023	吴小华	销售部	1200	50	555	420	0	150	150	2380	0	2380
NO.024	刘平	销售部	1200	1600	10800	425	0	400	552	14873	777.3	14095.7
NO.025	韩学平	销售部	1200	1000	1700	100	300	0	264	4036	0	4036
NO.026	张成	销售部	1200	300	1295	150	0	180	180	2745	0	2745
NO.027	邓宏	销售部	1200	400	8240	225	300	0	192	10173	307.3	9865.7
NO.028	杨娜	销售部	1200	0	540	360	0	20	150	1980	0	1980

基本工资表　所得税计算表　**员工月度工资表**　工资条

图 10-38

10.5.1 部门工资汇总报表

部门工资汇总报表的创建可以使用数据透视表快速实现，并且字段的设置也很简单。

❶ 选中数据区域内的任意单元格，在"插入"选项卡的"表格"组中单击"数据透视表"按钮，如图10-39所示。

❷ 打开"创建数据透视表"对话框，保持默认设置和选项，单击"确定"按钮，即可创建数据透视表，如图10-40所示。

❸ 将工作表重命名为"按部门汇总工资额"。添加"部门"字段至"行"区域、添加"实发工资"字段至"值"区域，得到如图10-41所示数据透视表，可以看到按部门汇总出了实发工资。

图 10-39

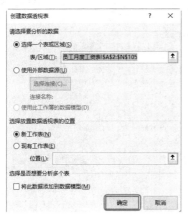

图 10-40

图 10-41

❹ 选中数据透视表中任意单元格，在"数据透视表工具 - 分析"选项卡的"工具"组中单击"数据透视图"按钮，如图 10-42 所示。

❺ 打开"插入图表"对话框，选择图表类型为"饼图"，如图 10-43 所示。

图 10-42

❻ 单击"确定"按钮创建图表。选中图表，在扇面上单击一次，再在最大的扇面上单击一次（表示只选中这个扇面），单击图表右上角的"图表元素"

按钮，在下拉列表中依次选择"数据标签"→"更多选项"命令，如图 10-44 所示。

图 10-43

❼ 打开"设置数据标签格式"窗格，分别选中"类别名称"和"百分比"复选框，如图 10-45 所示。得到的图表如图 10-46 所示。

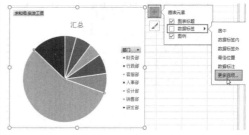

图 10-44

图 10-45

❽ 在图表标题框中重新输入标题，让图表的分

析重点更加明确，如图 10-47 所示。

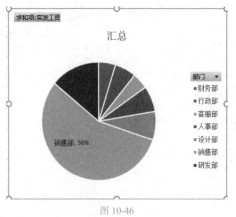

图 10-46

图 10-47

10.5.2 部门平均工资比较图表

在建立数据透视图之前，可以为当前表格建立数据透视表，并按部门统计工资额，然后再修改值的汇总方式为平均值，从而计算出每个部门的平均工资。

❶ 复制 10.5.1 节中的数据透视表（关于工作表的复制在前面的章节中已多次介绍过），并将工作表重命名为"部门平均工资比较"，如图 10-48 所示。

❷ 在数据透视表中双击值字段，即 B3 单元格，打开"值字段设置"对话框，选择值字段汇总方式的计算类型为"平均值"，并设置自定义名称为"平均工资"，如图 10-49 所示。

图 10-48

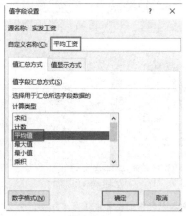

图 10-49

❸ 单击"确定"按钮，其统计数据如图 10-50 所示。

❹ 选中数据透视表任意单元格，在"数据透视表工具 - 分析"选项卡的"工具"组中单击"数据透视图"按钮，打开"插入图表"对话框，选择合适的图表类型，如图 10-51 所示。

	A	B
3	部门	平均工资
4	财务部	4027.5
5	行政部	3333.333333
6	客服部	2500
7	人事部	4166.666667
8	设计部	4350.083333
9	销售部	6226.05
10	研发部	3952
11	总计	4845.390278

图 10-50

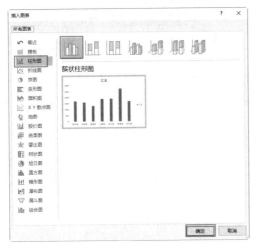

图 10-51

⑤ 单击"确定"按钮，即可在工作表中插入默认的图表，如图 10-52 所示。

⑥ 编辑图表标题，通过套用图表样式快速美化图表。从图表中可以直观查看数据分析的结论，如图 10-53 所示。

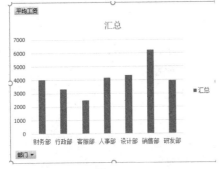

图 10-52

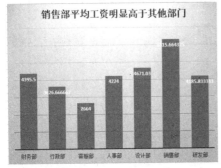

图 10-53

10.5.3 工资分布区间统计报表

根据员工月度工资表中的实发工资列数据，可以建立工资分布区间人数统计表，以实现对企业工资水平分布情况的研究。

① 复制 10.5.1 节中的数据透视表，将原来已设置的字段拖出，重新添加字段。添加"实发工资"字段至"行"区域、添加"姓名"字段至"值"区域，这时的数据透视表是计数统计的结果，如图 10-54 所示。

图 10-54

② 选中行标签下的任意单元格，在"数据"选项卡的"排序和筛选"组中单击"降序"按钮，先将工资数据排序，如图 10-55 所示。

③ 选中所有大于或等于 8000 的数据，在"数据透视表工具 - 分析"选项卡的"组合"组中单击"分组选择"按钮（见图 10-56），创建出一个自定义数组，如图 10-57 所示。

图 10-55

图 10-56

❹ 选中 A4 单元格，将组名称更改为"8000 及以上"，如图 10-58 所示。

图 10-57　　　　　图 10-58

❺ 选中 5000 ~ 8000 的数据，在"数据透视表工具 - 分析"选项卡的"组合"组中单击"分组选择"按钮，如图 10-59 所示。此时创建出一个自定义数组，将第二组的名称重新输入为"5000~8000"，如图 10-60 所示。

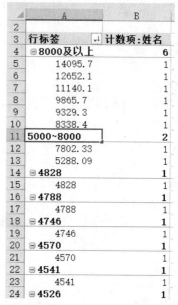

图 10-59

图 10-60

❻ 按相同的方法建立"4000~5000"组、"3000~4000"组和"3000 以下"组，这时可以看到在"行"区域中有"实发工资 2"和"实发工资"两个字段，如图 10-61 所示。

图 10-61

❼ 因为这里只想显示分组后的统计结果，因此将"实发工资"字段拖出，只保留"实发工资 2"字段，得到的统计结果如图 10-62 所示。

❽ 对得到的统计结果进行整理，对字段重新命名，添加标题，得到如图 10-63 所示的报表。

图 10-62

工资分布区间统计报表	
工资区间	人数
8000及以上	6
5000~8000	2
4000~5000	13
3000~4000	7
3000以下	8
总计	36

图 10-63

10.6 ▶ 其他薪资管理相关的表格

10.6.1 工资变更申请表

在实际工作中，员工因为岗位发生变化或工作能力达到评定标准，则可以向有关部门递交工资变更申请表，申请表中主要应包括员工的姓名、所属部门、岗位、层级、调整工资的理由等。例表如图 10-64 所示。

图 10-64

制作要点如下：

❶ 规划表格应包含的项目。

❷ 插入特殊符号。

10.6.2 岗位薪酬结构表

岗位薪酬结构表由基本工资、岗位工资、加班费、奖金、统筹、公积金和住房补贴等组成。例表如图 10-65 所示。

岗位薪酬结构表										
序号	岗位	姓名	岗位级别	基本工资	岗位工资	福利				合计
						加班费	奖金	统筹	公积金	住房补贴	
1	经理	王荣	1级	￥2,000.00	￥2,200.00	￥100.00	￥150.00		￥67.00	￥150.00	￥
2	助理	周国朝	2级	￥1,500.00	￥1,800.00		￥150.00	￥50.00	￥67.00	￥100.00	￥
3	主管	葛丽	1级	￥1,700.00	￥2,200.00		￥150.00		￥67.00	￥80.00	￥
4	职员	王磊	3级	￥1,400.00	￥1,500.00		￥100.00		￥67.00	￥20.00	￥
5	职员	刘泰	3级	￥1,400.00	￥1,500.00		￥100.00		￥67.00	￥20.00	￥
6	职员	周礼	4级	￥1,400.00	￥1,800.00		￥150.00		￥67.00	￥20.00	￥
7	职员	陶菁菁	3级	￥1,400.00	￥1,500.00	￥150.00	￥200.00		￥67.00	￥20.00	￥
8	职员	方航	2级	￥1,400.00	￥1,800.00	￥150.00	￥200.00		￥67.00	￥20.00	￥
9	职员	徐天宇	4级	￥1,400.00	￥1,200.00		￥100.00		￥67.00	￥20.00	￥
10	职员	王贝贝	4级	￥1,400.00	￥1,200.00		￥100.00	￥50.00	￥67.00	￥20.00	￥
11	职员	刘飞	3级	￥1,400.00	￥1,500.00		￥100.00	￥100.00	￥67.00	￥20.00	￥
12	职员	张东方	3级	￥1,400.00	￥1,500.00		￥100.00		￥67.00	￥20.00	￥
13	职员	王北峰	4级	￥1,400.00	￥1,200.00		￥50.00		￥67.00	￥20.00	￥
14	实习生	周海利	4级	￥800.00	￥1,200.00		￥150.00				￥
15	实习生	姜韶韶	3级	￥800.00	￥1,500.00		￥100.00	￥80.00			￥

图 10-65

制作要点如下：

❶ 规划表格应包含的项目。

❷ 使用 SUM 函数进行求和运算。

第11章

公司产品销售订单与库存管理表格

做好市场销售工作是企业生存的根本，而日常销售数据是企业可以获取的第一手资料，对销售数据进行统计分析，是多数企业日常工作中最为常见的工作之一。利用 Excel 创建表格即管理数据，又称分析数据。本章主要介绍公司产品销售订单与库存管理相关的表格。

- ☑ 制作销售单据
- ☑ 销售记录汇总表
- ☑ 销售数据分析报表
- ☑ 入库记录表
- ☑ 库存汇总、查询、预警
- ☑ 本期利润分析表
- ☑ 计划与实际营销对比图
- ☑ 分析产品销售增长率图表
- ☑ 其他与销售管理相关的表格

11.1 ▶ 制作销售单据

销售单据是在销售时根据实际销售情况实时产生的一种单据，图 11-1 所示是一张针对零售业的一种销售单据，在填写了销售数据后，可以快速计算合计值，同时还可以根据不同的金额区间计算出相应的折后金额。

图 11-1

建立此表主要得力于几个公式的创建，在完成公式的建立后，当需要使用时只要填入基本数据，需要的金额数据就能够自动计算。

① 新建工作表，建立的表格框架如图 11-2 所示。

图 11-2

② 选中 F4 单元格，输入公式：

=D4*E4

按 Enter 键，接着拖曳右下角的填充柄向下填充公式，如图 11-3 所示。此公式是根据销售数量与单价计算金额的公式。

图 11-3

③ 选中 F12 单元格，在"公式"选项卡的"函数库"组中单击"自动求和"下拉按钮，如图 11-4 所示，此时自动建立求和公式，并且默认的数据源也是正确的，如图 11-5 所示。按 Enter 键，即可建立此公式。

图 11-4

图 11-5

④ 选中 F13 单元格，输入公式：

=IF(F12<=500,F12,IF(F12<=1000,F12*0.95,IF(F12<=2000,F12*0.9,F12* 0.85)))

按 Enter 键，完成公式的建立，如图 11-6 所示。此公式可根据 F12 单元格中的金额区间给出相应的折扣，并计算出折后金额。本例的规则如下。

如果合计金额 <=500 元，则无折扣。

如果 500 元 < 合计金额 <=1000 元，则为 95 折。

如果 1000 元 < 合计金额 <=2000 元，则为 9 折。
如果合计金额 >2000 元，则为 85 折。

⑤ 完成公式的建立后，当填入销售数据时，金额则可以实现自动计算，如图 11-7 所示。

	销售单据					
客户：	日期：				NO.	2021020001
类别	名称	单位	数量	单价	金额	备注
					0	
					0	
		合计			0	
		折后金额			0	

图 11-6

	销售单据					
客户：	日期：				NO.	2021020001
类别	名称	单位	数量	单价	金额	备注
花色牛奶	朱古力牛奶	盒	2	25	50	
乳饮料	酸酸乳（原味）	盒	24	3	72	
乳饮料	真果粒（草莓味）	盒	24	4.5	108	
儿童奶	妙妙成长牛奶（100ML）	盒	20	13.5	270	
花色牛奶	核桃早餐奶	盒	2	21.5	43	
儿童奶	骨力型（125ML）	盒	20	12.8	256	
儿童奶	骨力型（190ML）	盒	20	13.5	270	
					0	
		合计			1069	
		折后金额			962.1	

图 11-7

11.2 销售记录汇总表

销售记录汇总表包括在售产品的各项基本信息（可以从"产品基本信息表"中获取）、产品的价格和销售数据，可以计算出产品的总销售额数据，有折扣的产品还可以根据折扣率计算折后金额。

11.2.1 创建产品基本信息表

产品基本信息表中显示的是企业当前入库或销售的所有产品的列表，当增加新产品或减少旧产品时，都需要在此表格中增加或删除。将这些数据按编号一条条记录到 Excel 表中，则可以很方便地对后面入库记录表与销售记录表进行统计。

① 创建新工作表，将其重命名为"产品基本信息表"。

② 设置好标题、列标识等，其中包括产品的编码、系列、名称、规格、进货单价等基本信息。建立好如图 11-8 所示的产品列表。

产品编号	系列	产品名称	规格	进货单价	零售单价
CN11001	纯牛奶	有机牛奶	盒	6.5	9
CN11002	纯牛奶	脱氧牛奶	盒	6	8
CN11003	纯牛奶	全脂牛奶	盒	6	8
XN13001	鲜牛奶	高钙鲜牛奶	瓶	3.5	5
XN13002	鲜牛奶	高品鲜牛奶	瓶	3.5	5
SN18001	酸奶	酸奶（原味）	盒	6.5	9.8
SN18002	酸奶	酸奶（红枣味）	盒	6.5	9.8
SN18003	酸奶	酸奶（椰果味）	盒	7.2	9.8
SN18004	酸奶	酸奶（芒果味）	盒	5.92	6.6
SN18005	酸奶	酸奶（草莓味）	盒	5.92	6.6
SN18006	酸奶	酸奶（苹果味）	盒	5.2	6.6
SN18007	酸奶	酸奶（葡萄味）	盒	5.2	6.6
SN18008	酸奶	酸奶（无蔗糖）	盒	5.2	6.6
EN12001	儿童奶	有机奶	盒	7.5	12.8
EN12002	儿童奶	佳智型（125ML）	盒	7.5	12.8
EN12003	儿童奶	佳智型（190ML）	盒	7.5	12.8
EN12004	儿童奶	骨力型（125ML）	盒	7.5	12.8
EN12005	儿童奶	骨力型（190ML）	盒	9.9	13.5
EN12006	儿童奶	妙妙成长牛奶（100ML	盒	9.9	13.5
EN12007	儿童奶	妙妙成长牛奶（125ML	盒	8.5	12
EN12008	儿童奶	妙妙成长牛奶（180ML	盒	9.9	13.5
HN15001	花色牛奶	红枣早餐奶	盒	9.9	13.5
HN15002	花色牛奶	核桃早餐奶	盒	13.5	21.5
HN15003	花色牛奶	香草早餐奶	盒	12.8	19.8
HN15004	花色牛奶	包谷粒早餐奶	盒	18	25

销售单据1 | 销售单据2 | 产品基本信息表

图 11-8

11.2.2 创建销售记录汇总表

创建表格后，可以根据每日的销售单据将销售数据汇总录入该表格中（需要手工录入的部分采用手工录入，被设置了公式的单元格区域则自动返回数据）。

① 新建工作表，将其重命名为"销售记录汇总"。输入表格标题、列标识，对表格字体、对齐方式、底纹和边框设置，如图 11-9 所示。

② 设置好格式后，根据每日销售各张销售单据在表格中依次录入日期、单号（如果一张单据中有多项产品，则全部输入相同单号）、产品编号、系列、产品名称等基本信息，效果如图 11-10 所示。

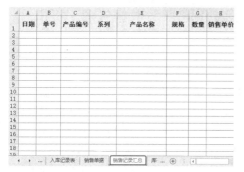

	A	B	C	D	E	F	G	H
1	日期	单号	产品编号	系列	产品名称	规格	数量	销售单价

图 11-9

	A	B	C	D	E	F	G	H	I
1	日期	单号	产品编号	系列	产品名称	规格	数量	销售单价	销售额
2	7/1	0800002	XN13001				19		
3	7/1	0800004	XN13002				12		
4	7/1	0800004	EN12004				10		
5	7/1	0800004	EN12005				10		
6	7/1	0800004	RN14003				4		
7	7/1	0800002	HN15001				13		
8	7/1	0800001	EN12003				12		
9	7/1	0800001	SN18005				12		
10	7/1	0800003	SN18002				25		
11	7/1	0800001	SN18006				5		
12	7/1	0800004	SN18001				5		
13	7/1	0800003	CN11002				25		
14	7/1	0800001	CN11001				6		
15	7/2	0800007	XN13001				10		
16	7/2	0800005	EN12004				5		
17	7/2	0800008	EN12004				15		
18	7/2	0800009	EN12004				10		
19	7/2	0800009	RN14004				2		

图 11-10

11.2.3 设置公式根据产品编号返回基本信息

在“销售记录汇总”表中，基本的销售数据是必须手工填写的，由于前面我们已经创建了“产品基本信息表”，因此可以在录入产品编号后，通过设置公式来实现自动返回“产品名称”“规格”等其他基本数据，从而实现表格的自动处理效果。

❶ 选中 D2 单元格，在编辑栏中输入公式：

=VLOOKUP($C2,产品基本信息表!$B$2:$G$100,COLUMN(B1),FALSE)

按 Enter 键，即可返回系列，如图 11-11 所示。

❷ 选中 D2 单元格，将光标定位到该单元格区域右下角，向右拖曳至 F2 单元格复制公式，可一次性返回指定编号产品的系列、产品名称、规格，如图 11-12 所示。

	A	B	C	D	E	F	G	H	I	J
1	日期	单号	产品编号	系列	产品名称	规格	数量	销售单价	销售额	折
2	7/1	0800001	EN12003	儿童奶			12			
3	7/1	0800001	SN18005				12			
4	7/1	0800001	SN18006				5			
5	7/1	0800001	CN11001				6			
6	7/1	0800002	XN13001				19			
7	7/1	0800002	HN15001				13			
8	7/1	0800003	SN18002				25			
9	7/1	0800003	CN11002				25			
10	7/1	0800004	XN13002				12			
11	7/1	0800004	EN12004				10			
12	7/1	0800004	EN12005				10			
13	7/1	0800004	RN14003				4			
14	7/1	0800004	SN18001				5			

图 11-11

	A	B	C	D	E	F
1	日期	单号	产品编号	系列	产品名称	规格
2	7/1	0800001	EN12003	儿童奶	佳智型（190ML）	盒
3	7/1	0800001	SN18005			
4	7/1	0800001	SN18006			
5	7/1	0800001	CN11001			
6	7/1	0800002	XN13001			
7	7/1	0800002	HN15001			
8	7/1	0800003	SN18002			
9	7/1	0800003	CN11002			
10	7/1	0800004	XN13002			

图 11-12

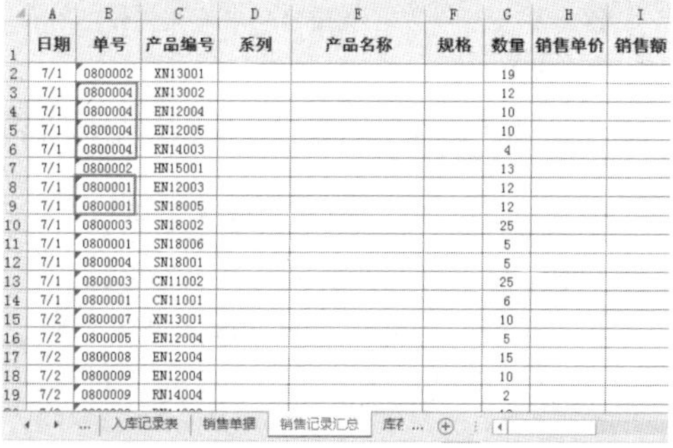

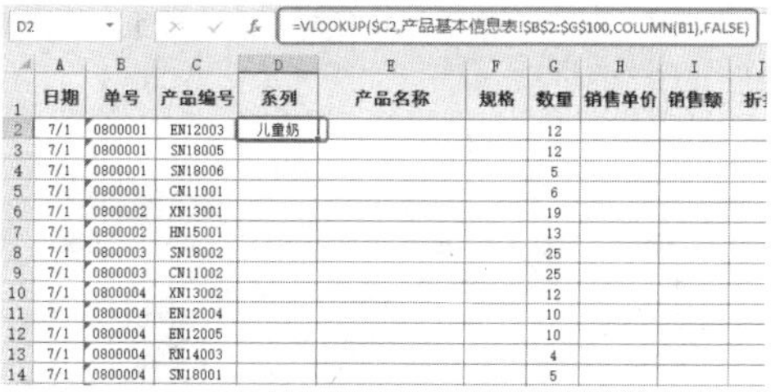

专家提示

=VLOOKUP($C2,产品基本信息表!$B$2:$G$100,COLUMN(B1),FALSE) 公式解析如下：

在“产品基本信息表!$B$2:$G$100”区域的首列中查找与 $C2 中的相匹配的产品编号，找到后返回“COLUMN(B1)”（返回值为 2）指定列上对应的数据。注意，“COLUMN(B1)”随着公式向右复制，会依次变为“COLUMN(C1)”“COLUMN(D1)”…，即依次返回第 3 列、第 4 列上的值。

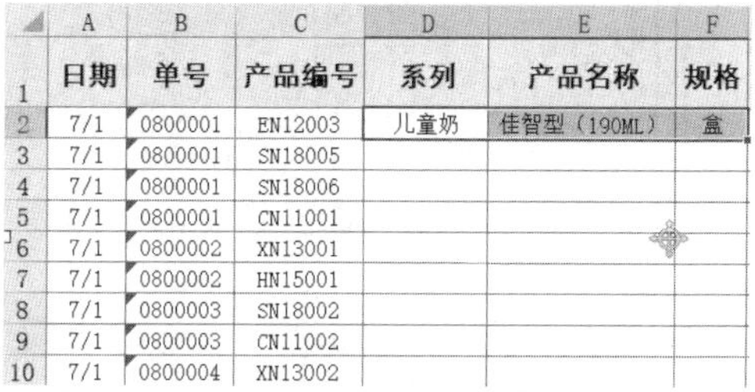

这个公式还有一个关键点，即“$C2”这个引用方式，因为在 D2 单元格中建立的公式既要向右复制又要向下复制，因此为了保障向右复制时对“$C2”这个引用不变，则需要对列使用绝对引用；并且为了保障向下复制时对“$C2”这个引用要依次变为 C3、C4、C5…，因此对行的引用不能使用绝对引用，而需要使用相对引用。

❸ 选中 D2:F2 单元格区域，将光标定位到该单

元格区域右下角，向下拖曳复制公式，则可以根据 C 列中的产品编号批量得到相关基本信息，如图 11-13 所示。

	日期	单号	产品编号	系列	产品名称	规格
2	7/1	0800001	EN12003	儿童奶	佳智型（190ML）	盒
3	7/1	0800001	SN18005	酸奶	酸奶（菠萝味）	盒
4	7/1	0800001	SN18006	酸奶	酸奶（苹果味）	盒
5	7/1	0800001	CN11001	纯牛奶	有机牛奶	盒
6	7/1	0800002	XN13001	鲜牛奶	高钙鲜牛奶	瓶
7	7/1	0800002	HN15001	花色牛奶	红枣早餐奶	盒
8	7/1	0800003	SN18002	酸奶	酸奶（红枣味）	盒
9	7/1	0800003	CN11002	纯牛奶	脱脂牛奶	盒
10	7/1	0800004	XN13002	鲜牛奶	高品鲜牛奶	瓶
11	7/1	0800004	EN12004	儿童奶	骨力型（125ML）	盒
12	7/1	0800004	EN12005	儿童奶	骨力型（190ML）	盒
13	7/1	0800004	RN14003	乳饮料	蔬酸酸乳（草莓味	盒
14	7/1	0800004	SN18001	酸奶	酸奶（原味）	盒
15	7/2	0800005	EN12004	儿童奶	骨力型（125ML）	盒
16	7/2	0800005	EN12002	儿童奶	佳智型（125ML）	盒
17	7/2	0800005	EN12003	儿童奶	佳智型（190ML）	盒
18	7/2	0800005	SN18009	酸奶	酸奶（无蔗糖）	盒

图 11-13

④ 选中 H2 单元格，在编辑栏中输入公式：

=VLOOKUP(C2, 产品基本信息表 !$B$2: $G$100, 6,FALSE)

按 Enter 键，即可从"产品基本信息表"中返回销售单价，如图 11-14 所示。

H2 =VLOOKUP(C2,产品基本信息表!$B$2:$G$100,6,FALSE)

	日期	单号	产品编号	系列	产品名称	规格	数量	销售单价	销售额
2	7/1	0800001	EN12003	儿童奶	佳智型（190ML）	盒	12	12.8	
3	7/1	0800001	SN18005	酸奶	酸奶（菠萝味）	盒	12		
4	7/1	0800001	SN18006	酸奶	酸奶（苹果味）	盒	5		
5	7/1	0800001	CN11001	纯牛奶	有机牛奶	盒	6		
6	7/1	0800002	XN13001	鲜牛奶	高钙鲜牛奶	瓶	19		
7	7/1	0800002	HN15001	花色牛奶	红枣早餐奶	盒	13		
8	7/1	0800003	SN18002	酸奶	酸奶（红枣味）	盒	25		
9	7/1	0800003	CN11002	纯牛奶	脱脂牛奶	盒	25		

图 11-14

⑤ 选中 H2 单元格区域，将光标定位到该单元格右下角，向下拖曳复制公式，则可以根据 C 列中的产品编号批量得到相应产品的销售单价，如图 11-15 所示。

	日期	单号	产品编号	系列	产品名称	规格	数量	销售单价
2	7/1	0800001	EN12003	儿童奶	佳智型（190ML）	盒	12	12.8
3	7/1	0800001	SN18005	酸奶	酸奶（菠萝味）	盒	12	6.6
4	7/1	0800001	SN18006	酸奶	酸奶（苹果味）	盒	5	6.6
5	7/1	0800001	CN11001	纯牛奶	有机牛奶	盒	6	9
6	7/1	0800002	XN13001	鲜牛奶	高钙鲜牛奶	瓶	19	5
7	7/1	0800002	HN15001	花色牛奶	红枣早餐奶	盒	13	13.5
8	7/1	0800003	SN18002	酸奶	酸奶（红枣味）	盒	25	9.8
9	7/1	0800003	CN11002	纯牛奶	脱脂牛奶	盒	25	8
10	7/1	0800004	XN13002	鲜牛奶	高品鲜牛奶	瓶	12	5
11	7/1	0800004	EN12004	儿童奶	骨力型（125ML）	盒	10	12.8
12	7/1	0800004	EN12005	儿童奶	骨力型（190ML）	盒	10	13.5
13	7/1	0800004	RN14003	乳饮料	果蔬酸酸乳（草莓味）	盒	4	4
14	7/1	0800004	SN18001	酸奶	酸奶（原味）	盒	5	9.8
15	7/2	0800005	EN12004	儿童奶	骨力型（125ML）	盒	5	12.8
16	7/2	0800005	EN12002	儿童奶	佳智型（125ML）	盒	27	12.8
17	7/2	0800005	EN12003	儿童奶	佳智型（190ML）	盒	7	12.8
18	7/2	0800005	SN18009	酸奶	酸奶（无蔗糖）	盒	5	6.6
19	7/2	0800005	EN12001	儿童奶	有机奶	盒	5	12.8
20	7/2	0800005	CN11001	纯牛奶	有机牛奶	盒	5	9

图 11-15

11.2.4 计算销售额、折扣、交易金额

填入各销售单据的销售数量与销售单价后，需要计算出各条记录的销售额、折扣（是否存此项，可根据实际情况而定），以及最终的交易金额。为了让单笔购买金额达到一定金额时给予相应的折扣。这里假设一个单号的总金额小于 500 元无折扣，在 500～1000 元给 95 折，1000 元以上给 9 折。

① 选中 I2 单元格，在编辑栏中输入公式：

=G2*H2

按 Enter 键，即可计算出销售额，如图 11-16 所示。

I2 =G2*H2

	产品名称	规格	数量	销售单价	销售额
2	佳智型（190ML）	盒	12	12.8	153.6
3	酸奶（菠萝味）	盒	12	6.6	
4	酸奶（苹果味）	盒	5	6.6	
5	有机牛奶	盒	6	9	
6	高钙鲜牛奶	瓶	19	5	

图 11-16

② 选中 J2 单元格，在编辑栏中输入公式：

=LOOKUP(SUMIF($B:$B,$B2,$I:$I),{0,500,1000},{1,0.95,0.9})

按 Enter 键，即可计算出折扣，如图 11-17 所示。

J2 =LOOKUP(SUMIF($B:$B,$B2,$I:$I),{0,500,1000},{1,0.95,0.9})

	单号	产品编号	系列	产品名称	规格	数量	销售单价	销售额	折扣	交
2	0800001	EN12003	儿童奶	佳智型（190ML）	盒	12	12.8	153.6	1	
3	0800001	SN18005	酸奶	酸奶（菠萝味）	盒	12	6.6			
4	0800001	SN18006	酸奶	酸奶（苹果味）	盒	5	6.6			
5	0800001	CN11001	纯牛奶	有机牛奶	盒	6	9			
6	0800002	XN13001	鲜牛奶	高钙鲜牛奶	瓶	19	5			
7	0800002	HN15001	花色牛奶	红枣早餐奶	盒	13	13.5			

图 11-17

③ 选中 K2 单元格，在编辑栏中输入公式：

=I2*J2

按 Enter 键，即可计算出交易金额，如图 11-18 所示。

④ 选中 I2:K2 单元格区域，将光标定位到该单元格区域右下角，出现黑色十字形时按住鼠标左键向下拖曳，释放鼠标即可完成公式复制，如图 11-19 所示。

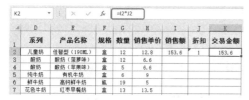

图 11-18

图 11-19

以是数字、文本、逻辑值、名称或对值的引用。

- lookup_vector：只包含一行或一列的区域。lookup_vector 中的值可以是文本、数字或逻辑值。

- result_vector：可选参数。只包含一行或一列的区域。result_vector 参数必须与 lookup_vector 参数大小相同，其大小必须相同。

=LOOKUP(SUMIF($B:$B,$B2,$I:$I),{0,500,1000},{1,0.95,0.9}) 公式解析如下：

❶ "SUMIF($B:$B,$B2,$I:$I)" 利用 SUMIF 函数将 B 列中满足 $B2 单元格的单号对应在 $I:$I 区域中的销售额进行求和运算。当公式向下复制时，会依次判断 B3、B4、B5 单元格的编号，即找相同编号，如果是相同编号的就把它们的金额进行汇总计算。

❷ LOOKUP 函数的 "{0,500,1000}" "{1,0.95,0.9}" 两个参数，在前一个数组中判断金额区间，在后一数组中返回对应的折扣。即销售总金额小于 500 元时没有折扣，返回 "1"；销售总金额为 500～1000 元给 95 折，返回 "0.95"；销售总金额为 1000 元以上给 9 折，返回 "0.9"。

📖 专家提示

LOOKUP 函数可从单行或单列区域或者从一个数组返回值，其语法如下。

LOOKUP(lookup_value, lookup_vector, [result_vector])

- lookup_value：LOOKUP 在第一个向量中搜索的值。lookup_value 可

11.3 ▶ 销售数据分析报表

数据透视表在销售数据的分析报表生成中扮演着极其重要的角色。通过此工具可以从多个角度分析数据，并快速生成分析报表。

11.3.1 各系列产品销售额统计报表

无论是按店铺统计交易金额、按产品类别统计交易金额、按销售员统计交易金额等，都可以使用数据透视表来快速建立统计报表。

❶ 选中数据表中的任意单元格，在"插入"选项卡的"表格"组中单击"数据透视表"按钮（见图 11-20），打开"创建数据透视表"对话框，如图 11-21 所示。

图 11-20

是必要的。

图 11-22

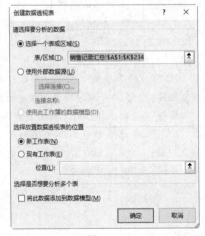

图 11-21

❷ 保持默认设置，单击"确定"按钮创建数据透视表，将"系列"字段拖曳到"行"区域中，将"交易金额"字段拖曳到"值"区域中，如图 11-22 所示。

❸ 选中数据透视表中任意单元格，在"数据透视表工具 - 设计"选项卡的"布局"组中单击"报表布局"下拉按钮，在下拉菜单中选择"以大纲形式显示"命令，如图 11-23 所示。这一步操作是为了让"系列"这样的字段名称能显示出来（见图 11-24），默认是被折叠了，所以这个布局的更改对于生成报表

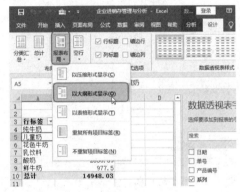

图 11-23

图 11-24

❹ 另外 B3 单元格的名称也是可以更改的，选中单元格后，直接在编辑栏中重新编辑文字即可。可以更改为更加贴合分析目的的名称，如图 11-25 所示。

❺ 为报表添加标题文字与边框，最终报表如图 11-26 所示。

图 11-25

各系列商品交易金额统计表	
系列	本月交易金额
纯牛奶	2124.75
儿童奶	3614.14
花色牛奶	3989.05
乳饮料	1386
酸奶	2856.59
鲜牛奶	977.5
总计	14948.03

图 11-26

11.3.2 各系列商品销售额占比分析报表

各产品销售额占比分析报表也是销售数据分析中的常用报表。可以直接复制 11.3.1 节中的数据透视表，然后重新设置值显示方式与更改报表名称即可生成。

❶ 选中"各系列商品交易金额统计表"的工作表标签，按住 Ctrl 键不放，按住鼠标左键拖曳（见图 11-27），释放鼠标即可复制工作表，如图 11-28 所示。

各系列商品交易金额统计表	
系列	本月交易金额
纯牛奶	2124.75
儿童奶	3614.14
花色牛奶	3989.05
乳饮料	1386
酸奶	2856.59
鲜牛奶	977.5
总计	14948.03

◀ ▶ … 销售记录汇总 | 各系列商品交易金额统计表 | 入库记

图 11-27

各系列商品交易金额统计表	
系列	本月交易金额
纯牛奶	2124.75
儿童奶	3614.14
花色牛奶	3989.05
乳饮料	1386
酸奶	2856.59
鲜牛奶	977.5
总计	14948.03

◀ ▶ … 各系列商品交易金额统计表 | 各系列商品交易金额统计表 (2)

图 11-28

❷ 重新更改工作表的名称，在值字段下任意单元格中右击，在快捷菜单中依次选择"值显示方式"→"总计的百分比"命令，如图 11-29 所示。

图 11-29

❸ 执行上述命令后，即可显示出各个系列的商品在本月的交易金额中占总交易金额的百分比情况，如图 11-30 所示。重新输入报表的名称与列标识的名称，最终报表如图 11-31 所示。

各系列商品交易金额统计表	
系列	本月交易金额
纯牛奶	14.21%
儿童奶	24.18%
花色牛奶	26.69%
乳饮料	9.27%
酸奶	19.11%
鲜牛奶	6.54%
总计	100.00%

图 11-30

	A	B	C
2	**各系列商品销售额占比分析报表**		
3	系列 ▼	交易金额占比	
4	纯牛奶	14.21%	
5	儿童奶	24.18%	
6	花色牛奶	26.69%	
7	乳饮料	9.27%	
8	酸奶	19.11%	
9	鲜牛奶	6.54%	
10	总计	100.00%	

图 11-31

知识扩展

在设置字段时都需要在字段列表中进行操作，但有时可能由于误操作关闭了任务窗格，此时需要进行恢复，其操作方法如下。

在"数据透视表工具 - 分析"选项卡的"显示"组中单击"字段列表"按钮使其处于点亮状态，即可恢复该任务窗格的显示。

11.3.3 各系列商品销售额占比分析图

在建立数据透视表统计出各商品的销售金额后，可以创建饼图更加直观地比较各商品总销售额占比情况。

❶选中"交易金额占比"列下任意单元格，在"数据"选项卡"排序和筛选"组中单击"降序"按钮执行排序，如图 11-32 所示。

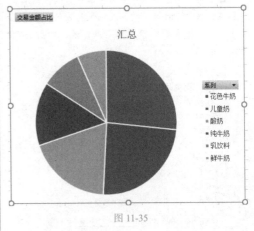

	A	B	C
B6		19.1101436108972%	
2	**各系列商品销售额占比分析报表**		
3	系列	交易金额占比	
4	花色牛奶	26.69%	
5	儿童奶	24.18%	
6	酸奶	19.11%	
7	纯牛奶	14.21%	
8	乳饮料	9.27%	
9	鲜牛奶	6.54%	
10	总计	100.00%	

图 11-32

❷选中数据透视表中的任意单元格，在"数据透视表工具 - 分析"选项卡的"工具"组中单击"数据透视图"按钮，如图 11-33 所示。

图 11-33

❸打开"插入图表"对话框，选择图表类型为"饼图"，如图 11-34 所示。单击"确定"按钮创建图表，如图 11-35 所示。

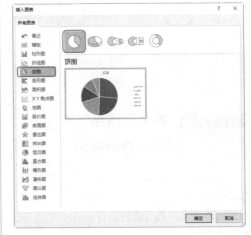

图 11-34

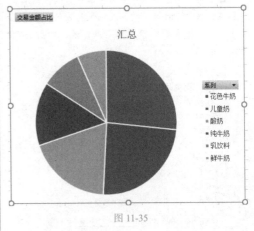

图 11-35

❹选中图表，单击右侧的"图表元素"按钮，

在下拉列表中依次选择"数据标签"→"更多选项"选项,如图 11-36 所示。

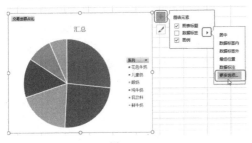

图 11-36

⑤ 打开"设置数据标签格式"对话框,分别选中"类别名称"和"值"复选框,如图 11-37 所示。

图 11-37

⑥ 完成设置后可以看到图表中添加了数据标签,可以为图表添加标题,并对图表的字体进行美化,同时将销售额占比较高的扇面上的标签进行放大处理,以增强图表的视觉效果,如图 11-38 所示。

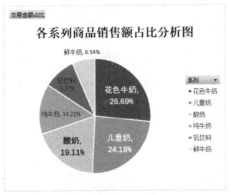

图 11-38

11.3.4 单日销售额统计报表

单日销售额统计报表也可以使用数据透视表功能快速建立。

❶ 复制前面创建的数据透视表,重新更改表格的标签名称与报表名称,将"日期"字段拖曳到"行"区域中,将"交易金额"字段拖曳到"值"区域中,如图 11-39 所示。注意不需要的字段直接拖出即可。

图 11-39

❷ 选中"求和项:交易金额"列下任意单元格,在"数据"选项卡"排序和筛选"组中单击"降序"按钮执行一次排序,则让统计结果按从大到小排序,生成达到分析目的的报表,如图 11-40 所示。

单日交易金额统计表

日期	求和项:交易金额
7/2	1881.18
7/1	1423.3
7/6	1414.8
7/3	1293
7/15	1257.5
7/11	1106.3
7/8	1009.3
7/13	932.1
7/7	928.2
7/12	921.6
7/10	868.9
7/5	806.4
7/14	716.25
7/9	311.2
7/4	78
总计	14948.03

图 11-40

11.3.5 畅销产品分析报表

通过数据透视表对各产品的销售额进行统计汇总，然后再应用排序功能进行排序，则可以对畅销商品作出分析。

❶ 复制前面创建的数据透视表，重新更改表格的标签名称与报表名称，将"产品名称"字段拖曳到"行"区域中，将"数量"字段拖曳到"值"区域中，如图 11-41 所示。注意不需要的字段直接拖出即可。

图 11-41

❷ 选中"求和项：数量"列下任意单元格，在"数据"选项卡"排序和筛选"组中单击"降序"按钮执行一次排序，则让统计结果按从大到小排序，如图 11-42 所示。排序靠前的产品为畅销产品，因此可以通过此分析结果为下期采购做出参考。

图 11-42

11.4 入库记录表

关于商品入库的数据也需要建立表格来管理，同时入库记录表中的产品基本信息数据也需要从之前创建的"产品基本信息表"中利用公式获取。

❶ 新建工作表，重命名为"入库记录表"，列标识包括产品的编号、系列、产品名称、规格、入库数量、入库单价和入库金额等基本信息，如图 11-43 所示。

	A	B	C	D	E	F	G
1	编号	系列	产品名称	规格	入库数量	入库单价	入库金额
2							
3							
4							
5							
6							
7							
8							
9							
10							
11							
12							
13							
14							
15							
16							
17							
18							

产品基本信息表 入库记录表 销售单据 销售记录汇总

图 11-43

❷ 选中 A2 单元格，在编辑栏中输入公式：

=IF(产品基本信息表 !B3="","", 产品基本信息表 !B3)

按 Enter 键，即可从"产品基本信息表"中返回产品编号，向下填充公式，如图 11-44 所示。

A2 =IF(产品基本信息表!B3="","",产品基本信息表!B3)

	A	B	C	D	E	F	G	H
1	编号	系列	产品名称	规格	入库数量	入库单价	入库金额	
2	CN11001							
3	CN11002							
4	CN11003							
5	XN13001							
6	XN13002							
7	SN18001							
8	SN18002							
9	SN18003							
10	SN18004							
11	SN18005							
12	SN18006							
13	SN18007							
14	SN18008							
15	SN18009							

图 11-44

③ 选中 B2 单元格，在编辑栏中输入公式：

=VLOOKUP($A2,产品基本信息表!$B$2:$G$100,
COLUMN(B1),FALSE)

按 Enter 键，然后再向右复制公式，可根据 A2 单元格中的编号返回系列、产品名称与规格，如图 11-45 所示。

	A	B	C	D	E	F	G	H	I
1	编号	系列	产品名称	规格	入库数量	入库单价	入库金额		
2	CN11001	纯牛奶	有机牛奶	盒					
3	CN11002								
4	CN11003								
5	XN13001								
6	XN13002								
7	SN18001								
8	SN18002								
9	SN18003								
10	SN18004								

图 11-45

④ 选中 B2:D2 单元格区域，向下复制公式即可依次返回所有编号对应的产品的基本信息，如图 11-46 所示。

	A	B	C	D	
1	编号	系列	产品名称	规格	入库
2	CN11001	纯牛奶	有机牛奶	盒	
3	CN11002	纯牛奶	脱脂牛奶	盒	
4	CN11003	纯牛奶	全脂牛奶	盒	
5	XN13001	鲜牛奶	高钙鲜牛奶	瓶	
6	XN13002	鲜牛奶	高品鲜牛奶	瓶	
7	SN18001	酸奶	酸奶（原味）	盒	
8	SN18002	酸奶	酸奶（红枣味）	盒	
9	SN18003	酸奶	酸奶（椰果味）	盒	
10	SN18004	酸奶	酸奶（芒果味）	盒	
11	SN18005	酸奶	酸奶（菠萝味）	盒	
12	SN18006	酸奶	酸奶（苹果味）	盒	
13	SN18007	酸奶	酸奶（草莓味）	盒	
14	SN18008	酸奶	酸奶（葡萄味）	盒	
15	SN18009	酸奶	酸奶（无蔗糖）	盒	

入库记录表 | 销售单据

图 11-46

⑤ 根据当前入库的实际情况，输入入库数量（这项数据需要手工输入）。输入完成后，如图 11-47 所示。

	A	B	C	D	E	F
1	编号	系列	产品名称	规格	入库数量	入库单价
2	CN11001	纯牛奶	有机牛奶	盒	22	
3	CN11002	纯牛奶	脱脂牛奶	盒	22	
4	CN11003	纯牛奶	全脂牛奶	盒	22	
5	XN13001	鲜牛奶	高钙鲜牛奶	盒	22	
6	XN13002	鲜牛奶	高品鲜牛奶	瓶	22	
7	SN18001	酸奶	酸奶（原味）	盒	60	
8	SN18002	酸奶	酸奶（红枣味）	盒	22	
9	SN18003	酸奶	酸奶（椰果味）	盒	10	
10	SN18004	酸奶	酸奶（芒果味）	盒	25	
11	SN18005	酸奶	酸奶（菠萝味）	盒	25	
12	SN18006	酸奶	酸奶（苹果味）	盒	20	
13	SN18007	酸奶	酸奶（草莓味）	盒	20	
14	SN18008	酸奶	酸奶（葡萄味）	盒	20	
15	SN18009	酸奶	酸奶（无蔗糖）	盒	10	
16	EN12001	儿童奶	有机奶	盒	30	
17	EN12002	儿童奶	佳智型（125ML）	盒	15	
18	EN12003	儿童奶	佳智型（190ML）	盒	15	
19	EN12004	儿童奶	骨力型（125ML）	盒	50	

入库记录表 | 销售单据 | 销售记录汇总 | 库存汇总 | 本

图 11-47

⑥ 选中 F2 单元格，在编辑栏中输入公式：

=VLOOKUP($A2,产品基本信息表! $B$2:
$G$100,5,FALSE)（返回在"产品基本信息表"中第5列对应的数据，也就是"进货单价"，这里是"入库单价"）

按 Enter 键，即可根据 A2 单元格中的编号返回入库单价，如图 11-48 所示。

F2   =VLOOKUP($A2,产品基本信息表!$B$2:$G$100,5,FALSE)

	A	B	C	D	E	F	G	H
1	编号	系列	产品名称	规格	入库数量	入库单价	入库金额	
2	CN11001	纯牛奶	有机牛奶	盒	22	6.5		
3	CN11002	纯牛奶	脱脂牛奶	盒				
4	CN11003	纯牛奶	全脂牛奶	盒				
5	XN13001	鲜牛奶	高钙鲜牛奶	瓶				
6	XN13002	鲜牛奶	高品鲜牛奶	瓶				
7	SN18001	酸奶	酸奶（原味）	盒				
8	SN18002	酸奶	酸奶（红枣味）	盒				
9	SN18003	酸奶	酸奶（椰果味）	盒				

图 11-48

⑦ 选中 G2 单元格，在编辑栏中输入公式：

=E2*F2

按 Enter 键，即可计算出入库金额，如图 11-49 所示。

G2   fx =E2*F2

	C	D	E	F	G
1	产品名称	规格	入库数量	入库单价	入库金额
2	有机牛奶	盒	22	6.5	143
3	脱脂牛奶	盒	22		
4	全脂牛奶	盒	22		
5	高钙鲜牛奶	瓶	22		
6	高品鲜牛奶	瓶	22		
7	酸奶（原味）	盒	60		
8	酸奶（红枣味）	盒	22		
9	酸奶（椰果味）	盒	10		
10	酸奶（芒果味）	盒	25		
11	酸奶（菠萝味）	盒	25		
12	酸奶（草莓味）	盒			

图 11-49

⑧ 选中 F2:G2 单元格区域，向下复制公式，得到的批量结果如图 11-50 所示。

	C	D	E	F	G
1	产品名称	规格	入库数量	入库单价	入库金额
2	有机牛奶	盒	22	6.5	143
3	脱脂牛奶	盒	22	6	132
4	全脂牛奶	盒	22	6	132
5	高钙鲜牛奶	盒	22	3.5	77
6	高品鲜牛奶	瓶	22	3.5	77
7	酸奶（原味）	盒	60	6.5	390
8	酸奶（红枣味）	盒	22	6.5	143
9	酸奶（椰果味）	盒	10	7.2	72
10	酸奶（芒果味）	盒	25	5.92	148
11	酸奶（菠萝味）	盒	25	5.92	148
12	酸奶（苹果味）	盒	20	5.2	104
13	酸奶（草莓味）	盒	20	5.2	104
14	酸奶（葡萄味）	盒	20	5.2	104
15	酸奶（无蔗糖）	盒	10	5.2	52
16	有机奶	盒	30	7.5	225
17	佳智型（125ML）	盒	15	7.5	112.5
18	佳智型（190ML）	盒	15	7.5	112.5

图 11-50

库存数据的管理牵涉本期入库数据、本期销售数据、本期出库数据。有了这些数据之后，则可以通过建立公式实现库存数据的自动汇总。

11.5.1 建立"库存汇总表"

库存数据的管理牵涉本期入库数据、本期销售数据、本期出库数据。有了这些数据之后，则可以利用公式自动地计算各产品的库存数据。

❶ 新建工作表，将其重命名为"库存汇总"，并设置表格的格式。设置后表格如图 11-51 所示。

图 11-51

❷ 选中 A3 单元格，在编辑栏中输入公式：

=IF(产品基本信息表 !B3="","", 产品基本信息表 !B3)

按 Enter 键，即可从"产品基本信息表"中返回产品编号，如图 11-52 所示。

图 11-52

❸ 选中 A3 单元格，将光标定位到该单元格区域右下角，向右复制公式至 D3 单元格，可一次性从"产品基本信息表"中返回编号、系列、产品名称、规格。选中 A3:D3 单元格区域，将光标定位到该单元格区域右下角，向下拖曳复制公式，返回所有产品

的基本信息，如图 11-53 所示。接着根据当前的实际情况，输入上期库存数据，如图 11-54 所示。

	基本信息			上期库存
编号	系列	产品名称	规格	
CN11001	纯牛奶	有机牛奶	盒	
CN11002	纯牛奶	脱脂牛奶	盒	
CN11003	纯牛奶	全脂牛奶	盒	
XN13001	鲜牛奶	高钙鲜牛奶	瓶	
XN13002	鲜牛奶	高品鲜牛奶	瓶	
SN18001	酸奶	酸奶（原味）	盒	
SN18002	酸奶	酸奶（红枣味）	盒	
SN18003	酸奶	酸奶（椰果味）	盒	
SN18004	酸奶	酸奶（芒果味）	盒	
SN18005	酸奶	酸奶（菠萝味）	盒	
SN18006	酸奶	酸奶（苹果味）	盒	
SN18007	酸奶	酸奶（草莓味）	盒	
SN18008	酸奶	酸奶（葡萄味）	盒	
SN18009	酸奶	酸奶（无蔗糖）	盒	
EN12001	儿童奶	有机奶	盒	

图 11-53

	基本信息			上期库存
编号	系列	产品名称	规格	
CN11001	纯牛奶	有机牛奶	盒	70
CN11002	纯牛奶	脱脂牛奶	盒	60
CN11003	纯牛奶	全脂牛奶	盒	110
XN13001	鲜牛奶	高钙鲜牛奶	瓶	101
XN13002	鲜牛奶	高品鲜牛奶	瓶	60
SN18001	酸奶	酸奶（原味）	盒	65
SN18002	酸奶	酸奶（红枣味）	盒	60
SN18003	酸奶	酸奶（椰果味）	盒	12
SN18004	酸奶	酸奶（芒果味）	盒	0
SN18005	酸奶	酸奶（菠萝味）	盒	52
SN18006	酸奶	酸奶（苹果味）	盒	8
SN18007	酸奶	酸奶（草莓味）	盒	0
SN18008	酸奶	酸奶（葡萄味）	盒	0
SN18009	酸奶	酸奶（无蔗糖）	盒	20
EN12001	儿童奶	有机奶	盒	28

图 11-54

❹ 选中 F3 单元格，在编辑栏中输入公式：

=IF($A3="","",VLOOKUP($A3, 入库记录表 ! $A$1:$E$38,5,FALSE))

按 Enter 键，即可从"入库记录表"中统计出第一种产品的入库总数量，如图 11-55 所示。

❺ 选中 G3 单元格，在编辑栏中输入公式：

=VLOOKUP($A3, 产品基本信息表 !$B$2:$G$100, 5,FALSE)

按 Enter 键，即可从"产品基本信息表"中统计出第一种产品的单价，如图 11-56 所示。

图 11-55

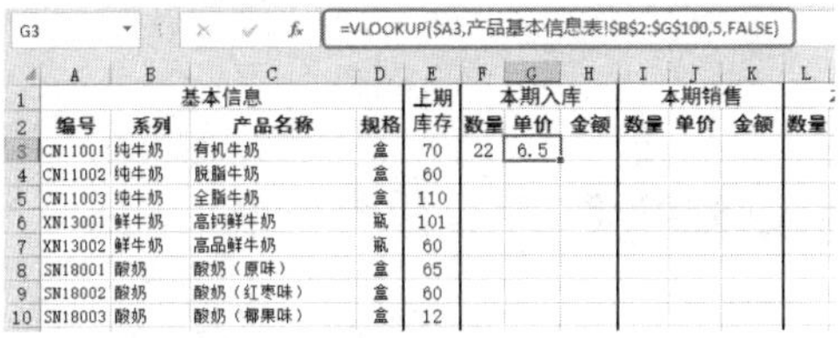

图 11-56

⑥ 选中 H3 单元格，在编辑栏中输入公式：

=F3*G3

按 Enter 键，计算出第一种产品的入库总金额，如图 11-57 所示。

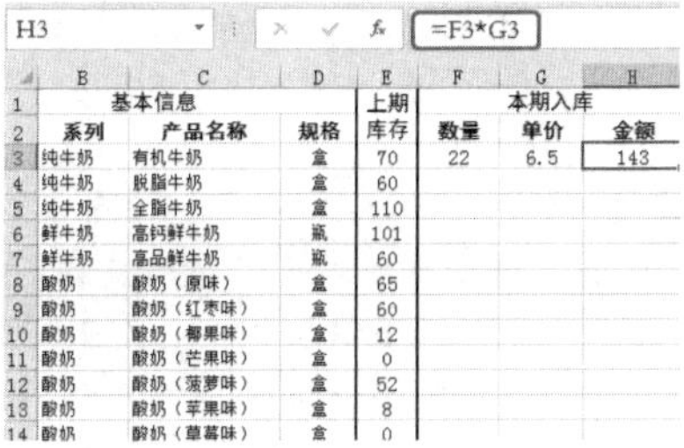

图 11-57

⑦ 选中 I3 单元格，在编辑栏中输入公式：

=SUMIF(销售记录汇总 !$C$2:$C$234,A3, 销售记录汇总 !$G$2:$G$234)

按 Enter 键，即可从"销售记录汇总"中统计出第一种产品的销售总数量，如图 11-58 所示。

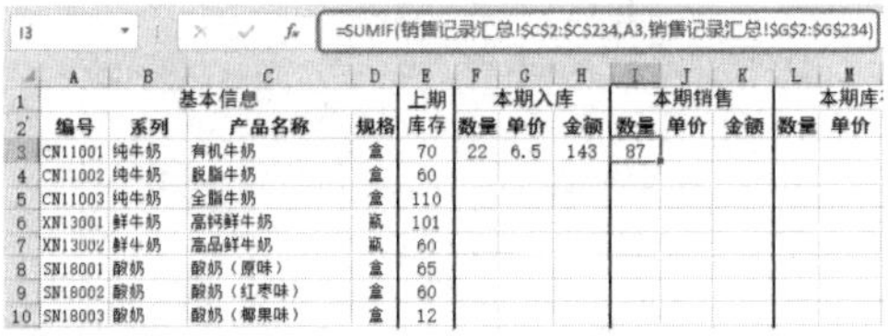

图 11-58

专家提示

=SUMIF(销售记录汇总 !$C$2:C 234, A3, 销售记录汇总 !$G$2:$G$234) 公式解析如下：

在"销售记录汇总 !$C$2:$C$234"单元格区域中寻找与 A3 单元格相同的编号，找到后把对应在"销售记录汇总 !$G$2:$G$234"单元格区域上的值相加。

⑧ 选中 J3 单元格，在编辑栏中输入公式：

=VLOOKUP($A3, 产品基本信息表 !$B$2:$G$100,6,FALSE)

按 Enter 键，即可从"产品基本信息表"中统计出第一种产品的单价，如图 11-59 所示。

图 11-59

⑨ 选中 K3 单元格，在编辑栏中输入公式：

=I3*J3

按 Enter 键计算出第一种产品的销售总金额，如图 11-60 所示。

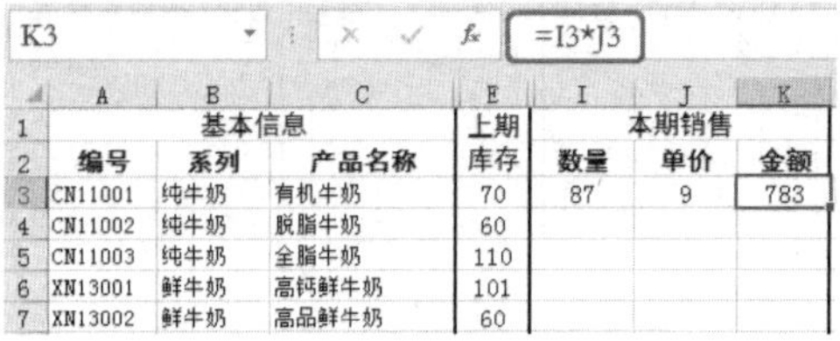

图 11-60

⑩ 选中 L3 单元格，在编辑栏中输入公式：

=E3+F3-I3

按 Enter 键，即可计算出本期库存数量，如图 11-61 所示。

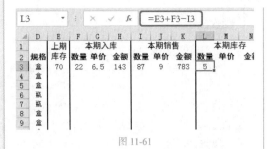

图 11-61

⑪ 选中 M3 单元格，在编辑栏中输入公式：

=VLOOKUP($A3,产品基本信息表!$B$2:$G$100,5,FALSE)

按 Enter 键，即可从"产品基本信息表"中统计出第一种库存产品的单价，如图 11-62 所示。

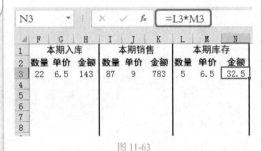

图 11-62

⑫ 选中 N3 单元格，在编辑栏中输入公式：

=L3*M3

按 Enter 键计算出第一种产品的库存金额，如图 11-63 所示。

N3					fx	=L3*M3		
	F	G	H	I	J	K	L	M	N
1	本期入库			本期销售			本期库存		
2	数量	单价	金额	数量	单价	金额	数量	单价	金额
3	22	6.5	143	87	9	783	5	6.5	32.5

图 11-63

⑬ 选中 F3:N3 单元格区域，将光标定位到该单元格区域右下角，向下拖曳批量复制公式，完成对本期入库、销售、库存数据的汇总，如图 11-64 所示。

图 11-64

建立产品库存量查询表，可以帮助管理人员第一时间查询任意产品的库存信息，有了这个查询表，即使表格数据众多，查询起来也比较方便。

❶ 新建一张工作表，并重命名为"任意产品库存量查询"，在新建工作表中创建如图 11-65 所示的表格框架。选中 C2 单元格，在"数据"选项卡的"数据工具"组中单击"数据验证"下拉按钮，打开"数据验证"对话框。

❷ 在"允许"下拉列表中选择"序列"选项（如图 11-66 所示），单击"来源"框右侧的按钮回到"产品基本信息表"工作表中选择"产品编号"列的单元格区域，如图 11-67 所示。单击按钮，返回"数据验证"对话框，如图 11-68 所示。

图 11-65

图 11-66

图 11-69

图 11-67

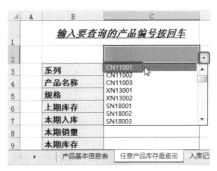

图 11-70

④ 选中 C3 单元格，在编辑栏中输入公式：

=VLOOKUP($C$2,产品基本信息表!B:G,ROW
(A2),FALSE)

按 Enter 键，返回与 C2 单元格产品编号对应的系列值，如图 11-71 所示。

⑤ 选中 C3 单元格，拖曳右下角的填充柄到 C5 单元格，即可一次性返回该产品的其他相关信息，如图 11-72 所示。

图 11-68

③ 切换至"输入信息"选项卡，在"输入信息"文本框中输入提醒信息，如图 11-69 所示。单击"确定"按钮，完成数据验证的设置。返回"任意产品库存量查询"工作表中，选中 C2 单元格，单击右侧的下拉按钮即可实现在下拉列表中选择产品的编号，如图 11-70 所示。

图 11-71

	A	B	C
1		**输入要查询的产品编号按回车**	
2			CN11001
3		系列	纯牛奶
4		产品名称	有机牛奶
5		规格	盒
6		上期库存	
7		本期入库	

图 11-72

💡 **专家提示**

这个公式中的"ROW(A2)"返回值是2，即指定返回"产品基本信息表"中第2列上的值，随着公式向下复制，"ROW(A2)"会依次变为"ROW(A3)""ROW(A4)"，即依次指定返回"产品基本信息表"中第3列、第4列上的值。

⑥ 选中 C6 单元格，在编辑栏中输入公式：

=VLOOKUP($C$2,库存汇总!A:N,5,FALSE)（上期库存位于 A:N 区域的第 5 列）

按 Enter 键，返回与 C2 单元格产品编号对应的上期库存值，如图 11-73 所示。

C6 | =VLOOKUP($C$2,库存汇总!A:N,5,FALSE)

	A	B	C	D	E
1		**输入要查询的产品编号按回车**			
2			CN11001		
3		系列	纯牛奶		
4		产品名称	有机牛奶		
5		规格	盒		
6		上期库存	70		
7		本期入库			
8		本期销量			

图 11-73

⑦ 选中 C7 单元格，在编辑栏中输入公式：

=VLOOKUP($C$2,库存汇总!A:N,6,FALSE)（本期入库位于 A:N 区域的第 6 列）

按 Enter 键，返回与 C2 单元格产品编号对应的本期入库值，如图 11-74 所示。

⑧ 选中 C8 单元格，在编辑栏中输入公式：

=VLOOKUP($C$2,库存汇总!A:N,9,FALSE)（本期销量位于 A:N 区域的第 9 列）

按 Enter 键，返回与 C2 单元格产品编号对应的本期销量值，如图 11-75 所示。

C7 | =VLOOKUP($C$2,库存汇总!A:N,6,FALSE)

	A	B	C	D	E
1		**输入要查询的产品编号按回车**			
2			CN11001		
3		系列	纯牛奶		
4		产品名称	有机牛奶		
5		规格	盒		
6		上期库存	70		
7		本期入库	22		
8		本期销量			

图 11-74

C8 | =VLOOKUP($C$2,库存汇总!A:N,9,FALSE)

	A	B	C	D	E
1		**输入要查询的产品编号按回车**			
2			CN11001		
3		系列	纯牛奶		
4		产品名称	有机牛奶		
5		规格	盒		
6		上期库存	70		
7		本期入库	22		
8		本期销量	87		
9		本期库存			

图 11-75

⑨ 选中 C9 单元格，在编辑栏中输入公式：

=VLOOKUP($C$2,库存汇总!A:N,12,FALSE)（本期库存位于 A:N 区域的第 12 列）

按 Enter 键，返回与 C2 单元格产品编号对应的本期库存值，如图 11-76 所示。

C9 | =VLOOKUP($C$2,库存汇总!A:N,12,FALSE)

	A	B	C	D	E
1		**输入要查询的产品编号按回车**			
2			CN11001		
3		系列	纯牛奶		
4		产品名称	有机牛奶		
5		规格	盒		
6		上期库存	70		
7		本期入库	22		
8		本期销量	87		
9		本期库存	5		

图 11-76

⑩ 选中 C2 单元格，选择输入其他产品编号，即可实现其库存信息的自动查询，如图 11-77 所示。

图 11-77

11.5.3 库存预警提醒

在库存统计表中，还可以为每一种产品的库存设置一个安全库存量，当库存量低于或等于安全库存量时，系统自动进行预警提示。例如下面设置库存量小于 10 时显示库存预警。

❶ 选中 L3:L39 单元格区域，切换到"开始"选项卡，在"样式"组中单击"条件格式"下拉按钮，弹出下拉菜单，依次选择"突出显示单元格规则"→"小于"命令，打开"小于"对话框，如图 11-78 所示。打开"小于"对话框。

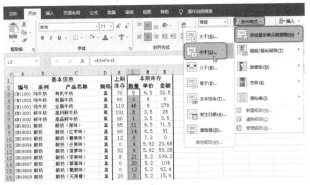

图 11-78

❷ 设置单元格值小于"10"显示为"黄填充色深黄色文本"，如图 11-79 所示。

图 11-79

❸ 单击"确定"按钮回到工作表中，可以看到所有数量小于 10 的单元格都显示为黄色，即表示库存不足，如图 11-80 所示。

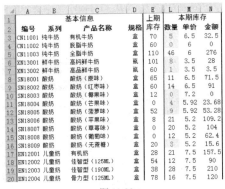

图 11-80

11.6 本期利润分析表

建立本期库存汇总表之后，通过这些数据可以分析产品的收入及成本情况，从而判断各产品的盈利情况。因此可以建立本期利润分析表，在该表格中可以从"库存汇总"表返回存货数量，并根据"产品基本信息表"中的数据返回采购价格再计算存货占用资金；从"库存汇总"表返回销售成本、销售收入，进而计算销售毛利。

❶ 新建工作表，并将其重命名为"本期利润分析"。在表格中输入表格标题、列标识，然后从"产品基本信息表"工作表中复制当前销售的所有产品的基本信息到"本期利润分析"表中，表格如图 11-81 所示。

	A	B	C	D	E	F	销售
1	编号	系列	产品名称	存货数量	采购价格	存货占用资金	
2	CN11001	纯牛奶	有机牛奶				
3	CN11002	纯牛奶	脱脂牛奶				
4	CN11003	纯牛奶	全脂牛奶				
5	XN13001	鲜牛奶	高钙鲜牛奶				
6	XN13002	鲜牛奶	高品鲜牛奶				
7	SN18001	酸奶	酸奶（原味）				
8	SN18002	酸奶	酸奶（红枣味）				
9	SN18003	酸奶	酸奶（椰果味）				
10	SN18004	酸奶	酸奶（芒果味）				
11	SN18005	酸奶	酸奶（菠萝味）				
12	SN18006	酸奶	酸奶（草莓味）				
13	SN18007	酸奶	酸奶（蓝莓味）				
14	SN18008	酸奶	酸奶（葡萄味）				
15	SN18009	酸奶	酸奶（无脂）				
16	EN12001	儿童奶	有机奶				
17	EN12002	儿童奶	佳智型（125ML）				
18	EN12003	儿童奶	佳智型（190ML）				
19	EN12004	儿童奶	晨力型（125ML）				

图 11-81

❷ 选中 D2 单元格，在编辑栏中输入公式：

= 库存汇总 !L3

按 Enter 键，即可计算出第一种产品的存货数量，如图 11-82 所示。

D2				=库存汇总!L3		
	A	B	C	D	E	F
1	编号	系列	产品名称	存货数量	采购价格	存货占用
2	CN11001	纯牛奶	有机牛奶	5		
3	CN11002	纯牛奶	脱脂牛奶			
4	CN11003	纯牛奶	全脂牛奶			
5	XN13001	鲜牛奶	高钙鲜牛奶			
6	XN13002	鲜牛奶	高品鲜牛奶			
7	SN18001	酸奶	酸奶（原味）			
8	SN18002	酸奶	酸奶（红枣味）			
9	SN18003	酸奶	酸奶（椰果味）			
10	SN18004	酸奶	酸奶（芒果味）			
11	SN18005	酸奶	酸奶（菠萝味）			
12	SN18006	酸奶	酸奶（苹果味）			

图 11-82

❸ 选中 E2 单元格，在编辑栏中输入公式：

=VLOOKUP($A2, 产品 基本信息表 !$B$2:$G$100,5,FALSE)

按 Enter 键，即可从"产品基本信息表"中统计出第一种产品的采购价格，如图 11-83 所示。

E2				=VLOOKUP($A2,产品基本信息表!$B$2:$G$100,5,FALSE)		
	A	B	C	D	E	F
1	编号	系列	产品名称	存货数量	采购价格	存货占用资金
2	CN11001	纯牛奶	有机牛奶	5	6.5	
3	CN11002	纯牛奶	脱脂牛奶			
4	CN11003	纯牛奶	全脂牛奶			
5	XN13001	鲜牛奶	高钙鲜牛奶			
6	XN13002	鲜牛奶	高品鲜牛奶			
7	SN18001	酸奶	酸奶（原味）			
8	SN18002	酸奶	酸奶（红枣味）			
	SN18003	酸奶	酸奶（椰果味）			

图 11-83

❹ 选中 F2 单元格，在编辑栏中输入公式：

=D2*E2

按 Enter 键，即可返回第一种产品的存货占用资金，如图 11-84 所示。

F2				=D2*E2		
	A	B	C	D	E	F
1	编号	系列	产品名称	存货数量	采购价格	存货占用资金
2	CN11001	纯牛奶	有机牛奶	5	6.5	32.5
3	CN11002	纯牛奶	脱脂牛奶			
4	CN11003	纯牛奶	全脂牛奶			
5	XN13001	鲜牛奶	高钙鲜牛奶			
6	XN13002	鲜牛奶	高品鲜牛奶			
7	SN18001	酸奶	酸奶（原味）			
8	SN18002	酸奶	酸奶（红枣味）			
9	SN18003	酸奶	酸奶（椰果味）			
10	SN18004	酸奶	酸奶（芒果味）			

图 11-84

❺ 选中 G2 单元格，在编辑栏中输入公式：

= 库存汇总 !I3*E2

按 Enter 键，即可返回第一种产品的销售成本，如图 11-85 所示。

G2				=库存汇总!I3*E2		
	B	C	D	E	F	G
1	系列	产品名称	存货数量	采购价格	存货占用资金	销售成本
2	纯牛奶	有机牛奶	5	6.5	32.5	565.5
3	纯牛奶	脱脂牛奶				
4	纯牛奶	全脂牛奶				
5	鲜牛奶	高钙鲜牛奶				
6	鲜牛奶	高品鲜牛奶				
7	酸奶	酸奶（原味）				
8	酸奶	酸奶（红枣味）				
9	酸奶	酸奶（椰果味）				

图 11-85

❻ 选中 H2 单元格，在编辑栏中输入公式：

= 库存汇总 !I3* 库存汇总 !J3

按 Enter 键，即可返回第一种产品的销售收入，如图 11-86 所示。

H2　=库存汇总!I3*库存汇总!J3

	B 系列	C 产品名称	D 存货数量	E 采购价格	F 存货占用资金	G 销售成本	H 销售收入
2	纯牛奶	有机牛奶	5	6.5	32.5	565.5	783
3	纯牛奶	脱脂牛奶					
4	纯牛奶	全脂牛奶					
5	鲜牛奶	高钙鲜牛奶					
6	鲜牛奶	高品鲜牛奶					
7	酸奶	酸奶（原味）					
8	酸奶	酸奶（红枣味）					
9	酸奶	酸奶（椰果味）					
10	酸奶	酸奶（芒果味）					
11	酸奶	酸奶（菠萝味）					
12	酸奶	酸奶（苹果味）					
13	酸奶	酸奶（草莓味）					
14	酸奶	酸奶（葡萄味）					
15	酸奶	酸奶（无蔗糖）					

图 11-86

⑦ 选中 I2 单元格，在编辑栏中输入公式：

=H2-G2

按 Enter 键，即可返回第一种产品的销售毛利，如图 11-87 所示。

I2　=H2-G2

	B 系列	C 产品名称	D 存货数量	E 采购价格	F 存货占用资金	G 销售成本	H 销售收入	I 销售毛利
2	纯牛奶	有机牛奶	5	6.5	32.5	565.5	783	217.5
3	纯牛奶	脱脂牛奶						
4	纯牛奶	全脂牛奶						
5	鲜牛奶	高钙鲜牛奶						
6	鲜牛奶	高品鲜牛奶						

图 11-87

⑧ 选中 J2 单元格，在编辑栏中输入公式：

=TEXT(IF(I2=0,0,I2/G2),"0.00%")

按 Enter 键，即可返回第一种产品的销售利润率，如图 11-88 所示。

J2　=TEXT(IF(I2=0,0,I2/G2),"0.00%")

	B 系列	C 产品名称	D 存货数量	E 采购价格	F 存货占用资金	G 销售成本	H 销售收入	I 销售毛利	J 销售利润率
2	纯牛奶	有机牛奶	5	6.5	32.5	565.5	783	217.5	38.46%
3	纯牛奶	脱脂牛奶							
4	纯牛奶	全脂牛奶							
5	鲜牛奶	高钙鲜牛奶							
6	鲜牛奶	高品鲜牛奶							
7	酸奶	酸奶（原味）							
8	酸奶	酸奶（红枣味）							

图 11-88

⑨ 选中 D2:J2 单元格区域，将光标定位到该单元格右下角，出现黑色十字形时，按住鼠标左键向下拖曳，即可快速得到其他产品库存分析数据，如图 11-89 所示。

⑩ 为了能更加直观地查看销售最理想的产品，可以选中"销售毛利"列的任意单元格，在"数据"

选项卡的"排序和筛选"组中单击"降序"按钮，则可以看到销售毛利从大到小排序，如图 11-90 所示。

	B 系列	C 产品名称	D 存货数量	E 采购价格	F 存货占用资金	G 销售成本	H 销售收入	I 销售毛利	J 销售利润率
2	纯牛奶	有机牛奶	5	6.5	32.5	565.5	783	217.5	38.46%
3	纯牛奶	脱脂牛奶	0			492	656	164	33.33%
4	纯牛奶	全脂牛奶	46	6	276	516	688	172	33.33%
5	鲜牛奶	高钙鲜牛奶	8	3.5	28	402.5	575	172.5	42.86%
6	鲜牛奶	高品鲜牛奶	1	3.5	3.5	283.5	405	121.5	42.86%
7	酸奶	酸奶（原味）	11	6.5	71.5	741	1117.2	376.2	50.77%
8	酸奶	酸奶（红枣味）	14	6.5	91	442	666	224.4	50.77%
9	酸奶	酸奶（椰果味）	0	7.2	0	158.4	215.6	57.2	36.11%
10	酸奶	酸奶（芒果味）	4	5.92	23.68	124.3	138.6	14.28	11.49%
11	酸奶	酸奶（菠萝味）	9	5.92	53.28	402.6	448.8	46.24	11.49%
12	酸奶	酸奶（苹果味）	2	5.2	109.2	36.4	46.2	9.8	26.92%
13	酸奶	酸奶（无蔗糖）	20	5.2	104	0	0	0	0.00%
14	酸奶	酸奶（葡萄味）	12	5.2	62.4	41.6	52.8	11.2	26.92%
15	酸奶	酸奶（草莓味）	3	5.2	15.6	140.4	178	37.8	26.92%
16	儿童奶	有机奶	12	7.5	157.5	277.5	473.6	196.1	70.67%
17	儿童奶	佳智型（125ML）	12	7.5	90	427.5	729.6	302.1	70.67%
18	儿童奶	佳智型（190ML）	28	7.5	210	187.5	320	132.5	70.67%
19	儿童奶	备力型（125ML）	16	7.5	120	840	1433.6	593.6	70.67%

图 11-89

专家提示

=TEXT(IF(I2=0,0,I2/G2),"0.00%") 公式解析如下：

IF 函数判断 I2 单元格中的销售毛利是否为"0"，如果是则返回"0"，如果不是则用 I2 单元格数据除以 G2 单元格数据。由于得到的计算结果为小数值，所以在外层套用 TEXT 函数，直接将计算结果转换为百分比格式。

也可以直接使用公式"=IF(I2=0,0,I2/G2)"，计算完毕后，在"开始"选项卡的"数字"组中重新设置单元格的数字格式为百分比即可。

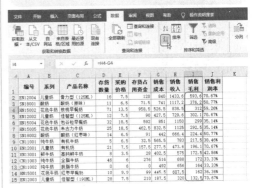

图 11-90

企业一般都会在每期初始根据本企业产品的市场供需状况、以往业绩、自身经营能力等制订营销计划，以引导本期的正确销售。在计划时间内运营一段时间后，企业一般都会将实际营销业绩与计划做一个比较，以考查计划的完成度。通过建立图表则可以更加直观地比较数据，辅助做出总结与下期决策。在呈现此类信息时，我们可以使用虚实两条折线，一般会将计划销量使用虚线表示，如图 11-91 所示为建立完成的图表。

图 11-91

❶ 在本例的数据表中，选中 A1:C13 单元格区域，在"插入"选项卡的"图表"组中单击"插入折线图或面积图"下拉按钮，弹出下拉菜单，如图 11-92 所示。

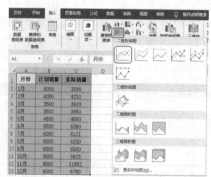

图 11-92

❷ 选择"折线图"图表类型，即可新建图表，如图 11-93 所示。

❸ 选中"实际销量"折线，在"绘图工具 - 格式"选项卡的"形状样式"组中单击"形状轮廓"下拉按钮，在列表中鼠标指向"粗细"命令，在子菜单中重新选择线条的粗细值，本例将粗细设为"1.5磅"，如图 11-94 所示。

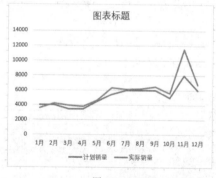

图 11-93

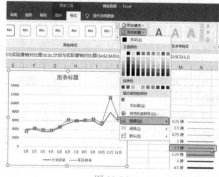

图 11-94

④选中"计划销量"折线，在"绘图工具-格式"选项卡的"形状样式"组中单击"形状轮廓"下拉按钮，在列表中鼠标指向"虚线"命令，在子菜单中设置线条使用的虚线样式，如图11-95所示。

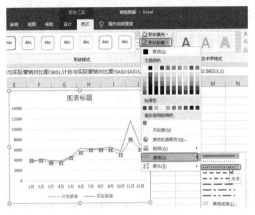

图 11-95

⑤为图表添加标题文字，选中图表，在"插入"选项卡的"插图"组中单击"形状"下拉按钮，在下拉菜单中选择"单腰三角形"命令（见图11-96），在图表中绘制图形，如图11-97所示。

图 11-96

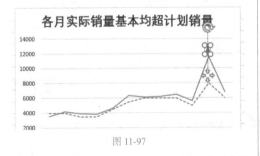

图 11-97

⑥选中图形，在"绘图工具-格式"选项卡的

"排列"组中单击"旋转对象"下拉按钮，在下拉菜单中选择"垂直翻转"命令，如图11-98所示。接着在图形旁添加文本框，并输入系列名称文字，如图11-99所示。

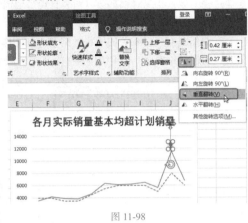

图 11-98

图 11-99

⑦按相同的方法在"计划销量"系列旁添加指引图形及文本框。

专家提示

在图表中绘制"单腰三角形"图形及添加文本框的目的是为了达到指引的作用。这种表达方式可以让图表的显示效果更加明显，同时也极大地提升了图表的美感及专业程度。

11.8 ▶ 分析产品销售增长率图表

销售增长率是反映企业单位运营状况，预测企业发展趋势的重要指标之一。许多用户在总结企业过去的运营状况时，都会以图表直观呈现销售增长率的变化，如图 11-100 所示为建立完成的图表。

在制作图前，将相关的销售数据录入到工作表中，并计算出销售增长率。销售增长率的计算公式：销售增长率 =（本年销售额 - 上年销售额）÷ 上年销售额。

图 11-100

❶ 在工作表中，选中 A4:C10 单元格区域，在"插入"选项卡的"图表"组中单击"推荐的图表"按钮（见图 11-101），打开"插入图表"对话框。

❷ 左侧列表中显示的都是推荐的图表，第一个图表就是我们所需要的复合型图表。选择图表，如图 11-102 所示。

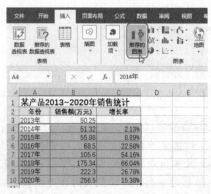

图 11-101

❸ 单击"确定"按钮，创建的图表如图 11-103 所示，可以看到百分比值直接绘制到了次坐标轴上，

这也正是我们所需要的图表效果。

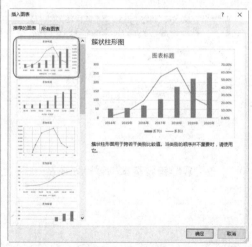

图 11-102

❹ 在次坐标轴上双击，打开"设置坐标轴格式"右侧窗格，展开"标签"栏，单击"标签位置"右侧的下拉按钮，选择"无"选项（见图 11-104），从而实现隐藏次坐标轴的标签，如图 11-105 所示。

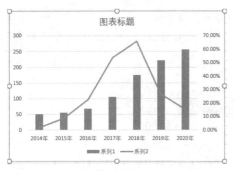

图 11-103

图 11-104

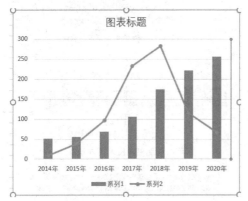

图 11-105

⑤ 选中图表，单击右上角的"图表元素"按钮，鼠标指向"数据标签"，在展开的下拉列表中选择"上方"选项，如图 11-106 所示。

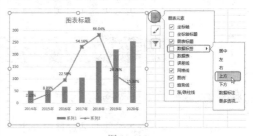

图 11-106

⑥ 在折线上双击，打开"设置数据系列格式"右侧窗格，切换到"填充与线条"标签按钮下，滑块滑到底部，选中"平滑线"复选框，让折线图显示为平滑线效果，如图 11-107 所示。

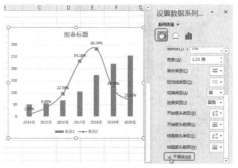

图 11-107

⑦ 在图表的柱形上双击，打开"设置数据系列格式"右侧窗格，将"间隙宽度"处的值更改为"100%"，即减小间隙增大柱子的宽度，如图 11-108 所示。

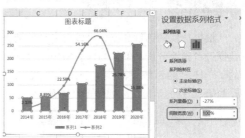

图 11-108

⑧ 为图表添加标题、脚注等信息。接着按上一例相同的方法在图表中添加三角形和文本框更加着重地显示"销售增长率"这个系列。

专家提示

注意这项操作是实现了隐藏次坐标轴的标签，而不是删除。如果直接选中次坐标轴的标签并按 Delete 键，则会删除次坐标轴，因此是错误的做法。

第11章　公司产品销售订单与库存管理表格

211

因为在建立这个图表选择数据源时是没有标签的，因此系列的名称只是生成为"系列1""系列2"，所以图例实际是不具备意义的，可以直接将其删除，然后采用在图表中手工添加的方式进行处理，即标注清晰又美观的图表。

11.9 ▶ 其他与销售管理相关的表格

11.9.1 销售费用计划报表

销售费用是企业在销售商品过程中产生的费用，在制定销售费用计划报表之前，应先根据企业的实际情况确定企业销售费用的项目。例表如图 11-109 所示。

图 11-109

制作要点如下：
❶ 规划表格应包含的项目。
❷ 计算费用率。

11.9.2 销售预测表

根据往期的销售数据，可以对未来的销售数据进行预测分析。例如当前表格中通过已知的 1～11 月的销售量，使用 FORECAST 函数预测第 12 月的销售量，如图 11-110 所示。

	A	B	C	D	E
1	月份	销售量（件）		月份	销售量预测
2	1	15600		12	31635.81818
3	2	22300			
4	3	50000			
5	4	15200			
6	5	22650			
7	6	36590			
8	7	56000			
9	8	90000			
10	9	15930			
11	10	9000			
12	11	11250			

图 11-110

制作要点如下：

在 E2 单元格中使用公式"=FORECAST (12,B2:B12,A2:A12)"进行预测。

11.9.3 季度推广成本分析表（图）

为了分析公司各个季度在不同推广渠道的投入成本，可以建立季度推广成本分析表格，为这一阶段的利润核算提供必备数据。根据这些数据可以建立图表，通过图表直观地查看哪个季度的推广成本最高，以及哪个推广渠道投入最多。图 11-111 所示为分析表，图 11-112所示为分析图。

	A	B	C	D	E	F
1	季度推广成本分析表				单位：万元	
2	季度	手机APP	购物网站	微博	公众号	小计
3	一季度	7.5	8.8	4	1.9	22.20
4	二季度	1.22	9	5.9	22.5	
5	三季度	10.2	21.8	12	30	
6	四季度	20	30	20	15	
7	合计	38.92	69.60	41.90	69.40	

图 11-111

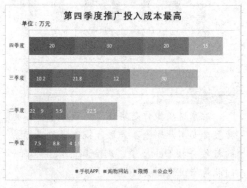

图 11-112

第

公司客户关系维护与管理表格—

12

章

　　企业在运营过程中不断累积客户信息，并使用获得的客户信息来制定市场战略以满足客户个性化需求。因此客户关系维护在企业运作过程中至关重要，可以通过一些表格来辅助公司客户关系的维护与管理。

☑ 新增客户档案信息表

☑ 客户资料管理表

☑ 客户月拜访计划表

☑ 客户布局分析图

☑ 客户价值评价图

☑ 其他客户关系维护与管理相关的表格

12.1 ▶ 新增客户档案信息表

如图 12-1 所示是一个新增的"客户档案信息表"，有新增客户时会填写这个表单（此表制作后可发批量打印使用）。后期为了便于对公司的客户资料进行统一管理，在填写表单后，可以在 Excel 中建立"客户资料管理表"（详见 12.2 节）。

客户档案信息		
客户类别：		公司性质：
客户资料		财务资料
通信地址：		户名：
邮编：		税号：
公司地址：		开户行：
邮编：		账号：
客户负责人：	电话：	财务联系人：
业务负责人：	电话：	备注
储运负责人：	电话：	
发货地址：		

图 12-1

12.2 ▶ 客户资料管理表

客户资料管理表在企业中起着至关重要的作用，客户资料的管理是企业维护客户关系的最基础的环节。它便于我们对客户资料进行系统地管理，避免零散存放而导致数据丢失。

如图 12-2 所示为建立的客户资料管理表的例表。此表格在建立过程中靠的是手工录入，除了序号可以使用填充的办法外，其他没有捷径。

客户资料管理表

NO	合作日期	单位	联系人	性别	部门	职位	通信地址	联系电话	开户行	账号	客户等级
001	2018/8/11	上海宣城信息科	陈伟	男	科研部	经理	上海市浦东新区陆家嘴环路5号	13978560978	建设银行	*******	大客户
002	2018/5/2	北京盛天电子商	葛玲玲	女		经理	北京市东城西区长安街1号	18976548793	交通银行	*******	大客户
003	2017/7/15	上海益华信息技	张家梁	男	科研部	经理	上海市浦东新区世纪大道108号	17896543290	中国银行	*******	小客户
004	2018/8/14	上海巡城科技	陆缚锋	女	科研部	职员	上海市浦东新区即墨路85号	13689073567	中国银行	*******	小客户
005	2016/1/25	洛阳韩顿科技	唐橘	女	科研部	职员	河南省洛阳市市南区毛家湾人	15867903214	中国银行	*******	大客户
006	2016/12/6	上海佳节电脑	王亚磊	男	生产部	职员	上海市浦东新区银城中路32号	15980734521	农业银行	*******	中客户
007	2017/3/17	富山严科技	徐文倬	女	生产部	职员	河南省富山市南区富山路12号	13089564521	交通银行	*******	中客户
008	2016/3/1	天津鸿鼎信息	苏雍	男	生产部	主管	天津市长安街1号	15970698736	农业银行	*******	大客户
009	2019/8/29	北京天一科技	蒲腾	男	生产部	职员	北京市海淀区万寿路10号	17890694213	农业银行	*******	小客户
010	2020/4/11	万盛投资	吴银花	女	科研部	职员	新地中心	15145676807	建设银行	*******	小客户
011	2018/8/9	百越传媒科技	郝凌	男	宣传部	总监	华亭未来城商业中心	18736856454	农业银行	*******	中客户
012	2016/4/2	涵行科技	钱丽	女	销售部	主管	丽江小区	15254556758	农业银行	*******	大客户
013	2019/1/9	与非出口商贸	周海军	男	部门经营	经理	南京香橼大道	15754654545	农业银行	*******	中客户
014	2017/10/24	王昊科技	张妮	女	销售部	职员	步行街26号	13354560877	建设银行	*******	大客户
015	2020/5/12	南京图平新商贸	林杰	男	科研部	职员	利江路百胜商业中心3栋601	15645662133	建设银行	*******	小客户
016											
017											
018											

图 12-2

❶ 选中单元格区域，在"开始"选项卡的"数字"组中设置单元格为"文本"格式，如图 12-3 所示。

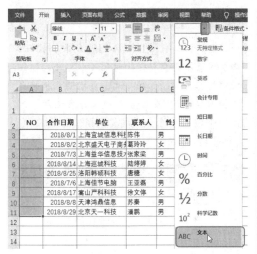

图 12-3

❷ 设置完成后，输入首个编号"001"，如图 12-4 所示（注意必须设置单元格格式为文本格式才可以正确显示以 0 开头的编号）。之后再进行序号填充时则可以正确显示以 0 开头的编号，如图 12-5 所示。

图 12-4

图 12-5

12.2.1 表格安全保护

表格编辑完成后，如果不想被他人随意更改，则可以对表格进行安全保护，如设置密码、限制编辑等。如本例的"客户资料管理"文件具有一定的保密性质，因此编辑者可对表格实施保护。

❶ 在"审阅"选项卡的"更改"组中单击"保护工作表"按钮（见图 12-6），打开"保护工作表"对话框。

❷ 在"取消工作表保护时使用的密码"文本框中输入密码，保持默认选中"保护工作表及锁定的单元格内容"复选框，然后在"允许此工作表的所有用户进行"列表框中取消选中所有的复选框，如图 12-7 所示。

图 12-6

图 12-7

❸ 单击"确定"按钮，打开"确认密码"对话框，在"重新输入密码"文本框中输入密码，如图 12-8 所示。

❹ 单击"确定"按钮关闭对话框，即完成保护工作表的操作。此时可以看到工作表中很多设置项都呈现灰色不可操作状态，如图12-9所示。当双击单元格试图编辑时，也会弹出提示对话框，如图12-10所示。

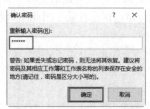

图 12-8

图 12-9

图 12-10

知识扩展

"保护工作表"按钮是一个开头按钮，当工作表不再需要保护时则可以单击此按钮撤销对工作表的保护（注意要撤销保护时也要输入密码）。在设置保护工作表之后，此按钮上的文字就会变成"撤销工作表保护"（如图12-11所示）。

图 12-11

12.2.2 "大客户"查看表

如果客户资料很多，则可以利用"筛选"功能筛选出满足特定条件的信息记录，例如下面要查看所有"大客户"的信息。

❶ 选中表格中的任意单元格，切换至"数据"选项卡，在"排序和筛选"组中单击"筛选"按钮（见图12-12），此时在各项列标识后添加了"自动筛选"下拉按钮。

图 12-12

❷ 单击"客户等级"右侧的下拉按钮，在其下拉列表中只选中"大客户"复选框，如图12-13所示。

NO	合作日期	单位	联系人	性别	部门	职位	通信地址	联系电话
001	2017/8/11	上海宜城信息科技	陈伟	男	科研部	经理	上海市浦东新区陆家嘴环路5号	139785
002	2018/5/2	北京盛天电子商务	葛玲玲	女	科研部	经理	北京市东城西区长安街1号	189765
003	2017/7/15	上海益华信息技术	张家梁	男	科研部	经理	上海市浦东新区世纪大道108号	178965
004	2018/8/14	上海巡城科技	陆婷婷	女	科研部	职员	上海市浦东新区即墨路85号	136890
005	2016/1/25	洛阳韩硕科技	唐糖	女	科研部	职员	河南省洛阳市市南区毛家湾人	158679
006	2016/12/6	上海佳节电脑	王亚磊	男	生产部	职员	上海市浦东新区银城中路32号	159807
007	2017/3/17	富山严科科技	徐文伟	女	生产部	职员	河南省富山市南区富山路12号	130895
008	2016/3/1	天津鸿鼎信息	苏秦	男	生产部	主管	天津市长安街1号	159706
009	2019/8/29	北京天一科技	潘鹏	男	生产部	主管	北京市海淀区万寿路10号	178906
010	2020/4/11	万盛投资	吴银花	女	科研部	职员	新地中心	151456
011	2018/8/9	百盛传媒科技	郝凌	男	宣传部	总监	华宇未来城商业中心	187368
012	2016/4/2	涵行科技	钱丽	女	销售部	主管	丽江小区	152545
013	2019/1/9	与非进出口商贸	周海军	男	销售部	部门经	香樟大道	157546
014	2017/10/24	玉昊科技	张妮	女	销售部	职员	步行街26号	133545
015	2020/5/12	南京图平斯商贸	林杰	男	科研部	职员	利江路百胜商业中心3栋601	156456

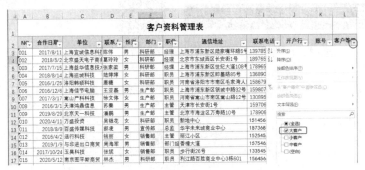

图 12-13

❸ 单击“确定”按钮返回工作表中，此时则筛选出了“客户等级”为“大客户”的所有记录，如图 12-14 所示。

客户资料管理表

NO	合作日期	单位	联系人	性别	部门	职位	通信地址	联系电话	开户行	账号	客户等级
001	2017/8/11	上海宜城信息科技	陈伟	男	科研部	经理	上海市浦东新区陆家嘴环路5号	13978560978	建设银行	********	大客户
002	2018/5/2	北京盛天电子商务	葛玲玲	女	科研部	经理	北京市东城西区长安街1号	18976548793	交通银行	********	大客户
005	2016/1/25	洛阳韩硕科技	唐糖	女	科研部	职员	河南省洛阳市市南区毛家湾人	15867903214	中国银行	********	大客户
008	2016/3/1	天津鸿鼎信息	苏秦	男	生产部	主管	天津市长安街1号	15970698736	农业银行	********	大客户
012	2016/4/2	涵行科技	钱丽	女	销售部	主管	丽江小区	15254556758	农业银行	********	大客户
014	2017/10/24	玉昊科技	张妮	女	销售部	职员	步行街26号	13354560877	建设银行	********	大客户

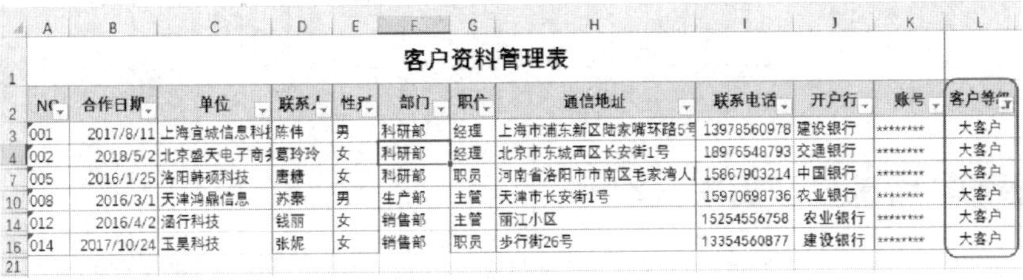

图 12-14

12.2.3 指定合作年份查看表

如果想查看特定时间内建立合作关系的客户情况，也可以筛选查看。

❶ 选中表格中的任意单元格，切换至“数据”选项卡，在“排序和筛选”组中单击“筛选”按钮。单击“合作日期”右侧的下拉按钮，在其下拉列表中选中想查看的年份复选框，这时选中“2016”复选框，如图 12-15 所示。

❷ 单击“确定”按钮返回工作表中，此时则筛选出了所有在 2016 年建立合作关系的客户的信息条目，如图 12-16 所示。

图 12-15

客户资料管理表

NO	合作日期	单位	联系人	性别	部门	职位	通信地址	联系电话	开户行	账号	客户等级
005	2016/1/25	洛阳韩硕科技	唐糖	女	科研部	职员	河南省洛阳市市南区毛家湾人	15867903214	中国银行	********	大客户
006	2016/12/6	上海佳节电脑	王亚磊	男	生产部	职员	上海市浦东新区银城中路32号	15980734521	农业银行	********	中客户
008	2016/3/1	天津鸿鼎信息	苏秦	男	生产部	主管	天津市长安街1号	15970698736	农业银行	********	大客户
012	2016/4/2	涵行科技	钱丽	女	销售部	主管	丽江小区	15254556758	农业银行	********	大客户

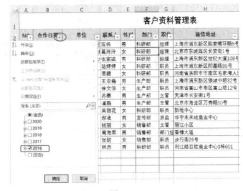

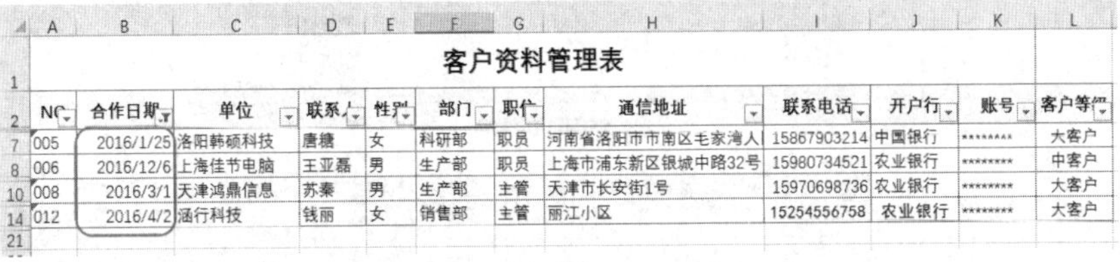

图 12-16

12.3 ▶ 客户月拜访计划表

为了更有效地维护客户关系，应经常开展客户拜访工作，在拜访前要做好客户月拜访计划表，如图 12-17 所示。

客户名称	1	2	3	4	5	6	7	8	9	10	11	12	13	14	15	16	17	18	19	20	21	22	23	24	25	26	27	28	29	30	31	合计	周拜访频率
																																	客户经理：	日期： 2021年6月

客户月拜访计划表

图 12-17

12.3.1 特殊显示周末日期

❶ 创建工作表，在工作表中输入客户月拜访计划表的相关基本信息，并进行单元格式设置，如图 12-18 所示。

客户月拜访计划表

客户经理：　　　　　　　日期：　2021年6月

客户名称	1	2	3	4	5	6	7	8	9	10	11	12	13	14	15	16	17	18	19	20	21	22	23	24	25	26	27	28	29	30	31	合计
A																																
B																																
C																																
D																																
E																																
F																																

图 12-18

❷ 选中 C3:AG3 单元格区域，在"开始"选项卡的"样式"组中单击"条件格式"下拉按钮，在其下拉菜单中选择"新建规则"命令，如图 12-19 所示。

图 12-19

❸ 打开"新建格式规则"对话框，在其中选择"使用公式确定要设置格式的单元格"选项，输入公式"=IF(WEEKDAY(DATE(YEAR($T$2),MONTH($T$2),C$3),3)=6,1,0)"，如图 12-20 所示。

❹ 单击"格式"按钮，打开"设置单元格格式"对话框，可以选择一种特殊的填充色，选择后返回"新建格式规则"对话框，在"预览"区域会显示当条件为真时的单元格格式，如图 12-21 所示。

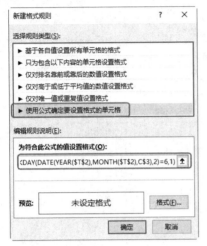

图 12-20

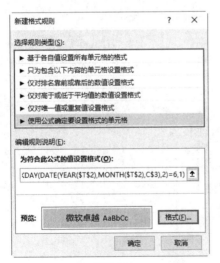

图 12-21

❺ 单击"确定"按钮返回工作表中，可以看到周六日期都显示为所设置的特殊格式，如图 12-22 所示。

图 12-22

❻ 按相同的方法再次打开"新建格式规则"对话框，选择"使用公式确定要设置格式的单元格"选项，输入公式"=IF(WEEKDAY(DATE(YEAR($T$2),MONTH($T$2),C$3),2)=7,1)"，如图 12-23 所示。并设置公式特殊格式，如图 12-24 所示。

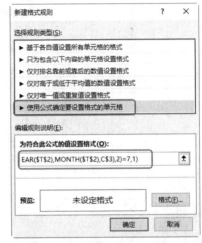

图 12-23

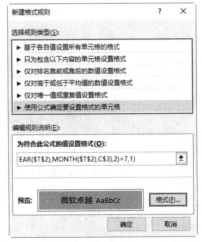

图 12-24

❼ 单击"确定"按钮返回工作表中，可以看到

周日日期都显示为所设置的特殊格式，如图 12-25 所示。

图 12-25

❽ 在表格中对应的日期列和客户列交叉处的单元格中插入符号，如图 12-26 所示。

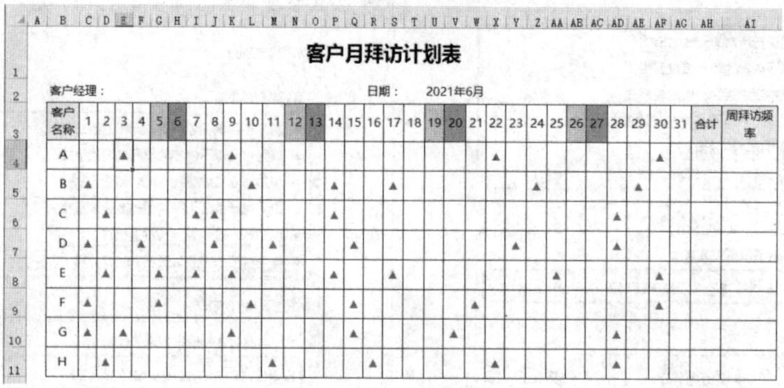

图 12-26

12.3.2 计算总拜访次数

❶ 选中 AH4 单元格，在编辑栏中输入公式：

=COUNTIF(C4:AG4," ▲ ")

按 Enter 键（见图 12-27），鼠标指针指向该单元格右下角，向下复制公式至单元格 AH11，如图 12-28 所示。

图 12-27

❷ 选中 AI4 单元格，在编辑栏中输入公式：

=AH4/4

按 Enter 键（见图 12-29），鼠标指针指向该单元格右下角，向下复制公式至 AI11 单元格，即可完成客户月拜访计划表的制作，如图 12-30 所示。

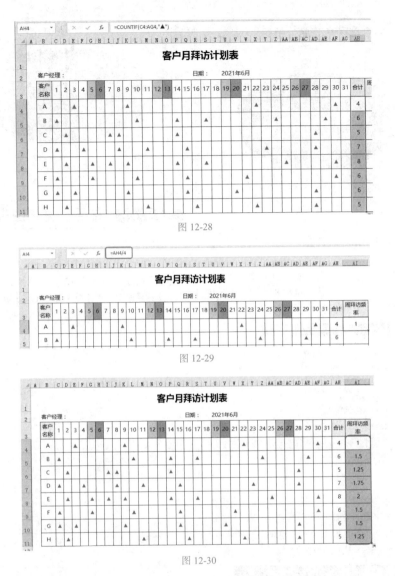

图 12-28

图 12-29

图 12-30

12.4 ▶ 客户布局分析图

通过建立客户布局分析图，可以直观地看到全国的客户主要分布在哪些区域中，可以为企业市场开拓策略以及售后服务安排等提供决策参考，如图 12-31 所示为建立完成的图表，该图表表达效果直观，且外观整洁美观。

图 12-31

12.4.1 创建图表

❶ 选中"客户数量"列中任意单元格，在"数据"选项卡的"排序和筛选"组中单击"降序"按钮，将数据源按从大到小排序，如图 12-32 所示。

图 12-32

❷ 选中 A2:B9 单元格区域，在"插入"选项卡的"图表"组中单击"插入饼图或圆环图"下拉按钮，展开下拉菜单（见图 12-33），单击"三维饼图"图表类型，即可新建图表，如图 12-34 所示。

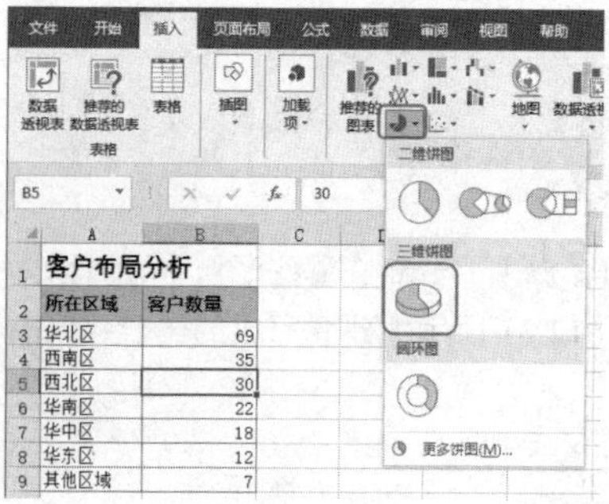

图 12-33

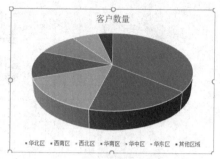

图 12-34

12.4.2 布局、美化图表

❶ 在饼图的扇面上双击，打开"设置数据系列格式"右侧窗格，单击"效果"标签按钮，展开"三维格式"标签，按如图 12-35 所示设置顶端棱台效果。设置后图表的扇面效果如图 12-36 所示。

图 12-35

图 12-36

❷ 选中图表，单击右上角的"图表元素"按钮，

鼠标指向"数据标签",在展开的列表中选择"数据标注",此时图表中添加了数据标签,如图12-37所示。

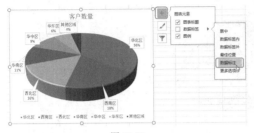

图 12-37

❸ 在数据标签上双击,打开"设置数据标签格式"右侧窗格,设置数字的格式为"百分比",并将小数位数设置为"2",如图12-38所示。此操作让图表的标签显示两位小数,如图12-39所示。

图 12-38

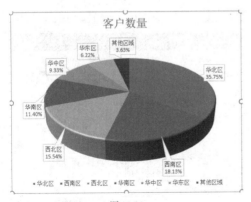

图 12-39

❹ 为图表添加标题文字,也可以重新设置扇面的颜色,如图12-40所示。

图 12-40

❺ 为了美化图表,可以将每个标签的边框颜色设置为与饼图的扇面一致。因此可以在标签上单击选中所有标签,然后在要设置的标签上单击,表示只选中这个标签。选中单个标签后,在"绘图工具-格式"选项卡的"形状样式"组中单击"形状轮廓"下拉按钮,选择颜色,如图12-41所示。接着鼠标指向"粗细",选择磅值加粗线条,如图12-42所示。

图 12-41

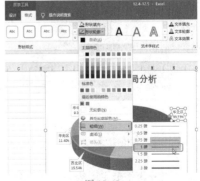

图 12-42

❻ 接着按相同的方法分别设置每个标签的线条颜色，如图 12-43 所示。

图 12-43

12.5 ▶ 客户价值评价图

客户价值是指从客户角度出发，对企业提供的产品和服务，客户基于自身的价值评价标准而识别出的价值，这一价值在营销学中通常称为顾客让渡价值或顾客识别价值，它是决定客户购买行为的关键因素，是企业进行营销活动需要关注的核心内容之一，是企业进行客户细分的重要标准。

如图 12-44 所示为建立完成的图表，该图表为客户的价值评价情况。

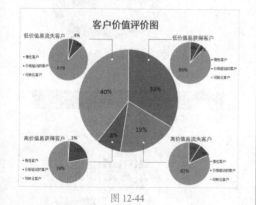

图 12-44

12.5.1 创建主图表

本图表分为 1 个主图表及 4 个细分图表，

因此可以先创建主图表并调整好其布局。

❶ 准备好创建图表的数据源，如图 12-45 所示。

图 12-45

❷ 选中 A2:B6 单元格区域，在"插入"选项卡的"图表"组中单击"插入饼图或圆环图"下拉按钮，展开下拉菜单（见图 12-46），单击"饼图"图表类型，即可新建图表，如图 12-47 所示。

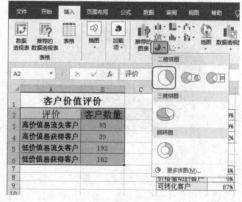

图 12-46

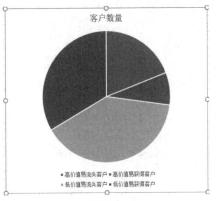

图 12-47

❸ 在图表的扇面上双击打开"设置数据系列格式"右侧窗格,单击"系列选项"标签按钮,设置"第一扇区的起始角度"为"120",如图 12-48 所示。此操作可以实现让图表的扇面进行旋转,如图 12-49 所示。

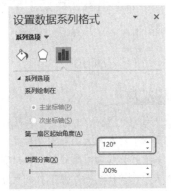

图 12-48

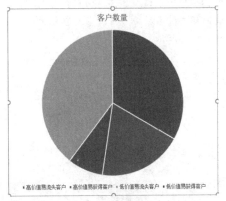

图 12-49

❹ 选中图表,单击右上角的"图表元素"按钮,鼠标指向"数据标签",在展开的列表中选择"更多选项"选项(见图 12-50),打开"设置数据标签格式"右侧窗格,只选中"百分比"复选框,如图 12-51 所示。

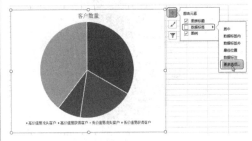

图 12-50

图 12-51

❺ 添加百分比数据标签后,选中标签,然后在"开始"选项卡的"字体"组中将字号放大,如图 12-52 所示。

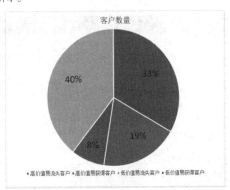

图 12-52

⑥ 将图表的图表区增大，将图表的绘图区缩小，空出四周的位置，调整后如图 12-53 所示。

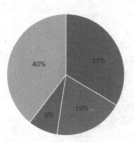

客户价值评价图

图 12-53

12.5.2 创建细分图表

细分图表是对主图表每个扇面所代表的分类的细分统计，因此其创建要点有两个：一是创建第一个细分图表并设置好格式，其他图表通过复制并修改数据源的方式实现；二是每个细分图表放置在主图表中与其对应的扇面旁。

① 在数据源中选中 D2:E4 单元格区域，在"插入"选项卡的"图表"组中单击"插入饼图或圆环图"下拉按钮，展开下拉菜单（见图 12-54），单击"饼图"图表类型，再次创建饼图，此饼图是对"高价值易流失客户"的细分数据，如图 12-55 所示。

② 调整图表中的对象的大小，并放置到合适的位置，如图 12-56 所示。

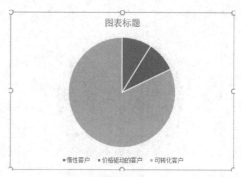

图 12- 55

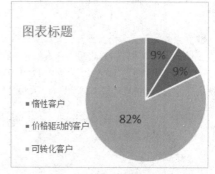

图 12-56

知识扩展

图表由各个对象组成，可根据实际排版的需要调节对象的大小与放置位置。选中对象，鼠标指针指向对象边缘，当出现黑色四向箭头时，按住鼠标左键不放拖曳可移动其位置，如图 12-57 所示。鼠标指针指向对象拐角，当出现黑色双向对拉箭头时，按住鼠标左键不放拖曳可改变对象的大小，如图 12-58 所示。

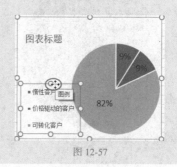

图 12-57

图 12-54

高价值易流失客户		高价值易获得客户	
惰性客户	9%	惰性客户	1%
价格驱动的客户	9%	价格驱动的客户	21%
可转化客户	82%	可转化客户	78%
低价值易流失客户		低价值易获得客户	
惰性客户	4%	惰性客户	8%
价格驱动的客户	9%	价格驱动的客户	4%
可转化客户	87%	可转化客户	88%

图 12-58

③选中饼图，在"图表工具-格式"选项卡的"形状样式"组中单击"形状轮廓"下拉按钮，在下拉菜单中选择"无轮廓"命令，如图 12-59 所示；单击"形状填充"下拉按钮，在下拉菜单中选择"无填充"命令，如图 12-60 所示。

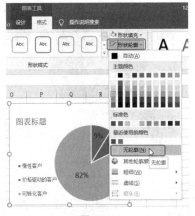

图 12-59

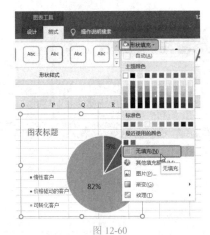

图 12-60

④将制作的饼图移至前面制作好的大饼图中，

并根据扇面所代表的分类放置在合适位置，如图 12-61 所示。

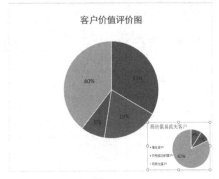

图 12-61

⑤复制右下角的饼图，放置在左下角，如图 12-62 所示。

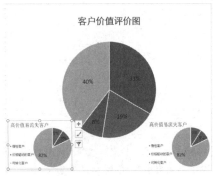

图 12-62

⑥在复制的饼图上右击，在弹出的快捷菜单中选择"选择数据"命令（见图 12-63），打开"选择数据源"对话框，如图 12-64 所示。单击"图表数据区域"右侧的 按钮，切换到数据表中重新选择数据源，如图 12-65 所示。

图 12-63

图 12-64

图 12-65

❼ 选择后单击"确定"按钮，我们看到左下角的图表保持原有格式，但数据源改变了，如图 12-66 所示。

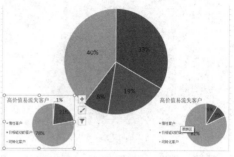

图 12-66

❽ 按相同方法依次复制图表并改变为相应的数据源，得到的图表如图 12-67 所示。

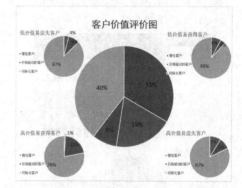

图 12-67

❾ 最后可以对图表进行对象位置的细微调整、扇面颜色调整、加指引线条等美化操作，以达到更佳的视觉效果。

12.6 ▶ 其他客户关系维护与管理相关的表格

12.6.1 客户等级评分表

将公司的客户按照一定的方式进行等级评分，可以便于对所有客户分门别类地管理，重点维护高等级的客户。如图 12-68 所示是对评分标准进行约定的一个规范表。

制作要点如下：

① 规划表格应包含的项目。

② 按企业实际情况设定等级评分标准，在对每个客户进行评级时则参照此表中约定的标准。

客户等级评分表			
两年加权订单额=上一年订单额*30%+本年度订单额*70%			
客户等级		定量	
客户等级	等级分值	两年内加权订单额	原始分值
A	80分以上	50W以上	80
B	60~79分	301~499W	60
C	40~59分	101~300W	40
D	20~39分	51~100W	20
E	20分以下	0~50W	0

图 12-68

12.6.2 客户跟踪记录表

对于意向客户，一般需要多次跟踪才能转化为真正的稳定客户，因此对客户的跟踪需要做好计划并做好记录，例表如图 12-69 所示。

客户跟踪记录表					
公司名称		联系人		职务	
公司地址				电话	
赠送相关资料使用情况			客户公司概况及类型		
经营范围及产品用途			产品质量要求及特点		
拜访日期	方式	进展	客户需求	大致内容	备注

图 12-69

制作要点如下：

规划表格应包含的项目。

第13章 公司产品市场调研结果分析管理表格

通过调查问卷收集相关数据后，其中最重要的环节是对数据进行大量统计分析，从而得出想要的结论。

Excel 程序中的函数及各类分析工具具备对数据进行多方面分析的能力，本章中将以一份调查问卷的共 90 份有效数据进行统计和分析，从而给出如何利用 Excel 程序进行调查问卷分析的相关思路。

- ☑ 样本的组成分析
- ☑ 产品认知度分析
- ☑ 用户需求分析
- ☑ 市场需求分析

13.1 ▶ 样本的组成分析

问卷收集完成后，为保证分析结果的价值，在进行数据分析前需要移除一些无效问卷，例如问卷中出现大量空白的、答题比较极端或者偏离平均值太多的、答题敷衍甚至乱答的问卷等。

如图 13-1 所示为已经清理后的有效反馈数据，将它们统计到 Excel 表格中。后面的分析工作都将围绕这张表格中的数据展开。

编码	性别	年龄	职业	现使用门锁	现用门锁价格	以前用锁存在的不便之处	是否知道智能锁的性能	你希望有哪些开门方式	希望智能锁附带功能1	希望智能锁附带功能2	你建议的锁形	可承受价格	你认为智能锁市场需求如何
1	男	28	学校及研究机构	防盗门锁	200-500	钥匙易丢	比较熟悉	密码开锁	摄像监控		三杆式执手锁	1000-2000	很大
2	男	30	学校及研究机构	老式门锁	200-500	外观不精致	比较熟悉	指纹开锁	手机实时监控	手机实时监控	插件执手锁	1000-2000	大
3	女	45	工人	电子门锁	2000以上	不了解	不太了解	声音开锁	手机实时监控		玻璃门锁	1000-2000	大
4	女	22	学生	电子门锁	200-500	出门忘带钥匙	钥匙易丢	瞳孔开锁	手机实时监控	手机实时监控	三杆式执手锁	1000-2000	大
5	女	55	服务人员	老式门锁	200-500	不太了解	了解一点	密码开锁	摄像监控	语音提示	插芯执手锁	2000-3000	很大
6	男	22	学生	智能门锁	500-900	钥匙易丢	了解一点	密码开锁	可视门铃		电子码锁	500-1000	大
7	男	22	学生	电子门锁	500-900	出门忘带钥匙	从不听说	瞳孔开锁	手机实时监控	手机实时监控	电子码锁	500-1000	大
8	男	29	自由职业及个体劳动者	防盗门锁	500-900	从不听说	防盗警报	密码开锁	摄像监控		玻璃门锁	1000-2000	小
9	女	52	机关/事业单位人员	防盗门锁	200-500	出门忘带钥匙	了解一点	指纹开锁	摄像监控		玻璃门锁	2000-3000	大
10	男	45	学校及研究机构	电子门锁	1000-2000	出门忘带钥匙	比较熟悉	声音开锁	手机实时监控	手机实时监控		500-1000	大
11	男	26	机关/事业单位人员	智能门锁	500-900	外观不精致	了解一点	瞳孔开锁	手机实时监控	手机实时监控	电子码锁	1000-2000	大
12	女	43	服务人员	电子门锁	200-500	不太了解	了解一点	人脸识别开锁	语音提示	手机实时监控	电子码锁	2000-3000	大
13	女	30	自由职业及个体劳动者	电子门锁	1000-2000	不太了解	了解一点	手机应应开锁	手机实时监控	防盗警报	玻璃门锁	1000-2000	大
14	男	19	学生	电子门锁	500-900	不太了解	了解一点	密码开锁	手机实时监控		可视门铃	500-1000	大
15	男	60	退休	电子门锁	500-900	出门忘带钥匙	了解一点	密码开锁	手机实时监控		摄像监控	500-1000	大
16	男	71	退休	老式门锁	200-500	开门不方便	了解一点	密码开锁	可视门铃		三杆式执手锁	1000-2000	小
17	男	42	自由职业及个体劳动者	防盗门锁	200-500	开门不方便	从不听说	指纹开锁	摄像监控	手机实时监控	三杆式执手锁	1000-2000	很大
18	男	42	学校及研究机构	防盗门锁	200-500	外观不精致	了解一点	密码开锁	手机实时监控	手机实时监控	插件执手锁	2000-3000	很大
19	男	27	机关/事业单位人员	电子门锁	200-500	外观不精致	了解一点	人脸识别开锁	语音提示	语音提示	玻璃门锁	2000-3000	一般
20	女	27	服务人员	电子门锁	200-500	出门忘带钥匙	了解一点	密码开锁	手机实时监控	手机实时监控	电子码锁	1000-2000	大
21	男	36	服务人员	电子门锁	2000以上	不了解	了解一点	手机应应开锁	防盗警报	防盗警报	电子码锁	1000-2000	大
22	男	50	企业职员	电子门锁	500-900	钥匙易丢	了解一点	瞳孔开锁	手机实时监控	手机实时监控	电子码锁	2000-3000	一般
23	男	60	退休	电子门锁	200-500	不太了解	了解一点	指纹开锁	手机实时监控	手机实时监控	电子码锁	2000-3000	大
24	男	23	机关/事业单位人员	防盗门锁	200-500	比较熟悉	了解一点	瞳孔扫描开锁	烟雾报警器	语音提示	三杆式执手锁	1000-2000	大
25	男	21	机关/事业单位人员	防盗门锁	200-500	出门忘带钥匙	不太了解	声音开锁	摄像监控		电子码锁	1000-2000	小
26	女	25	学生	电子门锁	200-500	钥匙易丢	了解一点	密码开锁	摄像监控		电子码锁	500-1000	大
27	女	29	学校及研究机构	电子门锁	200-500	外观不精致	了解一点	密码开锁	手机实时监控		电子码锁	500-1000	大
28	女	38	机关/事业单位人员	电子门锁	500-900	比较熟悉	了解一点	密码开锁	防盗警报		可视门铃	3000-4500	大
29	女	41	工人	电子门锁	500-900	从不听说	不太了解	手机应应开锁	摄像监控		电子码锁	2000-3000	大
30	女	40	机关/事业单位人员	老式门锁	2000以上	出门忘带钥匙	不太了解	手机应应开锁	烟雾报警器	防盗警报	电子码锁	500-1000	一般
31	男	19	学生	电子门锁	200-500	钥匙易丢	了解一点	指纹开锁	可视门铃		插件执手锁	1000-2000	大
32	男	22	学生	防盗门锁	500-900	钥匙易丢	了解一点	瞳孔扫描开锁	可视门铃		三杆式执手锁	3000-4500	大
33	女	42	企业职员	智能门锁	500-900	外观不精致	不太了解	密码开锁	语音提示		插芯执手锁	3000-4500	大
34	女	42	工人	老式门锁	500-900	出门不方便	了解一点	密码开锁	语音提示	防盗警报	插芯执手锁	2000-3000	大

图 13-1

13.1.1 样本性别组成分析表

在完成了问卷调查结果的统计之后，首先要对样本的组成进行分析，在本例中需要分析样本的性别组成。

❶ 单击"插入新工作表"按钮插入新工作表，创建的分析表如图 13-2 所示。

图 13-2

❷ 选中 B3 单元格，在编辑栏中输入公式：

=COUNTIF(调查结果汇总表 !$B$2:$B$92,A3)

按 Enter 键，统计出样本中男性的人数，如图 13-3 所示。

图 13-3

❸ 选中 B3 单元格，向下复制此公式到 B4 单元格中，统计出样本中女性的人数，如图 13-4 所示。

图 13-4

专家提示

=COUNTIF(调查结果汇总表!\$B\$2: \$B\$92,A3) 公式解析如下：

在"调查结果汇总表!\$B\$2:\$B\$92"单元格区域中统计与 A3 单元格中相同值出现的次数。调查结果汇总表!\$B\$2:\$B\$92 单元格区域中显示的性别统计结果的区域。注意此区域需要使用绝对引用方式，因为公式向下复制时这个统计区域是不变的。

❹ 选中 A2:B4 单元格区域，在"插入"选项卡的"图表"组中单击"插入饼图或圆环图"下拉按钮，在打开的下拉列表中单击"三维饼图"图表类型（见图 13-5），即可创建图表，如图 13-6 所示。

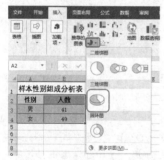

图 13-5

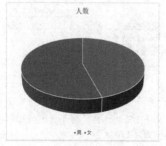

图 13-6

❺ 选中图表，单击"图表样式"按钮，在打开的样式列表可以选择套用图表的样式，如图 13-7 所示。接着切换到"颜色"选项卡，可以重新选择配色方案，如图 13-8 所示。

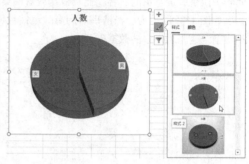

图 13-7

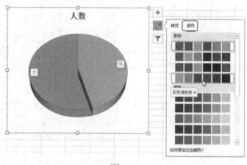

图 13-8

❻ 接着再单击右上角的"图表元素"按钮，鼠标指向"数据标签"，在展开的列表中选择"数据标注"选项，此时图表中添加了数据标签，如图 13-9 所示。

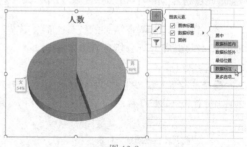

图 13-9

❼ 对图表的标题进行完善，设置后的图表效果如图 13-10 所示。在图表中可以直观看到不同性别的占比情况。

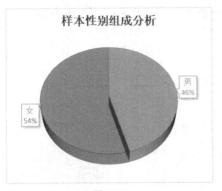

样本性别组成分析

女 54%　　男 46%

图 13-10

专家提示

　　通过分析结果可以看到本次有效的问卷中女性人数稍稍居多，可见女性对问卷调查的接受程度略高于男性。

13.1.2　样本年龄组成分析表

　　现在需要将年龄分为"25 岁以下""25～34""35～44""45～54""55 及以上"五个组，来分析样本的年龄组成情况。

❶ 单击"插入新工作表"按钮插入新工作表，创建的分析表如图 13-11 所示。

图 13-11

❷ 选中 B3 单元格，在编辑栏中输入公式：

=COUNTIF(调查结果汇总表 !C3:C92,"<25")

　　按 Enter 键，统计出样本中 25 岁以下的人数，如图 13-12 所示。

❸ 选中 B4 单元格，在编辑栏中输入公式：

=COUNTIFS(调查结果汇总表 !C3:C92,">=25",调查结果汇总表 !C3:C92,"<35")

　　按 Enter 键，统计出样本中 25~34 岁的人数，如图 13-13 所示。

B3　fx　=COUNTIF(调查结果汇总表!C3:C92,"<25")

	样本年龄组成分析表	
	年龄段	人数
	25岁以下	18
	25~34	
	35~44	
	45~54	
	55及以上	

图 13-12

❹ 选中 B5 单元格，在编辑栏中输入公式：

=COUNTIFS(调查结果汇总表 !C3:C92,">=35",调查结果汇总表 !C3:C92,"<45")

　　按 Enter 键，统计出样本中 35~44 岁的人数，如图 13-14 所示。

B4　fx　=COUNTIFS(调查结果汇总表!C3:C92,">=25",调查结果汇总表!C3:C92,"<35")

	样本年龄组成分析表	
	年龄段	人数
	25岁以下	18
	25~34	27
	35~44	
	45~54	
	55及以上	

图 13-13

B5　fx　=COUNTIFS(调查结果汇总表!C3:C92,">=35",调查结果汇总表!C3:C92,"<45")

	样本年龄组成分析表	
	年龄段	人数
	25岁以下	18
	25~34	27
	35~44	28
	45~54	
	55及以上	

图 13-14

❺ 选中 B6 单元格，在编辑栏中输入公式：

=COUNTIFS(调查结果汇总表 !C3:C92,">=45",调查结果汇总表 !C3:C92,"<55")

　　按 Enter 键，统计出样本中 45~54 岁的人数，如图 13-15 所示。

B6　fx　=COUNTIFS(调查结果汇总表!C3:C92,">=45",调查结果汇总表!C3:C92,"<55")

	样本年龄组成分析表	
	年龄段	人数
	25岁以下	18
	25~34	27
	35~44	28
	45~54	9
	55及以上	

图 13-15

❻ 选中 B7 单元格，在编辑栏中输入公式：

=COUNTIF(调查结果汇总表 !C3:C92,">=55")

按 Enter 键，统计出样本中 55 岁及以上的人数，如图 13-16 所示。

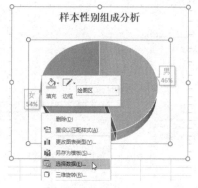

图 13-16

❼ 复制前面建立的"样本性别组成分析"图到当前工作表中，然后在图表上右击，在弹出的快捷菜单中选择"选择数据"命令（见图 13-17），打开"选择数据源"对话框，如图 13-18 所示（这时显示的是"样本性别组成分析"的数据）。

图 13-17

图 13-18

13.2 产品认知度分析

如果要对产品认知度进行分析，则可以分析各认知度的占比情况、分析年龄与产品认知度的关系等。

❽ 单击"图表数据区域"右侧的按钮，切换到数据表中，先切换到"样本年龄组成分析表"中，选择数据源，如图 13-19 所示。选择后单击"确定"按钮，我们看到图表保持原有格式，但数据源改变了，如图 13-20 所示。

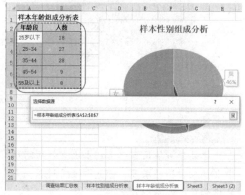

图 13-19

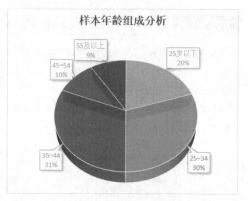

图 13-20

✍ 专家提示

通过分析可以看出，此次问卷调查中 25 ～ 44 岁这个年龄段占绝大多数，这说明具有购买可能性最大的是这个年龄段的人群。

13.2.1 产品认知度分析表

根据被调查者对智能锁的了解程度，可以分析消费者对此产品的认知程度。

❶ 单击"插入新工作表"按钮插入新工作表，创建的分析表如图 13-21 所示。

图 13-21

❷ 选中 B3 单元格，在编辑栏中输入公式：
=COUNTIF(调查结果汇总表 !$H$3:$H$92,A3)

按 Enter 键，统计出对智能锁性能的了解程度为"比较熟悉"的人数，如图 13-22 所示。

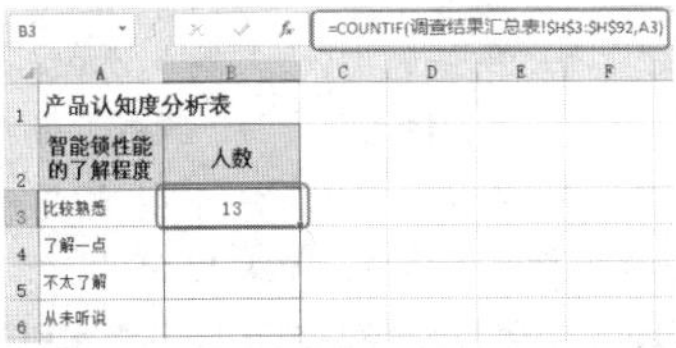

图 13-22

❸ 选中 B3 单元格，向下复制此公式到 B6 单元格中，依次统计出其他几种了解程度对应的人数，如图 13-23 所示。

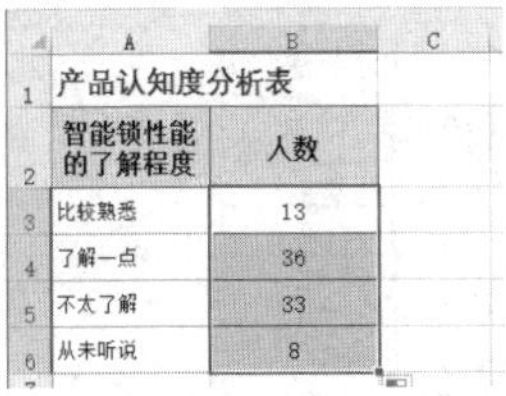

图 13-23

专家提示

通过分析可以大致看出，对智能锁处于"了解一点"和"不太了解"了解程度的占有较大的比例，因此还具有较大的市场开发空间。企业应该多在公众场合举办活动，加大宣传力度。

13.2.2 性别与产品认知度相关性分析表

根据当前产品的特性及适应人群，通常性别也有可能与产品的认知度有较大或一定的关系，通过调查数据可以对这一特性进行分析。

❶ 选中"性别""是否知道智能锁的性能"两列数据，在"插入"选项卡的"表格"组中单击"数据透视表"按钮，如图 13-24 所示。

❷ 打开"创建数据透视表"对话框，选中"现有工作表"单选按钮，设置数据透视表的保存位置，如图 13-25 所示。

图 13-24　　　　图 13-25

❸ 单击"确定"按钮即可在指定位置建立数据透视表，设置"性别"字段为"列"区域字段与"值"区域字段，"是否知道智能锁的性能"字段为"行"区域字段，统计结果如图 13-26 所示。

图 13-26

④选中数据透视表，在"数据透视表工具-分析"选项卡的"布局"组中单击"总计"下拉按钮，在下拉菜单中选择"对行和列禁用"命令，此时可以隐藏数据透视表中的总计项（因为这个分析表不需要统计项），如图13-27所示。

📎 专家提示

通过分析可以大致看出，处于"比较熟悉"与"了解一点"了解程度的，男性占多数，总体可以判断出性别与对产品认知度有相关性。

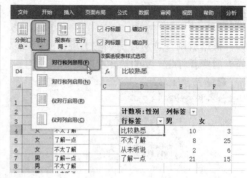

图 13-27

13.3 ▶ 用户需求分析

通过市场调查的结果发现，对用户需求进行分析是极为重要的，它对将来产品投入市场的受欢迎程度起到决定性的作用。需要先建立分析模型，接着从"调查结果汇总表"中进行各项统计。

13.3.1 希望的开门方式分析表

❶单击"插入新工作表"按钮插入新工作表，创建的分析表如图13-28所示。

图 13-28

❷选中 B3 单元格，在编辑栏中输入公式：
=COUNTIF(调查结果汇总表 !$I$3:$I$92,A3)
按 Enter 键，统计出希望使用"密码开锁"的人数，如图13-29所示。

图 13-29

❸选中 B3 单元格，向下复制此公式到 B9 单元格中，依次统计出其他几种开门方式的选择人数。接着在"数据"选项卡的"排序和筛选"组中单击"升序"按钮将人数数据排序，如图13-30所示。

图 13-30

❹选中 A2:B9 单元格区域，在"插入"选项卡的"图表"组中单击"插入柱形图或条形图"下拉按钮，在打开的下拉列表中单击"簇状条形图"图表类型（见图13-31），即可创建图表，如图13-32所示。

❺添加图表标题，并可以进行格式设置，图表效果如图13-33所示。

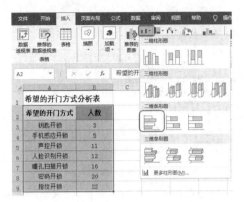

图 13-31

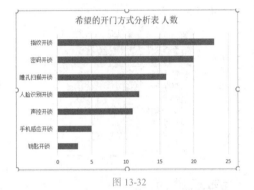

图 13-32

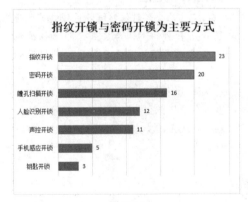

图 13-33

专家提示

在建立条形图前一般都可以对源数据进行排序，这样可以让建立的图表效果更加直观与美观。

13.3.2 建议的智能锁锁形分析表

❶ 单击"插入新工作表"按钮插入新工作表，选中 B3 单元格，在编辑栏中输入公式：

=COUNTIF(调查结果汇总表 !$L$3:$L$92,A3)

按 Enter 键，统计出建议使用"三杆式执手锁"的人数，如图 13-34 所示。

图 13-34

❷ 选中 B3 单元格，向下复制此公式到 B7 单元格中，依次统计出其他几种建议锁形的人数，如图 13-35 所示。

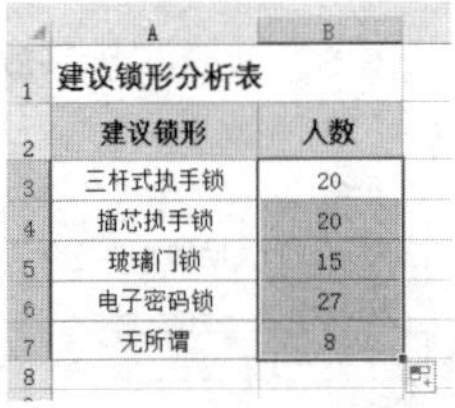

图 13-35

13.3.3 可承受的价格分析表

❶ 单击"插入新工作表"按钮插入新工作表，选中 B3 单元格，在编辑栏中输入公式：

=COUNTIF(调查结果汇总表 !$ M $3:$ M $92,A3)

按 Enter 键，统计出可承受的价格区间为"500 ~ 1000"元的人数，如图 13-36 所示。

图 13-36

❷选中 B3 单元格，向下复制此公式到 B7 单元格中，依次统计出其他几种价格区间的可承受人数，如图 13-37 所示。

可承受的价格分析表	
价格区间	人数
500~1000	25
1000~2000	30
2000~3000	18
3000~4500	12
4500以上	5

图 13-37

✎ 专家提示

从上面的统计结果可以看到，该产品的价格基本应保持在 2000 元以下更容易被大部分消费者接受。

13.3.4 最受欢迎的辅助特性分析表

❶单击"插入新工作表"按钮插入新工作表，创建的分析表如图 13-38 所示。

最受欢迎的辅助特性分析表	
辅助特性	人数
手机实时监控	
摄像监控	
防盗警报	
烟雾报警器	
语音提示	
可视门铃	

图 13-38

❷选中 B3 单元格，在编辑栏中输入公式：
=COUNTIF(调查结果汇总表 !$J$3:$K$92,A3)

13.4 ▶ 市场需求分析

通过被调查者对未来市场的预测数据的统计分析，可以对该产品的市场需求进行初步认定。

13.4.1 未来市场预测统计表

❶单击"插入新工作表"按钮插入新工作表，创建的分析表如图 13-41 所示。

按 Enter 键，统计出希望具有"手机实时监控"辅助特性的人数，如图 13-39 所示。

B3 ▼ ✕ ✓ fx =COUNTIF(调查结果汇总表!$J$3:$K$92,A3)

最受欢迎的辅助特性分析表	
辅助特性	人数
手机实时监控	47
摄像监控	
防盗警报	
烟雾报警器	
语音提示	
可视门铃	

图 13-39

❸选中 B3 单元格，向下复制此公式到 B8 单元格中，依次统计出希望具有其他辅助特性的人数，如图 13-40 所示。

最受欢迎的辅助特性分析表	
辅助特性	人数
手机实时监控	47
摄像监控	34
防盗警报	32
烟雾报警器	20
语音提示	31
可视门铃	16

图 13-40

✎ 专家提示

在建立此公式时注意统计区域是"调查结果汇总表"的 J 列与 K 列，即每位被调查者会选择两项，因此要注意此数据源的设置。

从上面的统计结果可以看到，"手机实时监控"、"摄像监控"与"防盗报警"这几项辅助特性是消费者比较在意的功能，值得好好开发。

❷选中 B3 单元格，在编辑栏中输入公式：
=COUNTIF(调查结果汇总表 !$N$3:$N$92,A3)
按 Enter 键，统计出预测未来市场需求为"很大"的人数，如图 13-42 所示。

	A	B
1	市场需求分析表	
2	预测的市场需求	人数
3	很大	
4	大	
5	一般	
6	小	
7		

图 13-41

=COUNTIF(调查结果汇总表!$N$3:$N$92,A3)

	A	B
1	市场需求分析表	
2	预测的市场需求	人数
3	很大	10
4	大	
5	一般	
6	小	

图 13-42

❸选中 B3 单元格，向下复制此公式到 B6 单元格中，依次统计出其他预测情况下的人数，如图 13-43 所示。

	A	B
1	市场需求分析表	
2	预测的市场需求	人数
3	很大	10
4	大	58
5	一般	14
6	小	8

图 13-43

专家提示

通过分析可以大致看出，预测该产品未来市场需求为"大"的人占了较大比例，因此比较具有前景。

13.4.2 市场需求预测与性别的相关性分析表

通过分析市场需求预测与性别的相关性，可以辅助确定未来用户的性别方向，便于制定相应的销售方案。

❶单击"插入新工作表"按钮插入新工作表，创建的分析表如图 13-44 所示。

图 13-44

❷选中 B3 单元格，在编辑栏中输入公式：
=COUNTIFS(调查结果汇总表 !$N$3:$N$92,$A3, 调查结果汇总表 !$B$3:$B$92,B$2)

按 Enter 键，统计出"调查结果汇总表!$N$3:$N$92"区域中，同时满足"很大"与"男"这两个条件的人数，如图 13-45 所示。

=COUNTIFS(调查结果汇总表!$N$3:$N$92,$A3,调查结果汇总表!$B$3:$B$92,B$2)

	A	B	C
1	市场需求预测与性别的相关性分析表		
2	预测的市场需求	男	女
3	很大	3	
4	大		
5	一般		
6	小		

图 13-45

❸选中 B3 单元格，向右复制此公式到 C3 单元格中，统计出同时满足"很大"与"女"这两个条件的人数，如图 13-46 所示（注意公式向右复制时，只有条件"B$2"变为了"C$2"，其他不变）。

=COUNTIFS(调查结果汇总表!$N$3:$N$92,$A3,调查结果汇总表!$B$3:$B$92,C$2)

图 13-46

❹选中 B3:C3 单元格区域，向下复制此公式到 C6 单元格，如图 13-47 所示。

	A	B	C	D
1	市场需求预测与性别的相关性分析表			
2	预测的市场需求	男	女	
3	很大	3	7	
4	大			
5	一般			
6	小			
7				

图 13-47

❺释放鼠标，统计出的是各个不同的预测结果

分别对应的男性与女性人数，如图 13-48 所示（注意公式向下复制时，只有条件 "$A3" 变为了 "$A4"，其他不变）。

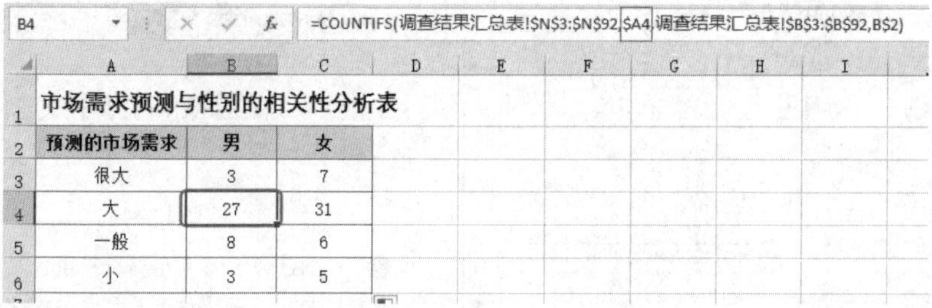

图 13-48

📎 专家提示

　　这个公式设置的关键是注意对单元格的引用方式，因为建立的公式既要向右复制又要向下复制，向右复制时，要保持性别自动变化，所以对列使用相对引用，其他都使用绝对引用；向下复制时，要保持不同预测结果自动变化，所以对行使用相对引用，其他都使用绝对引用。

　　通过分析可以大致看出，认为该产品未来市场需求为"大"的，女性多于男性，可能未来该产品的市场以女性为主导。